城市碳达峰碳中和路径情景分析方法与应用

刘 源 甄紫涵 曹 媛 等/著

中国环境出版集团·北京

图书在版编目（CIP）数据

城市碳达峰碳中和路径情景分析方法与应用 / 刘源
等著. -- 北京 : 中国环境出版集团，2025. 5. -- ISBN
978-7-5111-6232-8

Ⅰ. X511

中国国家版本馆CIP数据核字第2025A4Q193号

责任编辑　丁莞歆
封面设计　岳　帅

出版发行　**中国环境出版集团**
　　　　　　（100062　北京市东城区广渠门内大街 16 号）
　　　　　　网　　　址：http://www.cesp.com.cn
　　　　　　电子邮箱：bjgl@cesp.com.cn
　　　　　　联系电话：010-67112765（编辑管理部）
　　　　　　　　　　　010-67147349（第四分社）
　　　　　　发行热线：010-67125803，010-67113405（传真）
印　　刷　北京鑫益晖印刷有限公司
版　　次　2025 年 5 月第 1 版
印　　次　2025 年 5 月第 1 次印刷
开　　本　787×1092　1/16
印　　张　16.5
字　　数　320 千字
定　　价　118.00 元

前　言

在经济发展和城市化快速推进的背景下,我国面临着来自空气污染和气候变化问题的双重挑战。为此,国家和地方推出了解决这些问题的系列政策。

城市是政策落地实施的基本单元,也是减排的关键区域。相较大气污染治理政策,低碳政策在城市一级的机制尚不完善。因此,目前我国城市尺度协同减排主要由空气质量目标驱动。我国已有部分城市开展了空气质量达标规划研究或低碳试点工作,但开展空气质量达标和碳排放达峰协同"双达"研究的城市仍然很少。本书一方面建立了基于源排放表征技术方法的城市尺度碳排放清单编制方法,并从清单出发构建了碳排放达峰情景分析及减污降碳协同分析框架;另一方面,以典型城市为案例,探讨了减污降碳协同治理框架下的城市碳达峰路径和策略,为国家和地方机构在城市层面的碳达峰实践提供了研究参考和决策依据。本书的研究结果表明,为实现"双达"目标,除末端控制措施外,必须进行能源结构、产业结构和运输结构的深度调整。在空气质量政策下,工业部门(包括电力、热力生产)是碳减排协同效益最大的部门,电力结构调整、落后产能淘汰和燃料清洁化替代等政策具有协同效益,是各城市应当优先考虑的政策措施。城市民用、交通部门的未来能源需求在较长一段时间内难以达峰,未来工业部门的减排潜力将逐渐减小,因此城市应当进一步关注产业结构转型,以及民用、交通部门能源需求总量控制和燃料结构低碳化转型，否则将存在碳排放再度回弹的风险。外购电、机动车电动化等政策是否存在协同减排效益在很大程度上取决于电力结构，这凸显了在终端电气化进程下电力清洁生产的重要性。本书是探索城市碳达峰路径的一次积极尝试，也总结了案例城市的减排经验，给出了相应的政策建议。受限于案例城市的数量，一些问题的规律尚不明确，有待未来在更多的典型城市开展研究并进行深入讨论。

本书在撰写过程中得到了清华大学环境学院王灿教授的指导和支持。2021年以来，笔者带领的团队陆续开展了"乌海市二氧化碳达峰行动方案项目""丰台区碳达峰碳中和发展路径规划项目""长岛海洋生态文明综合试验区双碳规划项目""苏州高新区碳排放核算项目"等课题研究，研究内容为本书的编撰积累了素材。来自清华大学环境学院的李晋、李明煜、宋欣珂、董阳、罗荟霖、张倩、范淑婷、蒋含颖、刘米可、夏成琪、周嘉欣、程浩生、宫再佐、戴静怡和来自昆山杜克大学的刘冬惠、戴与非、周智杰、卢奕斐、易思瑛、金雨禾不仅是上述课题的主要研究成员，而且参与了本书部分章节的撰写。

希望本书能够为政府、相关行业和企业的碳达峰碳中和工作提供一些参考和借鉴。由于笔者研究水平有限和成书时间仓促，书中还存在不少待完善的部分，敬请读者批评指正。

作　者
2024年11月

目　录

第一篇

城市碳达峰碳中和
路径规划需求

全球气候变化，尤其是气候变暖，已经成为 21 世纪人类面临的最大挑战之一。随着气温的不断上升，极端天气事件频发，冰川融化，海平面上升，生物多样性减少。这些问题不仅威胁着自然生态系统的平衡，也对人类的生存安全构成了严重威胁。

为了应对这一挑战、降低全球气候风险、控制温室气体（GHG）排放，世界各国和相关组织纷纷开展行动，制定了《联合国气候变化框架公约》（UNFCCC）、《京都议定书》和《巴黎协定》等一系列具有法律约束力的减排文件。其中，2015 年达成的具有历史意义的《巴黎协定》提出了"把全球平均气温升幅控制在工业化前水平以上低于 2℃之内，并努力将气温升幅限制在工业化前水平以上 1.5℃之内"的目标，为全球 2020 年以后的气候治理和地球保护提供了最低限度的综合解决方案和行动方向。

国家自主贡献（NDC）机制是《巴黎协定》的核心内容之一。这一机制要求各缔约方根据各自的国情和能力，以"自下而上"的方式提出应对气候变化的行动目标。这种灵活的方式充分考虑了各国的实际情况，使各国能够根据自身的发展阶段、资源禀赋和技术水平制定适合本国的气候政策。

要实现《巴黎协定》的目标，还需要全球各国的共同努力和持续行动。截至 2024 年 5 月，全球在应对气候变化方面取得了显著进展。根据联合国的最新数据，198 个缔约方全部提交了国家自主贡献预案。此外，超过 148 个国家已明确提出了"零碳"或"碳中和"的气候目标，120 个国家以法律或政策文件的形式确立了这一目标的法律地位，86 个国家提出了详细的碳中和路线图。这些数据充分表明，全球各国在应对气候变化问题上已经形成了广泛的共识，并采取了积极的行动。

中国国家主席习近平于 2020 年 9 月 22 日在第七十五届联合国大会一般性辩论上宣布，中国将力争 2030 年前实现碳峰值、2060 年前实现碳中和（以下简称"双碳"目标）。在这一愿景目标下，党的十九届五中全会将"绿色低碳"作为"十四五"规划和 2035 年远景目标时期经济社会发展的主要目标之一，并提出支持有条件的地方率先达峰，制定 2030 年前碳排放达峰行动方案。党的二十大报告也提出"积极稳妥推进碳达峰碳中和"。这是以习近平同志为核心的党中央统筹国内国际两个大局作出的重大决策部署，为推进碳达峰碳中和工作提供了根本遵循，对全面建设社会主义现代化国家、促进中华民族永续发展和构建人类命运共同体具有重要意义。

值得注意的是，与发达国家在基本解决环境污染问题后转入强化碳排放控制阶段不同，当前我国的生态文明建设同时面临实现生态环境根本好转和碳达峰碳中和两大战略任务，生态环境多目标治理要求进一步凸显，协同推进减污降碳是我国新发展阶段经济社会发展全面绿色转型的必然选择。

然而，"双碳"目标的实现及减污降碳协同增效还面临着来自技术、经济和社会的诸多挑战。第一，未来 40 年，中国经济很可能会保持中高速增长。到 2060 年，中国经济规模预计将翻两番以上。即使中国力争实现净零碳排放的目标，能源消耗仍将继续增长，这意味着中国经济增长的能源效率和碳排放结构都必将出现较大改变。第二，中国仍处于工业化和城市化进程中，经济结构能源强度高，且化石能源超过 80%，相较欧美发达国家（地区）服务业占经济的 80% 以上，中国能源转型的任务更加艰巨。第三，与其他发展中国家相比，中国在工业化和基础设施建设方面的存量较高。这意味着中国不仅要以绿色方式实现增量增长，还必须对其巨大的存量进行绿色转型。第四，中国幅员辽阔，地区资源和特征差异显著，经济结构多样且发展不平衡，各群体收入差距较大。如何实现协调和平衡转型，是一项艰巨的挑战。

城市作为现代经济和社会活动的重要载体，是能源消费和二氧化碳（CO_2）排放的主要来源，也是易受气候变化灾害影响的地区之一，在实现中国碳排放达峰、应对以上挑战并推动绿色低碳发展的过程中扮演着关键角色。据统计，2020 年，中国常住人口城市化率达 63.89%。预计到 2030 年，中国城市人口总数将超过 10 亿人，中国城市化率将达 70%（世界发达国家城市化率为 80% 左右）。中国正在以前所未有的速度实现城市化。不容忽视的是，75% 的 CO_2 由城市产生，其中建筑和交通运输领域占绝大部分。此外，城市非常脆弱，极易受到气候影响，预计到 2050 年，生活在沿海城市的 8 亿人口将受到海平面上升的影响。因此，城市是实现"双碳"目标的主战场。建设低碳城市有助于"双碳"目标的实现。中国《"十三五"控制温室气体排放工作方案》明确指出，鼓励"中国达峰先锋城市联盟"城市和其他具备条件的城市加大减排力度，完善政策措施，力争提前完成碳达峰目标。

目前，低碳已被纳入提升城市竞争力的考量内容。从2010年开始，国家发展改革委共推出了3批低碳城市试点，涵盖6个省份81个城市，北京、上海、天津、广州、深圳、杭州、武汉、成都等中心城市均在列。低碳城市试点已经基本在全国全面铺开，覆盖了经济发达区、生态环境保护区、资源型地区和老工业基地等多类地区。这些试点城市在人口总量、经济发展、产业结构和能源结构等方面具有较大差异，实现碳达峰面临复杂多样的挑战。从发展水平来看，北京、上海、广州等一些沿海地区经济发达的大城市人均地区生产总值超过1.5万美元，已经接近碳排放峰值，而一些中西部地区的城市人均地区生产总值为几千美元甚至更低，经济发展和碳排放增长的压力仍然很大。从人口规模来看，中国既有超过2 000万人的超大城市，也有数量众多的中小城市，而且这些城市的人口增长速度存在明显差异，给城市碳达峰和碳中和带来更多的不确定性。从产业结构来看，北京、上海、深圳等发达城市已经进入后工业化发展阶段，低排放、高附加值的第三产业成为增长主体，而中、西部地区还有很多资源型、工业型城市，不同城市的减排潜力、碳达峰路径明显不同。从资源环境条件来看，中国地区之间的资源禀赋差异较大，加上电网等基础设施建设不均衡，不同城市利用各种可再生能源的条件和潜力存在明显差别。在中国实现整体"双碳"目标的过程中，不同地区、不同类型城市亟待探索适合本地区实际情况的多样化碳达峰碳中和路径。

因此，城市碳排放与经济发展水平、能源结构、产业结构等息息相关，不同类型的城市具有不同的碳达峰目标和路径。研究不同类型城市的碳达峰路径，对于城市制定相关目标和规划、编制碳达峰及减污降碳协同实施方案具有极为重要的意义。本书针对目前中国减排的巨大压力和低碳转型的迫切需求，以全国正在开展的城市低碳转型发展这一热点工作为研究对象，根据不同城市的特点、所处的社会发展阶段、资源禀赋，以及其能源结构、交通结构、产业结构、碳排放的特点及难点等因素，针对不同类型城市的碳达峰碳中和路径，合理选择案例城市进行研究。

对于不同类型又具有代表性的案例城市，本书基于其经济发展水平、产业结构、能源消费结构等特征，通过情景分析方法，细化分析城市重点行业未来的碳排放趋势及减排路径，从技术层面回答地方政府如何系统科学地制定操作性强、宏观经济影响可接受的区域低碳发展规划的问题。

本书将紧密结合案例城市的社会经济发展现状和面临的资源、环境约束，结合国家、区域和城市层面的"双碳"目标、能源"双控"目标，通过情景分析方法，合理设立案例城市2020—2035年的煤炭控制目标、能源消费总量与强度、非化石能源占比目标等，测算其能源消费情况、碳排放峰值年份和排放量，分析2020—2035年（重点是"十四五"时期）案例城市实现"双碳"目标的战略、技术选择和政策路径，推动其能源低碳转型、产业结构优化，从而实现经济转型、节约资源和保护环境的多重目标。通过对案例城市的剖析，本书发现不同类型城市面临的挑战和困境不同，在经济新常态下有不同的发展转型新机遇，相关研究结论可以为地方开展碳达峰碳中和的规划研究提供技术支持。

本书设计了如图 0-1 所示的研究内容：

一是建立了一套能够识别出城市的关键排放源、影响因素和减排重点，可对城市的碳排放水平现状、历史变化和未来趋势进行系统分析，并可提供规范化基础信息的碳排放清单编制方法和工具。

二是建立了一套"自上而下"和"自下而上"相结合的城市碳达峰碳中和路径情景分析方法和工具，包括对未来不同情景的设定，即从现有的政策基础出发，设定未来低碳发展可能出现的不同发展方向；对关键情景参数的模拟预测，即在情景设定的基础上确定关键情景参数，如能源消耗量、CO_2 排放量等可表征今后 5～10 年的能源供需、碳排放的可能变化趋势的参数变量，并根据情景设定的内容分析预测关键情景参数在满足未来低碳情景所需要的社会、经济、技术和政策条件下的变化情况。

三是建立了一套能够全面、客观地反映减污降碳措施成效的协同效应评价方法，分别采用定量评价方法和定性评价方法确定系统化和可量化的指标。定量评价方法通过数据和数学模型进行分析，得出具体的数值结果；定性评价方法通过专家评估和多标准分析等方法，提供综合性的评价。该方法为科学合理地制定和实施政策、进行技术选择和优化市场机制提供了依据。

四是选取了不同发展类型的典型城市进行案例研究，并对以上三套方法和工具进行实践。应用城市碳达峰碳中和路径情景分析方法对案例城市的碳达峰碳中和路径规划发展进行情景分析，提出低碳转型的路径规划图。

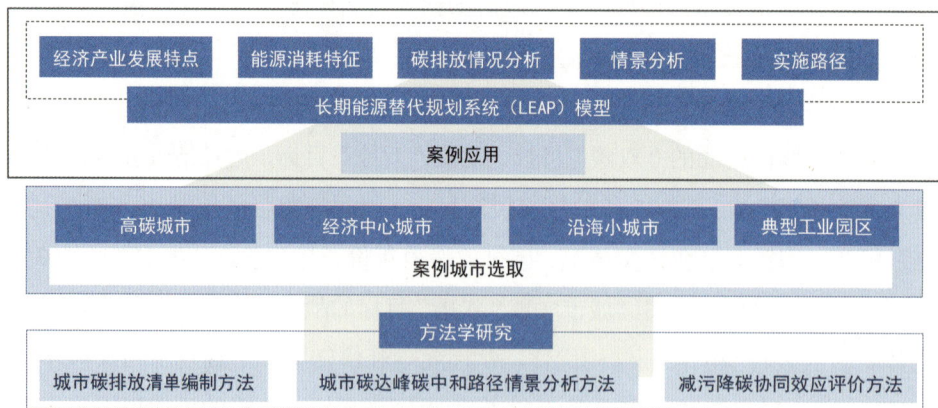

图 0-1 整体研究框架

第二篇

研究方法学

城市尺度上的碳排放清单研究开始于 20 世纪 90 年代。由于西方发达国家城市的自治性较强，这些城市在碳减排方面表现得尤为积极，碳排放清单编制逐渐受到重视，成为城市应对气候变化和推动低碳发展的关键步骤。碳排放清单对于城市有如下作用：①识别能源利用中的低效环节，通过清单可以准确掌握城市能源使用的低效和不足之处，从而发现节能和碳减排的潜力；②明确城市的低碳经济定位，清单有助于城市明确其在国内和国际低碳经济中的位置，识别其优势和劣势，进而确定未来低碳发展的重点方向；③制定低碳发展路线图，依据清单，城市可以制定清晰、明确的低碳发展路线图，确保碳减排目标的可测量、可报告和可核查（MRV）；④促进教育宣传，编制清单还能够起到教育宣传的作用，引导市民和温室气体排放相关方认识到自身活动对城市温室气体排放的影响，提高其低碳意识[1]。

城市碳排放清单编制方法早期都是沿用联合国政府间气候变化专门委员会（IPCC）国家温室气体清单编制方法。然而，IPCC 系列指南仅核算国家边界范围内的直接排放，未考虑诸如跨国电力调入等间接排放。由于城市的地理范围远小于国家，存在大量间接排放，IPCC 系列指南不能完全适用于城市层面。因此，逐渐出现了专门针对城市碳排放清单的研究方法体系，如国际地方政府环境行动理事会（ICLEI）开发的地方政府温室气体排放议定书，联合国人居署（UN-Habitat）、联合国环境规划署（UNEP）及世界银行（World Bank）合作开发的城市温室气体排放核算国际标准（International Standard for Determining Greenhouse Gas Emissions for Cities），C40 城市气候领导联盟（C40 Cities Climate Leadship Group）与 ICLEI 及世界资源研究所（WRI）合作开发的社区层面温室气体排放全球核算体系（Global Protocol for Community-Scale Greenhouse Gas Emissions，GPC），英国碳基金（Carbon Trust）开发的地方政府碳管理方案（LACM），法国环境与能源管理署（Agency for Environment and Energy Management，ADEME）开发的 "Bilan Carbone" 等[2]。

在中国，国家发展改革委原应对气候变化司组织国家发展改革委能源所、清华大学等单位编写了《省级温室气体清单编制指南（试行）》。该指南中的方法体系以 IPCC 国家温室气体清单编制方法为基础。我国一些城市也参照该方法体系对市级行政区域内的温室气体排放进行核算，为城市碳排放清单编制工作奠定了基础。

第一章 城市碳排放清单编制

编制城市碳排放清单是应对气候变化的基础性工作，也是城市碳管理的重要组成部分。通过编制城市碳排放清单，可以系统地收集和记录城市各个部门和行业的温室气体排放数据，从而全面了解城市温室气体排放的来源和结构。这不仅有助于评估城市的碳足迹，还能够为制定有针对性的减排政策和措施提供科学依据。此外，城市碳排放清单编制过程中的数据收集和整理也为相关机构和研究人员提供了宝贵的数据资源，支持其开展温室气体排放的影响因素分析和减排潜力评估等研究工作。

在规划和实施城市碳达峰目标的过程中，城市碳排放清单发挥着重要的指导作用。实现碳达峰目标不仅需要政府部门的政策支持和引导，还需社会各界的共同努力和参与。城市碳排放清单为城市管理者和相关利益方提供了客观、透明的数据基础，帮助其建立共识、协调行动，推动城市碳减排工作取得实质性进展。因此，城市碳排放清单的编制不仅是一项技术性工作，更是促进城市可持续发展和低碳转型的关键步骤。

第一节 基本原则和步骤

一、清单编制的基本原则

在编制城市碳排放清单时需要遵守一系列基本原则，以确保数据的准确性、一致性及对决策和政策制定的适用性。这些原则以既定的国际标准为指导，如 IPCC 制定的标准及《温室气体核算体系》（*GHG Protocol*）。以下是编制城市碳排放清单的关键原则[3]。

（一）相关性

在编制城市碳排放清单时，相关性原则要求清单应直接反映其所代表的城市的具体需求和目标。这意味着要识别并关注城市范围内最重要的排放源，如交通、住宅和商业能源使用、工业活动和废弃物管理。该原则还意味着城市碳排放清单应与地方、国家和国际气候目标与政策保持一致，以确保其既适用又有助于指导实现这些目标的行动。

（二）完整性

完整性原则确保城市范围内所有重要的温室气体源和汇都被计算在内，这将有助于防止任何严重低估排放量的情况发生。在应用完整性原则时，城市碳排放清单必须涵盖主要温室气体，不仅包括 CO_2，还包括甲烷（CH_4）、氧化亚氮（N_2O）和含氟气体，这些气体源于多种城市活动，对全球变暖的影响各不相同。此外，城市碳排放清单应涵盖与城市环境相关的所有部门的温室气体排放，包括但不限于住宅、商业、工业、交通和废弃物处理部门。管辖区内包括农业或林业活动在内的城市也必须将这些温室气体的排放纳入清单，以实现全面的环境评估。

（三）一致性

一致性原则确保各部门采用的方法、假设和数据源保持统一，并在各报告期间不发生变化。这种统一性允许对不同时间的排放数据进行有效比较，有助于准确评估趋势和减排战略的成效。一致性不仅是跟踪进展的关键，也是保持清单可信度的关键，因为它支持数据的核查和验证。对于城市碳排放清单来说，执行一致性原则涉及几种关键做法。一方面，它要求使用既定和商定的方法来计算排放量。这些方法应统一应用于所有部门——无论是交通、住宅、商业部门还是工业部门，并长期保持一致，除非有充分的改变理由。必要时，应清晰记录和公开报告任何改变，以确保所有利益相关者了解改变的原因及其对清单结果的影响。另一方面，一致性原则适用于排放源与汇的分类及定义，并确保年度间分类的一致性，避免出现由标准变更引发的差异。数据收集程序对保持一致性至关重要，包括坚持使用同一数据源或在必要时切换到等同或更优质的数据源。

（四）透明性

透明性原则可以确保在城市碳排放清单编制过程中使用的所有流程、方法和数据来源都有清晰的记录，并可随时查阅。这样不仅有利于政策制定者、研究人员和公众等外部评审者理解和复制，还有助于对清单的审查和验证，提高其可信度。城市碳排放清单中透明性原则的应用包括多个关键实践。所有计算排放量的方法，包括选择排放因子、收集活动数据和处理数据缺口，都必须详尽记录。详细的文件还应包括所做的假设和数据来源，以便其他人清楚了解或复制结果。此外，透明性意味着应公开讨论数据中的任何局限性或估算中的不确定性，承认这些因素可能对清单结果产生的潜在影响。除了详细的文件记录，提高透明性还包括定期交流清单编制过程及其结果。这可以通过公开报告、技术文件和公开论坛来实现，让利益相关者提出问题并提供反馈信息。通过在整个清单编制过程中与利益相关方接触并公开分享决策过程，城市可以在气候行动规划中采用更具包容性的方法。

（五）准确性

编制城市碳排放清单时，必须确保数据能够真实反映排放水平，避免系统性的高估或低估。这一原则是维护清单可靠性的核心，它关系到各方对数据的信任度，进而影响他们在气候行动和政策制定中的决策。实现城市碳排放清单的高准确性对有效监测减排目标的进展和评估已实施气候战略的影响至关重要。城市碳排放清单应依据准确性原则采用最佳数据和最有效的方法。其中，需仔细选用能够代表城市特定技术和流程的排放因子，并采集来自可靠来源的精确数据。精确量化排放量要求采用严格的计算方法，并需要在各部门和来源中统一执行。此外，准确性原则要求进行彻底的验证，包括同行评审和与其他数据源的交叉对比，以便修正差异。在城市碳排放清单编制中对于固有的不确定性，如数据缺口、测量误差或估算方法，都应系统地进行评估。这种不确定性水平的透明度有助于利益相关者了解数据的局限性，并对清单的影响产生更现实的预期。

（六）可比性

可比性原则有助于制定基准、分享最佳实践，并评估多个辖区在实现气候目标方面的进展。对政策制定者、研究人员和公众等利益相关者而言，可比性是理解不同气候策略有效性和促进减排合作的基础。为了实现可比性，城市碳排放清单必须遵守标准化的方法和指南，如 IPCC 或《温室气体核算体系》提供的方法和指南。这些标准可以确保采用统一的定义、基准年和计算方法，以实现排放量的一致计算和报告。标准化使进行有意义的比较成为可能，并有助于避免由不同方法或数据源带来的差异。在实践中，确保可比性需要认真记录所有方法及其随时间的变化。当方法得到更新或改进时，应明确记录这些变化及其原因，并可能需要重新计算旧数据以维持可比性。这一点在城市环境中尤为重要，因为政策、技术和城市发展的变化会对排放模式和清单方法产生重大影响。此外，可比性不仅涉及技术合规性，还包括使报告期和类别与其他城市或广泛的国家及国际框架保持一致。这种一致性不仅可以确保数据服务于地方决策需求，还有助于在全球范围内进行气候监测工作。

（七）可核查性

城市碳排放清单中的可核查性原则确保报告的排放数据准确且可靠。核查涉及独立的第三方对城市碳排放清单的系统性审查，以确保所用的数据、方法和程序符合公认标准且无重大误差。这一原则在提高清单的可信度方面起着至关重要的作用，可为利益相关者增添信心，使其确信信息真实、公正地反映了城市排放。核查过程通常包括严格检查计算方法、数据来源、排放因子及清单数据的完整性和一致性。这一过程可通过内部审计或聘请外部专业的环境数据核查专家来实施，其目的是发现并纠正任何可能影响清单完整性的不准确或不一致之处。执行可核查性原则还要求报告过程具有透明度，即城市需公开其碳排放清单，并提供支撑清单结果的详细文档。这种公开性不仅有利于核查过程，而且通过提供基础数据和假设以供独立审查，同时鼓励公众信任和利益相关者参与。

（八）时效性

时效性原则确保收集和报告的数据专门针对一个确定的时间段，这将有助于准确跟踪一段时间内的排放趋势，从而评估气候目标的进展情况和减排战略的效果。对城市碳排放清单而言，遵守时效性原则意味着明确数据收集时期，并确保定期报告排放量。定期报告不仅可以维持数据的连续性和相关性，也可以比较历史数据并进行未来预测，还有助于利益相关者了解温室气体排放的时间动态，包括季节性变化和长期趋势。实施此原则时，城市需制订并遵守统一的数据收集、分析和报告计划，包括设定各部门提交数据的截止日期，并确保定期更新和发布清单。

（九）灵活性

灵活性原则确保编制城市碳排放清单时所使用的方法和实践能适应环境及科学进步的变化。灵活性使城市能够根据新数据、不断发展的技术和政策环境的变化完善其碳排放清单编制流程，从而保持清单的长期相关性和有效性。城市碳排放清单的灵活性体现在能够随着城市活动的发展纳入新的排放源和部门。例如，共享移动平台的兴起或大规模可再生能源项目的引入可能需要调整数据收集方法，并在清单中纳入新的类别。同样，鉴于国际标准和地方环境法规的不断变化，清单方法必须足够灵活以适应这些变化，同时不影响数据的完整性和连续性。此外，灵活性原则适用于采用新技术和数据分析工具，以提高排放报告的准确性和细致度。城市需要采用创新方法保持开放性，如实时数据监测、区块链数据验证或人工智能数据处理，这些方法可以更准确、更及时地洞察排放趋势，以便进行更有效的气候行动规划。

二、清单编制的步骤

编制城市碳排放清单主要包括以下步骤。

（一）确定核算边界和排放源

首先，需要确定清单的物理边界、组织边界和运行边界，这实际上是选择城市直接控制下的排放源。某些排放源可能不完全受该城市控制或影响，是否包含在清单中应考虑以下因素：

● 如果无法获得数据，则可以将这种排放源排除在清单之外；

● 如果某排放源与清单的关联性不大，是否将其包含在内影响不大；

● 如果排放源的排放量对清单整体较为重要，即使存在不确定性也应将其纳入清单，避免遗漏。

接下来，需要确定排放源及相应的温室气体种类。例如，城市的碳排放可能源自直接使用的化石燃料（如煤、石油、天然气供能）、间接使用的化石燃料（如电网供电）及车辆燃料消耗。这些能耗可以作为一个整体排放源计算，也可以分别计算其排放量。

（二）确定核算方法

根据核算对象，目前城市范围内的碳排放核算方法可以分为以下四种。

一是基于生产的碳排放核算方法。该方法主要考虑城市生产活动直接产生的碳排放，不包括进口商品和服务在生产过程中产生的碳排放，主要基于城市能源活动水平数据与排放因子数据进行碳排放核算。其优势在于将排放与城市活动水平因素联系起来，便于识别相关政策因素，如人均住房建筑面积、人均住房能源等，为城市区域净零排放提供支持；劣势为忽略了城市边界外排放。

二是基于城市供应系统的碳排放核算方法。该方法是针对城市范围内各类供应系统（如能源供应系统、水供应系统、交通运输系统、废弃物管理系统等）进行的碳排放核算方法，需要用到全生命周期分析（life cycle assessment，LCA），这代表着对城市供应系统数据的精细度要求较高，但可以为跨部门的城市基础设施转型规划提供支持。

三是基于居民消费的碳排放核算方法。该方法用于核算城市边界内最终消费所产生的碳排放，不包括出口产品或服务隐含的碳排放，需要用到城市层面的环境拓展投入产出（input-output，IO）表。较少城市会每年公布 IO 表，且城市层面数据质量差，因此该方法在应用中有诸多的数据限制。但未来如果城市层面的 IO 表能逐步完善，该方法就可以从消费者责任角度评估城市气候行动绩效，提出消费侧减排方案，解决碳泄漏问题，优化碳排放责任分配。

四是基于所有最终消费的碳排放核算方法。该方法用于核算城市边界内所有最终消费，包括居民、政府、资本形成及出口所产生的碳排放，同样需要用到城市层面的 IO 表，且需要更详细和全面的数据。

（三）收集数据

可利用当地政府职能部门发布的官方数据或者其他数据库来收集能源活动数据。数据的收集可根据得到的数据和制作清单的目的，选择"自上而下""自下而上"或二者综合的方式。编制城市碳排放清单的数据主要使用城市分部门排放数据或当地统计年鉴，如有多个数据来源，需确定数据优先顺序。清单编制所需的部分活动水平数据在现在的统计体系中已经存在，问题是需要准确找到拥有这一数据的相关主管部门并获取数据。当有多个数据来源时，如国家统计、地方或行业统计、专家判断等，则需要确定优先使用哪个数据源。在没有数据源的情况下，应科学估算所需要的数据。缺乏清单编制所必需的活动水平数据将导致清单质量难以保证，若没有相当质量的清单信息就没有应用价值。

（四）计算并报告温室气体排放

目前，中国城市碳排放清单多采用省级清单指南的报告格式，即罗列城市各排放源的直接排放量，仅对城市调入/调出产生的排放量进行披露。虽然这种格式简洁明了，但对于决策者和公众来说并不容易理解其报告背后的含义，因此应该增加其可读性，如城市碳排放总量的变化趋势及排放特征等，增加对清单结果的分析，弱化技术层面的阐述。

（五）数据质量保证及不确定性分析

数据质量保证旨在评估和确保城市碳排放清单的质量，主要有以下 3 个目标：①提供定期和一致的检验，以确保数据的内在一致性、准确性和完整性；②识别并解决误差和遗漏问题；③对清单材料进行归档和存储，并记录所有质量控制活动。

根据 IPCC 系列指南及《IPCC 国家温室气体清单优良作法指南和不确定性管理》的释义说明，不确定性分析是一个完整的城市碳排放清单的基本组成部分。不确定性分析之所以重要，是因为清单估算具有多种用途，对于其中一些用途只有国家总量是重要的，而对于一些其他用途而言，温室气体及其源类别的细节也非常重要，这就需要引入不确定性分析，使数据与用途相匹配，让利益相关方了解总估算量及其分量的实际可靠性。

第二节　编制方法

一、核算边界的确定

（一）地理边界

城市的定义通常有两种方式。在西方，城市被定义为人口、社会经济活动的聚集地，其核心及主要部分为城市建成区，强调的是城市自治。而我国是根据行政划分而设立的城市。中国的城市定义更倾向于行政管理层面，将直辖市、市、镇等行政单位纳入城市范畴，包括建成区、非建成区和农村地区。这种定义方式使中国城市与西方城市在管辖范围上存在显著差异。许多研究者把市辖区作为狭义城市的概念，即包括城市建成区 90%面积的最小市辖区/县范围。然而，县升区的参考标准主要是整体经济水平，这可能导致一些经济体量很大的农业县被纳入城市范围，如北京市的怀柔区和房山区，这些区域包含大量的农村地区和非城市建成区，导致依据市辖区很容易高估狭义城市的面积。在中国城市碳排放清单体系中，可以同时核算城市行政区域内的温室气体排放及狭义城市的排放。我国地级以上城市基本都有较为完整的市域范围内的公开统计数据，因而可以支持城市市域碳排放清单的编制。着重考虑狭义城市碳排放清单，可以突出城市的意义和特色，同时提高中国城市与西方城市碳排放清单的可比性，有利于中国最大限度地借鉴西方城市低碳化发展的成功经验。

在核算城市碳排放时，应采用以城市行政辖区为基础的方法，将所有排放源纳入核算范围，包括建成区、非建成区和农村地区。采用这种做法的原因如下：一方面，中国的城市管理和统计体系大多是按行政区划分的，数据收集和管理也是基于行政单位进行的，因此将行政辖区作为核算范围更符合中国城市管理的实际情况，也更便于数据的统计和管理；另一方面，将行政辖区作为核算范围有助于与现行的城市碳强度目标考核相适应，政府在考核城市碳强度目标时会考虑整个城市辖区内的碳排放情况，包括建成区、非建成区和农村地区的碳排放，因此将所有排放源纳入核算范围可以更全面地评估城市的碳排放情况，为制定减排政策提供更科学的依据。

进行城市碳排放核算首先需要确定地理边界，即数据边界的确认。地理边界的选择应根据核算的目的来确定。行政区划意义上的城市、大城市圈、建成区、园区和社区等都可以作为核算的地理边界。推荐采用城市行政区划作为地理边界对碳排放进行核算，因为这样既符合中国以行政区划为单位进行管理的制度，又便于数据的统计和管理。例如，在评估城市交通的碳排放时，以城市行政区划为地理边界进行核算是最合适的选择，因为这样能够更准确地收集和统计相关数据，为制定减排政策提供更有针对性的依据。根据不同的核算目的，也可以以大城市圈、建成区、园区和社区等为地理边界进行碳排放核算。虽然这些边界可能相对较小，数据收集和核算的工作量也较大，但对于特定的应用场景，这种精细化的核算方法是必要的。因此，在确定地理边界时需要综合考虑各方面因素，选择最适合的边界范围进行核算。

（二）直接排放与间接排放

城市碳排放清单范围是指清单所包括的排放过程，一般可分为直接排放和间接排放。

在城市的碳排放核算中，直接排放指的是发生在城市地理边界内的排放源所产生的排放。这些排放源直接位于城市内部，如工业生产过程中的煤炭燃烧、城市供暖系统中的天然气燃烧及城市内交通运输所产生的尾气排放等。这些直接排放源的排放量通常是比较容易获取和测量的，因为它们直接发生在城市范围内。而间接排放是由城市地理边界内的活动引起的，但实际排放发生在城市地理边界外。这些排放往往是由城市内部活动所需的外部资源，如电力、热力等导致的。例如，城市购买的电力和热力可能是由其他地区的火力发电厂或核能发电厂产生的，这些电力和热力在生产过程中产生的排放就属于城市的间接排放。

为了更好地区分城市碳排放中的直接排放和间接排放并避免重复计算，通常将碳排放划分为 3 个范围（图 1-1）[4]。

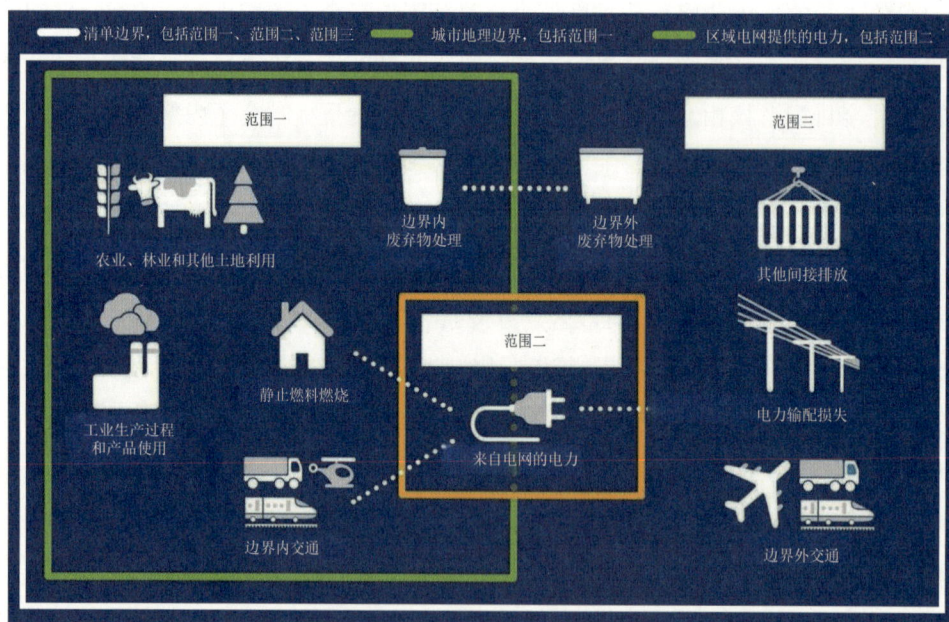

图 1-1 "范围"的定义

　　"范围一"排放：指发生在城市地理边界内的直接排放，包括各种在城市内部直接产生的碳排放源，如工业生产、供暖系统、交通运输等。根据《省级温室气体清单编制指南（试行）》，所有属于"范围一"的排放源都应被纳入计算。

　　"范围二"排放：指与城市地理边界内的活动消耗的调入电力和热力相关的间接排放。通常情况下，城市生产的热力主要是供本地使用的，但也存在一定程度的调入或调出情况。例如，某些城市可能会从相邻的城市购买热力，或者在大城市内的不同区县之间存在热力输送。这些调入的电力和热力所产生的间接排放应被归类为"范围二"排放。

　　"范围三"排放：涵盖了除"范围二"排放以外的所有其他间接排放，包括上游和下游的排放。上游排放指原材料的异地生产、跨边界交通及购买的产品和服务所产生的排放；下游排放则包括跨边界交通、跨边界废弃物处理和产品使用过程中所产生的排放等。由于"范围三"排放核算的复杂性和数据的可获得性等限制因素，通常只计算跨边界交通和跨边界废弃物处理所产生的排放。

　　区分"范围二"排放的意义在于，电力和热力作为二次能源在生产过程中消耗的一次能源已经作为"范围一"排放计算过一次，因此如果将电力和热力等二次能源消费所引发的排放与一次能源产生的排放相加，会导致同一主体重复计算。这种重复计算不仅会高估排放量，还可能误导政策制定和减排措施的实施。此外，在建筑等关键领域，电力和热力在整体能耗中所占的比重较高，是不可忽视的重要排放源。在城市的能源消费结构中，电力和热力消耗的碳排放占比显著。因此，处理好"范围二"排放的核算至关重要。

　　为了准确核算城市的碳排放并避免重复计算，必须将与电力和热力消耗相关的"范围二"排放单独核算并列出，以供决策者参考。这有助于决策者更清晰地了解城市的能源结构和排放来源，从而制定有针对性的减排政策和措施。然而需要明确的是，"范围二"排放不能与"范围一"排放相加，因为它们代表不同的排放来源和计算方法，合并计算会导致数据失真和分析误差。城市"范围二"排放核算所对应的是电力和热力的调入量，而与调出和净调入量无关。计算公式如下：

电力"范围二"排放 = 调入电量 × 电力排放因子

= （终端消费量+损失量）× 电力排放因子　　　　（1-1）

热力"范围二"排放 = 调入热量 × 热力排放因子

= （终端消费量+损失量）× 热力排放因子　　　　（1-2）

其中，调入是指从城市地理边界外输送到地理边界内，并且相关能源是用于城市内消费的过程。在能源的调入过程中，电力和热力是两个主要方面。在电力方面，一旦电力进入电网，就无法区分其具体的来源，因此所有通过电网输送至城市内的电力都被视为调入电力。然而需要注意的是，调入电力不仅包括供本地消费的电力，还包括虽然调入但最终未被消费而被再次调出的电力。根据"范围二"排放的定义，《省级温室气体清单编制指南（试行）》中的调入电力仅指从城市地理边界外输送到城市地理边界内并供城市内消费的电力，包括终端消费量和损失量。对于未上网自发电的情况，相关排放则会在"范围一"中进行计算。在热力方面，《省级温室气体清单编制指南（试行）》中的调入热力指的是从地理边界外输送到地理边界内并供当地消费的热力，其中包括终端消费量和损失量。通常情况下，只有区域供热才可能存在调入或调出的情况，而分布式供热不存在跨区域输送的情况，因此相关排放也会在"范围一"中进行计算。

调出则是指从城市地理边界内输送到城市地理边界外的过程。在电力方面，从城市内输送到城市外的电力包括城市内电厂（包括火力发电和其他形式的发电）生产的所有上网电力，以及从城市外调入但最终未被消费的电力。《省级温室气体清单编制指南（试行）》中的调出电力仅指城市内所有类型电厂生产的上网电力，即生产量。在热力方面，《省级温室气体清单编制指南（试行）》中的调出热力指的是从城市地理边界内输送到城市地理边界外的热力。与电力不同，分布式供热不存在跨区域输送的情况，因此相关排放也会在"范围一"中进行计算。

二、排放源的确定

准确识别排放源是编制城市碳排放清单的重要环节，也是确定排放量计算方法、收集活动水平和排放系数的基础依据。《省级温室气体清单编制指南（试行）》遵循《IPCC国家温室气体清单指南》的基本方法，将碳排放源/吸收汇分为五大部门，分别是能源活动、工业生产过程、农业活动、土地利用变化和林业及废弃物处理。这些部门涵盖了城市碳排放和吸收的主要来源，为编制城市碳排放清单提供了基本框架。在这些部门中，能源活动、工业生产过程、农业活动和废弃物处理被归类为排放源，而土地利用变化和林业可能同时存在排放源和吸收汇[5]。

编制城市碳排放清单有助于识别确定城市在"双碳"目标下所必须关注的排放源和吸收汇的关键类别。这些关键类别被列为清单体系中的优先类别，因为它们的估算值对碳排放总量具有重大影响。这些关键类别可能在绝对排放水平、排放趋势或排放和清除的不确定性方面产生显著影响，因此在确定城市碳达峰目标时必须加以关注并采取重点控制措施。通常情况下，如果采用《IPCC 国家温室气体清单指南》中对各类别或子类别的最严格方法进行估算，那么清单的不确定性会相对较低，从而可以提供更可靠的数据基础用于确定城市碳达峰目标。然而，采取严格方法通常需要从更广泛的来源收集数据，这可能会增加清单编制工作的复杂性和成本，因此对于每个类别都采用严格方法并不总是可行的。清单编制者需要识别出给总体清单编制带来最大不确定性的关键类别，以便更有效地利用现有资源开展工作。

在确定了关键类别后，应采用更严格的方法学并进行质量控制与质量保证，这样可以提高总体估算的质量。IPCC 提供了 3 种方法来识别清单中的关键类别：①使用预先确定的累积排放阈值；②根据各类别对清单整体不确定性的贡献；③基于排放和减排技术的趋势预测。这些方法可以帮助清单编制者更好地确定实现城市碳达峰目标时需要重点关注的类别。

三、基本计算方法

（一）工业生产过程温室气体排放核算

参考《省级温室气体清单编制指南（试行）》，工业生产过程温室气体排放主要包括水泥生产过程的 CO_2 排放、石灰生产过程的 CO_2 排放、钢铁生产过程的 CO_2 排放及一氯二氟甲烷（HCFC-22）生产过程的三氟甲烷（HFC-23）排放。

水泥生产过程的 CO_2 排放来自水泥熟料的生产过程。水泥生料主要由石灰石及其他配料配制而成，经高温煅烧发生物理化学变化后生成水泥熟料。在煅烧过程中，生料中的碳酸钙和碳酸镁会分解释放出 CO_2。估算水泥生产过程中 CO_2 排放量的计算公式见式（1-3），此方法是《IPCC 国家温室气体清单指南》推荐的方法，也是我国国家温室气体清单编制和《省级温室气体清单编制指南（试行）》中所采用的方法：

$$E_{CO_2} = AD \times EF \tag{1-3}$$

式中：E_{CO_2}——水泥生产过程的 CO_2 排放量，t；

　　　AD——扣除电石渣生产的熟料产量后的水泥熟料产量，t；

　　　EF——水泥生产过程的平均排放因子，t CO_2/t 熟料。

石灰生产过程的 CO_2 排放来源于石灰石中的碳酸钙和碳酸镁的热分解。估算石

灰生产过程中 CO_2 排放的计算公式为

$$E_{CO_2} = AD \times EF \tag{1-4}$$

式中： E_{CO_2}——石灰生产过程的 CO_2 排放量，t；

AD——石灰产量，t；

EF——石灰生产过程的平均排放因子，t CO_2/t 石灰。

钢铁生产过程的 CO_2 排放主要有两个来源：炼铁熔剂高温分解和炼钢降碳过程。石灰石和白云石等熔剂中的碳酸钙和碳酸镁在高温下会发生分解反应，并排放 CO_2。炼钢降碳是指在高温下用氧化剂把生铁里过多的碳和其他杂质氧化成 CO_2 或炉渣除去。估算钢铁生产过程中 CO_2 排放量的计算公式为

$$E_{CO_2} = AD_l \times EF_l + AD_d \times EF_d + \left(AD_r \times F_r - AD_s \times F_s \right) \times \frac{44}{12} \tag{1-5}$$

式中： E_{CO_2}——钢铁生产过程的 CO_2 排放量，t；

AD_l——钢铁企业消费的作为溶剂的石灰石的数量，t；

EF_l——作为溶剂的石灰石消耗的排放因子，t CO_2/t 石灰石；

AD_d——钢铁企业消费的作为溶剂的白云石的数量，t；

EF_d——作为溶剂的白云石消耗的排放因子，t CO_2/t 白云石；

AD_r——炼钢用的生铁的数量，t；

F_r——炼钢用的生铁的平均含碳率，%；

AD_s——炼钢的钢材产量，t；

F_s——炼钢的钢材产品的平均含碳率，%；

$\frac{44}{12}$—— CO_2/碳质量比例。

HCFC-22 在生产过程中会排放副产品 HFC-23，估算 HCFC-22 生产过程中 HFC-23 排放量的计算公式为

$$E_{HCF-23} = AD \times EF \tag{1-6}$$

式中： E_{HCF-23}——HCFC-22 生产过程的 HFC-23 排放量，t；

AD——HCFC-22 产量，t；

EF——HCFC-22 生产过程的平均排放因子，t HFC-23/t HCFC-22。

（二）废弃物处理温室气体排放核算

城市固体废物和生活污水及工业废水在处理过程中可以排放 CH_4、一氧化碳（CO）和 N_2O 气体，这是温室气体的重要来源。废弃物处理碳排放清单包括城市固体废物（主要是指城市生活垃圾）填埋处理产生的 CH_4 排放量、生活污水和工业废水处理产生的 CH_4 和 N_2O 排放量，以及固体废物焚烧处理产生的 CO_2 排放量。其中，固体废物填埋处理产生的 CH_4 排放量、生活污水处理产生的 CH_4 排放量、固体废物焚烧处理产生的 CO_2 排放量在废弃物处理碳排放中的占比较大。

城市固体废物以填埋方式处理时，垃圾中的有机物会分解释放 CH_4。IPCC 推荐使用质量平衡法和一阶衰减法（FOD）计算垃圾填埋产生的 CH_4 排放量。一阶衰减法对数据需求较高，需要至少 50 年的固体废物处置数量和构成的数据。目前，中国城市相关统计基础较为薄弱，因此推荐采用质量平衡法，见式（1-7）。该方法假设所有潜在的 CH_4 均在处理当年就排放完毕，计算较为简单，但缺点是会高估排放量。此方法是《省级温室气体清单编制指南（试行）》所采用的方法。

$$E_{CH_4} = (MSW_t \times MSW_f \times L_i - R_i) \times (1 - OX)_i \qquad (1\text{-}7)$$

式中：E_{CH_4}——CH_4 排放量，t；

　　　MSW_t——总的城市固体废物产生量，万 t/a；

　　　MSW_f——城市固体废物填埋处理率，%；

　　　L_i——各管理类型垃圾填埋场的 CH_4 产生潜力，万 t CH_4/万 t 固体废物；

　　　R_i——CH_4 回收量，万 t/a；

　　　OX——氧化因子；

　　　i——垃圾填埋场管理类型，包括管理、非管理-深处理（＞5m）、非管理-浅处理（＜5m）和未分类 4 种。

其中

$$L_i = MCF_i \times DOC_j \times DOC_F \times F \times \frac{16}{12} \qquad (1\text{-}8)$$

式中：MCF_i——各管理类型垃圾填埋场的 CH_4 修正因子；

　　　DOC_j——可降解的有机碳，kg C/kg 固体废物；

　　　DOC_F——可降解的有机碳比例；

F——垃圾填埋气体中的 CH_4 比例；

$\dfrac{16}{12}$——CH_4/碳分子量比例。

废弃物处理领域的重要温室气体排放源包括固体和液体废弃物在可控的焚化设施中焚烧产生的 CO_2 排放。焚烧的废弃物类型包括城市固体废物、危险废物、医疗废物和污泥，我国统计数据中的危险废物包括医疗废物。无能源回收的废弃物焚烧产生的排放报告在废弃物部门，而有能源回收的废弃物焚烧产生的排放报告在能源部门，此部分核算只包括废弃物中的矿物碳（如塑料、某些纺织物、橡胶、液体溶剂和废油）在焚化期间的氧化过程中产生的 CO_2 排放，不包括废弃物中所含的生物质材料（如纸张、食品和木材废弃物）燃烧产生的 CO_2 排放。估算废弃物焚烧 CO_2 排放的计算公式为

$$E_{CO_2} = \sum_i \left(IW_i \times CCW_i \times FCF_i \times EF_i \times \frac{44}{12} \right) \tag{1-9}$$

式中：E_{CO_2}——废弃物焚烧处理的 CO_2 排放量，万 t/a；

　　　i——废弃物种类，包括城市固体废物、危险废物、污泥；

　　　IW_i——第 i 种类型废弃物的焚烧量，万 t/a；

　　　CCW_i——第 i 种类型废弃物中的碳含量比例；

　　　FCF_i——第 i 种类型废弃物中矿物碳在碳总量中的比例；

　　　EF_i——第 i 种类型废弃物焚烧炉的燃烧效率；

　　　$\dfrac{44}{12}$——碳转换成 CO_2 的系数。

生活污水及其淤渣在进行处理时可能产生 CH_4 排放，估算生活污水处理中 CH_4 排放的计算公式为

$$E_{CH_4} = (TOW \times EF) - R \tag{1-10}$$

式中：E_{CH_4}——生活污水处理的 CH_4 排放总量，kg/a；

　　　TOW——生活污水中的有机物总量，kg BOD（生化需氧量）/a；

　　　EF——排放因子，kg CH_4/kg BOD；

　　　R——清单年份的 CH_4 回收量，kg/a。

其中，EF 的估算公式为

$$EF = B_{\mathrm{O}} \times MCF \tag{1-11}$$

式中：B_{O}——CH_4 最大产生能力，t；

  MCF——CH_4 修正因子。

（三）森林碳储量核算

目前，基于森林资源清查资料估算森林碳储量时普遍采用 IPCC 方法和生物量转换因子连续函数法估算生物量，然后由生物量再估算碳储量。上述两种估算生物量的方法都属于材积源-生物量法（volume-derived biomass），也称生物量转换因子法（biomass expansion factor，BEF）。

IPCC 以森林积蓄、木材密度、生物量转换因子、根茎比和含碳系数等为参数，建立材积源-生物量模型，计算公式为

$$B_{\mathrm{total}} = V_{\mathrm{total}} \times D \times BEF \times (1+R) \times CF \tag{1-12}$$

式中：B_{total}——某一树种/森林类型的总生物量，t；

  V_{total}——某一树种/森林类型的总蓄积量，m^3；

  D——某一树种/森林类型的木材密度，t/m^3；

  BEF——生物量扩展因子；

  R——根茎比；

  CF——干木材的含碳量系数，t C/t 木材。

四、数据收集

活动水平数据可以分为统计数据、部门数据、调研数据和估算数据。其中，统计数据是指由政府部门和国家统计机构提供的官方数据，包括城市当地统计局数据和其他统计部门的统计数据。部门数据是指统计部门以外的政府职能部门或者行业协会提供的数据。这两类数据具有权威性，提供了更为详细的行业数据和活动水平数据，数据的准确性也相对有保证，优先级较高。调研数据是指通过专门设计的调查问卷和现场调查收集的数据，特别是对于缺乏官方统计数据的领域和活动，可以获得更细致的数据。估算数据是指上述三种数据都缺失时，由相关部门或相关行业专家根据经验判断得出的数据，这可能存在较大的不确定性。统计数据、部门数据

属于"自上而下"的数据，估算数据和调研数据则属于"自下而上"的数据。

"自上而下"方式的优点在于统计数据、部门数据等官方数据普遍得到认可，且收集数据所需的时间相对较少，成本相对较低；缺点在于数据的详细程度可能无法满足工具的细分要求，对排放结构无法进行深入分析。"自下而上"方式的优点是可以根据需要收集较为翔实的数据，计算结果有利于分析排放结构、识别关键排放源等；缺点在于对数据的详细程度要求较高，需要花费更多的时间、人力和物力。

在实际情况中，由于统计数据、部门数据，特别是城市层面相关数据的缺失，无法只通过"自上而下"一种方式获得全部所需数据，需要结合两种方式[6]。建议采取如下步骤：

第一步，如果统计数据和部门数据可以满足工具数据需求，优先采用统计数据和部门数据；

第二步，如果统计数据和部门数据缺失，或者详细程度无法满足工具数据需求，则通过调研、抽样调查等方式收集和汇总调研数据；

第三步，如果无统计数据和部门数据，同时考虑时间、人力和物力等限制因素而无法收集调研数据，可以通过专家咨询方式获得估算数据；

第四步，如果同时存在多个数据来源，将不同来源的数据相互补充、验证，寻找误差及产生的原因，根据具体情况选择一个合适的数据来源。

同活动水平数据一样，排放因子数据是计算碳排放的两大要素之一。排放因子数据一般可以采用国家推荐的数据，但如果本地的生产工艺、生产技术水平、能源品种与国家平均水平显著不同，则需要城市自行开展排放因子调查研究，以确定适合本地的排放因子，避免系统性高估或低估排放量。当编制清单所必需的数据缺失时，一般可以采用国家提供的该类别缺省值，或者借鉴国内外可比城市、可比技术的其他地区数据。缺省排放因子包括区域排放因子（省级或跨省）、国家排放因子和IPCC排放因子。按照反映当地排放特点的准确程度由高到低划分，排放因子的优先顺序依次为实测排放因子、区域排放因子（省级或跨省）、国家排放因子和IPCC排放因子。排放因子是一个数值，但可能由多个参数决定。确定不同排放因子需要的参数数量不尽相同：煤的CO_2排放因子取决于煤的热值和氧化率；垃圾焚烧处理时的CH_4排放因子取决于不同垃圾类型的含碳量比例、矿物碳占碳总量的比例、垃圾焚烧的碳氧化率，以及碳转换成CO_2的转换系数（CO_2-C比为44/12）。

表1-1列出了能源活动排放源的数据需求和数据来源，但在实际数据收集过程

中普遍存在数据缺失的情况，具体可分为两种情况。第一种缺失是能源活动碳排放清单所需基础数据的缺失。这类缺失将直接导致无法核算能源活动碳排放量，或增加计算结果的不确定性。目前，中国许多城市没有完善的能源平衡表，有些城市甚至一次能源消费数据都没有，从而导致城市化石燃料燃烧引起的碳排放总量核算的准确性难以保证。如果城市只有一次能源消费量数据和电力调入或调出数据，虽可以对城市能源碳排放总量进行核算，但是无法得到分部门数据。第二种缺失是细分活动数据的缺失。如果城市有能源平衡表，则可以得到能源碳排放总量和终端分部门碳排放量，但是无法对终端分部门的碳排放量做进一步细分，如分建筑类型的能源消费数据和分交通类型的能源消费数据。此类缺失不影响城市能源活动和终端分部门碳排放总量的粗略计算，但由于缺乏细分数据，难以对城市未来的碳排放量进行细致模拟，从而会降低情景分析结果在政策建议方面的实用性。细分活动数据的缺失是中外大部分城市遇到的问题，因此需要通过合理的估算方法和调研方法获得相关数据。

表 1-1 能源活动排放源的数据需求和数据来源

排放源分类	数据需求	数据来源
化石燃料燃烧	分行业、分能源品种的化石燃料燃烧量数据	能源统计年鉴、国家统计部门
	工业领域：分工业行业、分能源品种的化石燃料燃烧量数据	统计、工信等部门，行业协会
	建筑领域：分建筑类型、分能源品种的化石燃料燃烧量数据	住房城乡建设部门、国家统计部门
	交通领域：分交通方式、分能源品种的化石燃料燃烧量数据	交通运输部门、铁路部门、航运部门、统计年鉴等
生物质燃烧	秸秆燃烧量、薪柴燃烧量、木炭燃烧量、动物粪便燃烧量	能源统计年鉴、农业统计年鉴、农村能源统计年鉴等
煤炭开采和矿后活动	煤炭产量、CH_4 回收利用量等	煤矿行业管理部门、行业协会
石油系统	常规油开采井口装置数量、常规油单井储油装置数量、稠油开采量、原油运输量、原油炼制量等	当地石油公司
天然气系统	天然气开采井口装置、计量/配气站、储气总站的数量、天然气加工处理量、天然气输送过程中的增压站数量、天然气输送过程中的计量站数量、天然气输送过程中的管线（逆止阀）数量、天然气消费量等	当地天然气公司

《省级温室气体清单编制指南（试行）》将工业生产分为水泥生产、石灰生产、钢铁生产、电石生产、己二酸生产、硝酸生产、HCFC-22 生产、铝生产、镁生产、电力设备生产、半导体生产及氢氟烃生产共 12 个部门。在确定工业生产过程活动数据收集方案时，可以先从城市统计年鉴、城市国民经济和社会发展统计公报及城市所在省份的统计年鉴中了解城市生产的主要工业产品，据此对城市可能存在排放的工业生产过程进行初步识别，制定活动数据收集方案（确定已有数据和需要调研的数据）。然后，通过对经济和信息化委员会的调研走访，对纳入核算范围的工业生产过程进行最终确认，并收集缺失数据。

农业温室气体排放包括稻田 CH_4 排放、农田 NO_2 排放、牲畜肠道发酵 CH_4 排放和动物粪便管理 CH_4 及 N_2O 排放。所需活动数据包括各种农作物的种植面积和产量数据、各种动物数量、粪肥和化肥氮施用量、秸秆还田率、动物规模化饲养、农户饲养和放牧饲养比重。

土地利用变化和林业既可以是碳源，也可以是碳汇。林业碳排放和碳汇核算所需数据包括乔木林、疏林、散生木、"四旁树"的蓄积量，竹林、经济林和灌木林的林地面积变化。土地利用变化产生的碳排放或碳汇核算所需数据包括乔木林、竹林和经济林转化为其他用途（农地、牧地、城镇用地、道路等）的年转化面积。这些数据可以从林草主管部门、城建部门和统计部门获取。

废弃物处理排放包括垃圾填埋 CH_4 排放和垃圾焚烧 N_2O 排放、生活污水 CH_4 排放、工业废水 CH_4 排放、生活污水和工业废水 N_2O 排放。废弃物处理排放活动数据可以从垃圾填埋场、垃圾焚烧厂、城市固体废物处理管理处、垃圾填埋场和垃圾焚烧厂的环境评价报告或城市建设统计年鉴中获取。为避免对生活污水 CH_4 排放的重复计算，需要分别收集直接排入环境的生活污水中的化学需氧量（COD）和生活污水经污水处理系统去除的 COD，结合 BOD-COD 比值（可采用国家推荐值）计算生活污水中有机物总量（以 BOD 计）。同理，为避免对工业废水 CH_4 排放的重复计算，也需要分别收集直接排入环境的工业废水中的 COD 和工业废水经污水处理系统去除的 COD。生活污水和工业废水 N_2O 排放所需活动数据包括人口数量和人均蛋白质消耗量。人口数量可从统计部门获得，人均蛋白质消耗量可从卫生部门或相关文献资料获得。

五、不确定性分析

城市碳排放清单的不确定性是指在估算和报告温室气体排放量时，由各种因素导致的误差或不准确性。这些不确定性会影响对温室气体排放的理解，进而影响减排政策和措施的有效性，因此理解和管理这些不确定性是保障城市碳排放清单质量的重要步骤[7]。

城市碳排放清单中的不确定性主要分为以下几类。

科学不确定性：由于对温室气体排放和去除过程的科学理解不完全，在估算温室气体排放量时可能会存在误差或不准确性。这种不确定性涉及自然过程和化学反应的复杂性，以及数据和模型的局限性。例如，土壤中的微生物活动会导致 N_2O 的排放，这种活动受多种因素影响，如土壤类型、湿度、温度和农业实践。由于这些因素的多变性和相互作用，N_2O 的排放量难以精确预测。同一块土地在不同季节、不同管理实践下的 N_2O 排放量可能差异较大。

估算不确定性：在量化温室气体排放量时，由于使用的数学模型和输入参数存在误差或不准确性，排放估算结果会存在偏差。这种不确定性可以分为模型不确定性和参数不确定性两类。许多模型基于一系列简化的假设，这些假设可能不完全符合实际情况。例如，假设排放与活动水平之间存在线性关系，而实际情况可能更为复杂。参数不确定性可能来自活动数据和排放因子的测量误差、数据代表性不足等。

系统和统计不确定性：这是由数据或测量方法存在系统偏差而引起的不确定性，以及由数据中的随机误差引起的不确定性。这些不确定性产生的原因可能在于测量设备长期未进行校准误差或使用了不适当的测量方法和技术，抑或是样本数量不足等。

为了解决上述不确定性，在实际应用中通常采用以下两种方法来聚合统计不确定性：一阶误差传递方法（高斯方法）和蒙特卡罗模拟方法。

一阶误差传递方法合并清单不确定性主要应用于以下两个误差传递公式：

一是当某一估计值为 n 个估计值之和或差、不确定量由加法或减法公式合并时，总和的不确定性即标准偏差为各个相加量的标准偏差的平方和的平方根，其中标准偏差均以绝对值表示，公式如下：

$$U_c = \frac{\sqrt{(U_{s1} \cdot \mu_{s1})^2 + (U_{s2} \cdot \mu_{s2})^2 + \cdots + (U_{sn} \cdot \mu_{sn})^2}}{|\mu_{s1} + \mu_{s2} + \cdots + \mu_{sn}|} \tag{1-13}$$

式中：U_c，U_{s1}，$\cdots$，U_{sn}——不同估计值的不确定性；

μ_{s1}，$\cdots$，μ_{sn}——n 个相加减的估计值。

二是当某一估计值为 n 个估计值之积、不确定量由乘法公式合并时，总和的不确定性即标准偏差是相加量的标准偏差的平方之和的平方根，其中标准偏差均以变量系数（标准偏差和合适的均值的比例）表示，公式如下：

$$U_c = \sqrt{U_{s1}^2 + U_{s2}^2 + \cdots + U_{sn}^2} \tag{1-14}$$

式中：U_c，U_{s1}，$\cdots$，U_{sn}——不同估计值的不确定性。

根据蒙特卡罗模拟方法合并清单不确定性的主要计算原理和步骤如下：①确定不同部门活动水平、排放因子和其他估算参数的概率分布；②根据清单计算方法计算各类别相应的排放值；③重复模拟获得不同类别或整个清单排放量的概率分布，从而获得相应不确定性分析统计值。

一阶误差传递方法操作简单，但蒙特卡罗模拟方法可以处理的不确定性的范围更广，该方法可以将不确定性与任何概率分布范围相结合。早期的国家温室气体清单主要使用一阶误差传递方法来计算合并不确定性。随着计算机技术的发展，蒙特卡罗模拟方法的操作逐渐简单可行，很多研究和实践开始同时使用这两种方法进行计算。

第二章　城市碳达峰碳中和路径情景分析方法

第一节　情景分析方法综述

一、情景分析方法的内涵

我们在面对未来决策时，经常要依赖对可能发生的事件和发展趋势的理解。两种常用的方法——预测（forecasting）和情景分析（scenario analysis）为我们探索未来提供了不同的视角和工具。尽管这两种方法都有助于我们理解未来，但它们在目的、方法、输出和应用方面存在显著差异。

预测方法的核心要义是基于过去和现在的模式来估计未来。其目的在于提供一个或一组关于未来的具体数值，这些数值代表了最可能发生的结果。预测方法通常用于短期和中期规划，如财务预算、库存管理、需求规划等；通常基于统计学和数学模型，如时间序列分析、回归分析、移动平均法等，通过分析历史数据来识别模式和趋势，并将这些模式和趋势外推到未来。预测方法依赖一些基本假设，如系统的未来行为将与过去相似，或者影响未来的关键因素可以被识别和量化。相较之下，情景分析方法则认识到未来是不确定的，并且可能沿着多种不同的路径发展。该方法的目的不在于提供一个单一的"最可能"结果，而在于探索一系列可能的未来状态，从而帮助决策者理解未来可能出现的各种情况，并为这些情况做好准备。情景分析方法特别适用于长期规划和战略决策，尤其是在不确定性较高的领域。它采用一种更为定性和参与性的方法，通常涉及构建一个由不同情景组成的集合，每个情景都代表了未来可能发生的一系列事件和状态。情景分析的过程包括确定关键的不确定性因素，围绕这些因素构建不同的叙事（故事线），并通过这些叙事来探索不同的未来路径。情景分析方法通常涉及专家的集体智慧、利益相关者的参与，以及对不同情景的深入讨论。

情景（scenario）这个概念最初来源于表演艺术领域，特别是在剧场表演中，它指的是剧本中一系列事件发展的顺序，即剧情的展开。在第二次世界大战之后，这个概念被战略规划者采纳，用于描述战争游戏中的分析方法。随后，在赫尔曼·卡恩（Herman Kahn）和其他人的努力下，情景概念进入了民用领域，其定义和应用范围也得到了扩展。

在环境研究和国际环境评估的背景下，情景被定义为一系列可能出现的未来发展路径，它们既不是预测也不是预报，而是对可能发生的未来事件的一种描述或构想。情景分析方法在环境领域的应用旨在帮助决策者和公众理解在不同假设条件下环境和社会可能经历的变化。

情景分析方法与预测方法不同，它强调的是对未来不确定性的处理，以及在不确定性条件下制定决策的过程；同时，提供了一种框架，用于考虑不同假设条件下的多种未来发展路径，从而帮助决策者更好地理解和准备应对未来可能出现的不同情况。通过构建情景，该方法可以更好地理解在给定的一系列假设下未来可能发生的事件，以及这些事件对环境和社会的潜在影响。这种方法特别适用于需要考虑长期影响和不确定性的复杂环境问题。

情景分析方法通常包括以下几个主要步骤：①确定情景分析的目的和范围，明确需要解决的问题和决策需求；②识别和定义关键的不确定性因素，这些因素将影响未来的发展方向；③围绕这些不确定性因素构建一系列不同的叙事或故事线，每个故事线都代表了一种可能的未来情景，这些故事线应该足够多样，以覆盖广泛的未来发展的可能性；④使用模型和其他分析工具来探索这些情景的潜在影响，包括对环境、社会、经济和技术等方面的影响。此外，情景分析还应该包括与利益相关者的沟通和讨论，以确保不同的观点和信息被充分考虑。

情景分析方法的一个关键特点是具有迭代性质。随着新信息的出现和环境的变化，情景可能需要被更新和调整。这种灵活性使情景分析成为一种动态的工具，能够适应不断变化的决策环境。此外，参与性也是情景分析方法的一个重要特点。通过邀请专家、决策者和利益相关者参与情景构建的过程，可以提高情景的质量和可靠性，同时也增加了决策者对情景分析结果的接受度和信任。

情景分析方法在国际环境评估中的应用尤其重要。由于环境问题往往具有全球性，涉及多个国家和地区，情景分析方法可以帮助国际社会更好地理解全球环境变化的潜在影响，并为国际合作和政策制定提供支持。例如，在气候变化领域，情景分析方法被用来探索不同的温室气体排放情景对全球气候的潜在影响，以及不同的减缓和适应策略的有效性。在生物多样性保护领域，情景分析方法可以帮助决策者理解不同土地利用变化情景对生态系统和物种多样性的潜在影响。

尽管情景分析是一种强大的工具，但它也有一些局限性。首先，情景分析需要大量的专业知识和创造力来构建有意义的情景。其次，由于情景分析的结果不如预测那样具体，因此在某些情况下可能难以应用于直接决策。最后，情景分析的过程可能需要大量的时间和资源，特别是当需要进行复杂的模型分析和广泛的利益相关者咨询时。

为了克服这些局限性，情景分析方法通常与其他决策支持工具结合使用，如预测模型、风险评估和成本效益分析等。通过这种综合方法，决策者可以更全面地理解未来的不确定性，制定更灵活和适应性强的策略。此外，随着信息技术的发展，情景分析的过程也在不断改进和简化。例如，通过使用在线协作平台和可视化工具可以更容易地与利益相关者进行沟通和讨论，提高情景分析方法的效率和参与度。

二、情景分析方法的基本原则

多元视角：在情景分析的过程中，需要考虑来自不同利益相关者、专家和决策者的观点。这种方法认识到未来是由多种可能性构成的，而不是单一的确定性结果。多元视角的整合不仅增加了情景的真实性和可信度，而且促进了对不同观点和信息的深入理解与考虑。在实际操作中，多元视角的整合要求情景分析团队在构建情景时积极寻求和整合来自不同背景和专业知识的参与者的意见，这可能包括环境学家、经济学家、社会学家、技术专家及政策制定者等。通过这种方式，情景分析方法能够捕捉到未来可能发生的各种可能性，而不是局限于单一的、最可能的结果。

探索性：情景分析的本质是探索性的，它不寻求预测一个确切的未来，而是通过构建多个情景来探索未来可能的发展方向。这些情景通常涵盖了从最乐观到最悲观的一系列可能性，以为决策者提供一个关于未来不确定性的全面视角。探索性的情景分析允许决策者评估不同情景下的潜在风险和机遇，从而更好地应对未来的挑战。在实践中，这意味着情景分析团队需要识别和考虑影响未来的关键不确定性因素，如技术变革、政策变动、经济波动、社会态度变化等，并围绕这些因素构建情景。

故事叙述：情景分析通常使用叙述性的故事线来描述每个情景的未来发展情况。这些故事线不仅提供了情景的定性描述，而且帮助决策者理解每个情景背后的逻辑和关键因素。故事叙述的方式使情景分析的结果更加生动和易于理解，从而促进了决策者和利益相关者之间的沟通与参与。在情景分析中，故事叙述是构建情景的核心。情景故事线需要围绕关键的不确定性因素展开，描述在这些因素影响下未来可能发生的一系列事件和变化。故事线应该足够详细，以便决策者能够理解情景的各个方面，包括社会、经济、环境和技术等。同时，故事线也需要足够灵活，以适应不断变化的信息和新的见解。

模型和量化：尽管情景分析以定性的故事叙述为基础，但它也常常结合定量模型来量化情景的潜在影响。这些模型可以提供关于未来环境、经济或社会指标的具体数值估计，从而为决策者提供一个更加精确的分析框架。通过模型和量化分析，情景分析能够评估不同情景下的潜在影响，帮助决策者做出更加明智的决策。在情景分析中，模型和量化分析是理解情景影响的重要工具。模型可以是简单的，如基于假设的计算，也可以是复杂的，如基于大量数据和复杂算法的计算机模拟。选择的模型是否合适取决于情景分析的目标、可用的数据和资源、决策者的具体需求。

迭代过程：情景分析是一个动态、迭代的过程。随着新信息的出现和对情景理解的深化，情景故事线和模型输出可能需要不断更新和调整。这种迭代性质使情景分析成为一种能够适应不断变化的决策环境的工具。在情景分析的实践中，迭代过程是必不可少的。新的数据、变化的经济条件、政策变动或技术进步都可能影响情景的准确性和相关性。因此，情景分析团队需要定期回顾和更新情景，以确保它们反映最新的信息和理解。

广泛参与：情景分析的过程鼓励利益相关者广泛参与，这种参与不仅增加了情景的可信度，而且促进了对情景结果的接受和理解。通过与利益相关者的沟通和讨论，情景分析能够确保不同的观点和信息被充分考虑。在情景分析中，广泛参与是提高情景分析质量和可靠性的关键。这可能涉及组织研讨会、工作坊、访谈和调查，以便收集不同利益相关者的意见。参与不仅有助于收集信息，还能够增强利益相关者对情景分析结果的接受度，并获得利益相关者的支持。

政策导向：情景分析不仅是一种分析工具，它还支持政策制定和战略规划。通过探索不同的未来情景，决策者可以评估不同政策选择的潜在影响，并制定更具适应性和弹性的策略。在情景分析中，政策导向意味着情景分析的结果应该为政策制定提供有用的见解。这可能涉及评估不同政策选择在不同情景下的效果，或者识别在多种情景下都有效的稳健政策。

不确定性管理：情景分析提供了一种系统的方法来处理未来的不确定性。通过考虑一系列可能的未来状态，决策者可以更好地识别和评估风险，以及制定应对策略。

长期视角：情景分析通常关注未来，它帮助决策者超越短期的波动和噪声，专注于长期趋势和结构性变化。

透明性：情景分析要求对构建情景的假设和过程保持透明。这种透明度有助于建立信任，并确保决策者和利益相关者理解情景分析的基础和限制。

这些原则的共同作用使情景分析方法成为一种强大的决策支持工具，从而帮助组织者和决策者在面对复杂和不确定的未来时做出更加明智和有根据的决策。通过情景分析，决策者可以更好地理解可能影响未来的各种因素，以及这些因素如何相互作用。这种方法特别适用于需要长期规划和战略思考的领域，如环境政策、资源管理、技术发展和企业战略规划。

在实际应用中，完成情景分析需要经过如图 2-1 所示的几个步骤。

第一步是确立目标和范围。首先，明确情景分析的主要目标，包括支持特定的政策决策、评估未来的风险和机遇、提高对未来可能性的认识、激发创新思维。其次，确定情景分析的时间范围，如短期、中期或长期，并界定地理范围，如地方、区域、国家或全球层面；同时，明确情景分析将涵盖的主题或领域，如经济、社会、环境、技术、政治等，以及情景分析试图解决的具体问题或挑战。在这一阶段，识别和定义影响未来情景的关键不确定性因素非常重要，这些因素将作为情景分析的核心部分。最后，制定情景分析框架，包括选择情景类型，如探索性、预测性或规范性情景，并决定构建多少个情景以充分覆盖不确定性和可能性的范围。为每个情景提供一个描述性的框架，包括关键的驱动因素、发展趋势和可能的事件，将有助于确保情景的一致性和实用性。

第一步：确立目标和范围

| 明确目标 | 确定时间和地理范围 | 明确主题或领域 | 识别关键不确定性因素 | 制定情景分析框架 |

第二步：组建情景团队

| 提出情景分析的基本目标和大纲 | 与情景小组互动 |

第三步：构建零阶故事线

| 修订情景大纲 | 构建初步的情景叙述 |

第四步：量化驱动力

| 识别关键驱动力 | 利用数据和模型进行量化 |

第五步：计算情景的具体指标

| 使用模型预测和评估指标 | 共享结果并进行调整 |

第六步：讨论和修订量化结果

| 确保一致性和逻辑性 | 进行多轮讨论和迭代 |

第七步：广泛分发和审查情景草案

| 收集反馈并进行讨论 | 提高情景分析的质量和实用性 |

第八步：修订情景草案

| 整理和分类反馈意见 | 进行修订和微调 |

第九步：最终审查和确认情景草案

| 组织研讨会、报告会等 | 进行最终修改 |

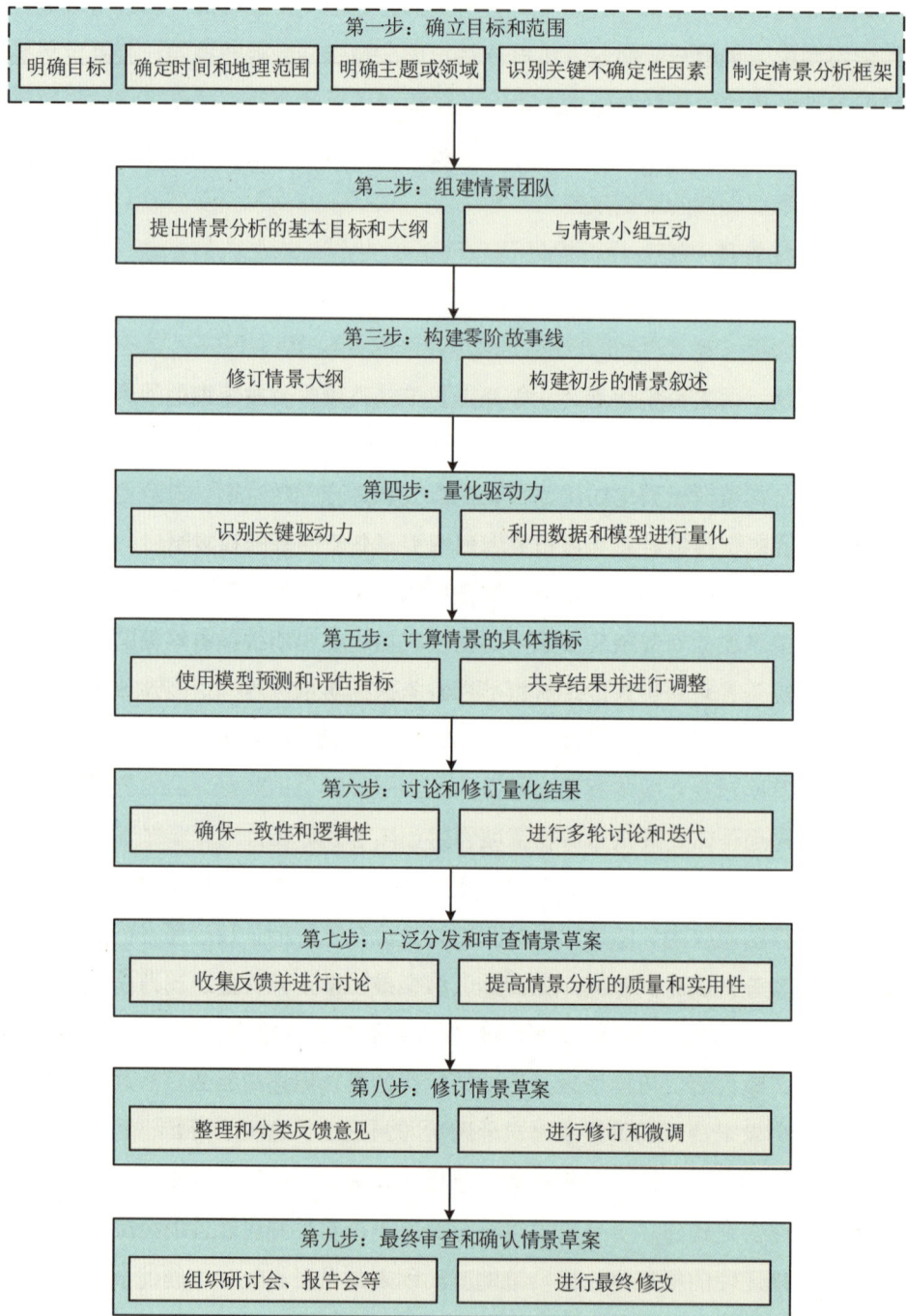

图 2-1　情景分析流程

　　第二步是建立一个专门的团队来协调和执行情景构建的过程。这个团队通常被称为情景团队（scenario team），由一组具有不同背景和专业知识的成员组成，他们共同负责设计和实施情景分析的各个方面。情景团队的成员可能包括环境学家、经济学家、政策分析师、未来学家及对特定领域有深入理解的专家。情景团队的首要任务是提出情景分析的基本目标和大纲，包括确定情景分析将探讨的关键问题、需要解决的核心不确定性因素及情景分析将覆盖的主要内容和主题。团队成员需要进行深入的讨论，以确保他们对情景分析的方向和重点达成共识。在提出初步的情景大纲之后，情景团队将组建一个由更广泛的利益相关者组成的小组，即情景小组（scenario panel）。情景小组的成员可能包括政府官员、行业代表、非政府组织成员、社区领袖及其他与情景分析结果有直接或间接利益的个人。情景小组的目标是提供多样化的观点和见解，确保情景分析能够全面反映不同利益相关者的需求和期望。情景团队与情景小组的互动是情景分析过程中的一个关键环节。通过一系列的会议、研讨会和工作坊，情景团队和情景小组共同讨论和修订情景大纲，确保情景分析的目标和范围得到充分的理解和接受。这个过程中，情景团队需要展现出高度的协调能力和沟通技巧，以确保所有参与者的意见能被听取并考虑在内。此外，情景团队还需要负责收集和整合来自情景小组的反馈信息，对情景大纲进行必要的调整和完善。这可能涉及对情景的关键驱动因素进行重新评估，或对情景的时间范围和地理范围进行调整。情景团队还需要确保情景分析的方法论和工具与情景分析的目标和范围相匹配，并且能够得到所有利益相关者的认可。在整个过程中，情景团队还需要考虑情景分析的可行性，包括所需的资源、时间表和预算。这要求情景团队具备项目管理的技能，以确保情景分析按照既定的时间和预算顺利完成。

　　第三步是由情景小组对这些目标和情景大纲进行修订，并构建初步的情景叙述，即所谓的零阶故事线。情景小组在这一阶段的任务是对情景团队提出的目标和情景大纲进行深入讨论和精细调整。在这一过程中，小组成员将基于各自的专业知识和对关键问题的洞察力，对情景的基本框架进行批判性思考。他们将共同确定情景分析要探索的核心主题，如经济发展、技术变革、环境政策、社会价值观等，并就这些主题的未来走向达成共识。在讨论的基础上，情景小组将开始构建零阶故事线。这些故事线是对每个情景未来发展情况的初步叙述，它们描述了在不同假设条件下未来可能发生的一系列事件和变化。零阶故事线需要具有创造性和探索性，以捕捉未来可能出现的各种可能性。同时，它们也需要保持一定的一致性和逻辑性，以确保情景分析的可靠性。构建零阶故事线的过程涉及大量的创意工作和协作。小组成员可能需要进行多轮讨论，以确保故事线的多样性和全面性。此外，情景小组还需要识别和解决故事线中可能出现的任何逻辑矛盾或不一致之处，以确保每个情景都能够自圆其说。在零阶故事线构建完成后，情景小组将与情景团队一起对这些故事线进行进一步的提炼和完善。这一过程可能需要反复迭代，以确保故事线既具有启发性，又能够为后续的量化分析奠定坚实的基础。

第四步是由情景团队基于这些故事线对情景中的驱动力进行量化。量化情景的驱动力是将定性的故事线转化为可度量、可分析的情景的关键步骤。情景团队先要确定哪些因素是影响情景发展的关键驱动力，这些驱动力可能包括人口增长、经济增长率、技术进步、政策变化、消费者行为、资源可用性等。一旦这些驱动力被识别出来，情景团队就会利用现有的数据、历史趋势、专家判断及其他相关信息为每个驱动力在不同情景下的表现分配数值。在这一过程中，情景团队可能会使用统计分析、模型模拟或专家访谈等方法来估计这些驱动力的未来可能状态。例如，他们可能会参考联合国的人口预测数据，或使用经济模型来预测未来的国内生产总值（GDP）增长率。此外，情景团队还需要考虑不同驱动力之间的相互作用和反馈循环，以确保情景的一致性和现实性。量化驱动力不仅是为了得到一组数值，而且是为了确保这些数值能够合理地反映所构建情景的特点和差异。这些量化的驱动力将为后续的情景分析奠定坚实的基础，使其能够进行更深入的分析和比较。在完成驱动力的量化之后，情景团队将与情景小组共享这些结果，以便进行进一步的讨论和调整。这可能涉及对某些驱动力的数值进行修正，或是对故事线进行微调，以确保故事线与量化结果保持一致。通过反复迭代，情景分析逐渐从不精确的叙述性描述转变为具有实际分析价值的情景。

第五步需要情景团队利用这些量化的驱动力由建模团队计算情景的具体指标。这一步骤是情景分析中的关键环节，涉及使用各种模型来预测和评估不同情景下的环境与社会经济指标。建模团队会根据情景团队提供的驱动力数据，运用气候模型、经济模型、能源模型等量化情景的具体表现。这些指标可能包括但不限于温室气体排放量、能源消耗、经济增长率、失业率、资源利用效率等。在进行模型计算时，建模团队需要确保所使用的模型能够准确地反映情景的特点，并且能够捕捉到关键的动态过程和反馈机制。这可能需要对现有的模型进行调整或开发新的模型。此外，建模团队还需要考虑模型的不确定性和局限性，确保模型结果的可靠性和有效性。

模型计算的结果将为情景分析提供一系列定量的输出,这些输出可以是图表、曲线、地图或其他形式的可视化展示。这些定量结果不仅能够帮助决策者更直观地理解不同情景的潜在影响,而且可以用于进一步的分析,如成本效益分析、风险评估等。在完成模型计算后,建模团队将与情景团队和情景小组共享这些结果。这些结果将作为情景小组讨论和修订情景叙述的依据。情景小组可能会根据模型计算的结果对以前的故事线进行调整,以确保情景叙述与定量分析结果保持一致。第五步的完成标志着情景分析从定性描述转向定量分析的完成,为情景的最终确定和决策应用奠定了坚实的基础。通过这一步骤,情景分析能够为决策者提供更加全面和深入的视角,帮助他们更好地理解和应对未来的不确定性和复杂性。在该步骤中,建模团队完成了对情景具体指标的量化计算,提供了关于在不同情景下对可能结果的数值估计。这些计算结果为情景分析奠定了坚实的数据基础。

第六步是由情景小组再次召开会议讨论和评估这些量化结果,并对情景叙述进行必要的修订。情景小组将仔细审视建模团队提供的量化数据,这可能包括对未来环境指标、社会经济发展指标、技术进步等方面的预测。情景小组需要确保这些量化结果与之前构建的零阶故事线保持一致,同时也要检查模型计算是否揭示了任何之前未被充分考虑的新信息或新趋势。在评估量化结果的过程中,情景小组可能会发现某些情景的叙述需要调整,以更好地反映模型计算所揭示的未来发展路径。这可能涉及对情景中的某些驱动因素进行修正,或是对情景中的关键事件和转折点进行重新描述。情景小组需要确保情景叙述的每个部分都能够与量化结果相匹配,从而形成内部逻辑一致、外部与数据相符的情景。此外,情景小组还需要考虑模型的局限性和不确定性。模型计算虽然提供了宝贵的数据支持,但任何模型都存在一定的假设和简化,这可能会影响结果的解释。情景小组需要识别和讨论这些局限性,以确保决策者能够全面理解情景分析的基础和约束。在修订情景叙述的过程中,情景小组可能会进行多轮讨论和迭代。这要求小组成员之间进行充分的沟通和协作以达成共识。情景小组还需要确保修订后的情景叙述对所有利益相关者都是透明和可理解的。完成情景叙述的修订后,情景小组将与情景团队共享这些更新内容,以便进一步分析和应用。这些修订后的情景叙述将更加精确和完善,以为后续的决策支持和政策制定奠定更加坚实的基础。

第七步是将修订后的情景草案广泛分发给各方面的专家和所有利益相关者进行审查。这一步骤的目的是收集来自不同领域和不同角度的反馈意见,以进一步提高情景分析的质量和实用性。在这一过程中，情景团队需要积极地与各方沟通，确保草案情景能够被广泛地理解和评估。这可能涉及组织一系列的介绍会和讨论会，以便专家和利益相关者能够深入讨论情景草案，并提出他们的看法和建议。收集到的反馈意见将为情景团队提供宝贵的信息，帮助他们识别情景草案中可能存在的问题、遗漏的关键点或需要进一步阐述的地方。情景团队需要对这些反馈意见进行认真的分析和整合，以便在下一步对情景草案进行进一步的修订和完善。此外，该步骤还涉及对情景草案的公开讨论和辩论，这有助于提高情景分析的透明度和可信度。通过公开讨论，可以让更多的利益相关者参与到情景分析的过程中，从而增强情景分析的社会影响力和决策支持作用。在该步骤中，通过广泛分发和审查情景草案，情景团队收集了来自各方专家和利益相关者的宝贵反馈意见。这些反馈意见为情景草案的进一步改进提供了关键信息。

第八步是对这些反馈进行深入分析，并据此修订情景草案。情景团队首先将对收集到的所有反馈意见进行整理和分类，以便识别出最常见和最关键的问题。这可能包括对情景叙述的准确性、完整性、逻辑一致性及量化数据的可靠性等方面的评论和建议。情景团队需要仔细考虑每条反馈意见，并评估其对情景草案可能产生的影响。随后，情景团队将与情景小组一起基于这些反馈意见对情景草案进行修订。修订工作可能涉及对情景叙述的某些部分进行改写、对量化数据进行调整或对情景的某些假设进行修正。这一过程需要情景团队具备高度的灵活性和创造性，以确保最终的情景充分反映各方面的意见和最新的信息。在修订情景草案的过程中，情景团队还需要确保所有更改被清晰地记录和解释，以便所有利益相关者理解情景分析的最新进展。此外，情景团队还应该考虑如何将反馈意见整合到情景分析的最终报告中，这可能包括编写一个专门的章节来讨论修订的过程。完成修订后，情景团队将更新后的情景草案再次提交给情景小组进行审查。这一迭代过程可能需要重复多次，直至情景团队和情景小组对情景草案感到满意，认为他们已经充分考虑了所有重要的反馈意见，并且能够为决策提供有用的信息。在该步骤中，情景团队和情景小组基于广泛收集的反馈意见对情景草案进行深入修订，以确保情景草案的质量和适用性。

第九步是对这些经过修订的情景草案进行最终审查和确认。情景团队将最终确定的情景草案提交给更广泛的利益相关者群体，包括政策制定者、行业专家、学术界人士及可能受情景分析结果影响的其他各方。这一步骤的目的是确保情景分析的最终结果得到所有关键利益相关者的认可和支持。为了进行最终审查，情景团队可能会组织一系列的研讨会、报告会或在线论坛，以便利益相关者能够深入了解最终情景，并提供他们的最终反馈意见。这些活动为利益相关者提供了一个交流思想、提出问题和表达关切的平台。情景团队需要仔细记录这些会议的讨论内容，并在必要时对情景草案进行最后的微调。完成最终审查后，情景团队将根据收到的反馈意见对情景草案进行最后的修改。这些修改可能包括对情景叙述的细微调整、对量化数据的最后校正或对情景分析报告的补充说明。情景团队需要确保所有修改及时完成，并在情景分析的最终报告中得到体现。

使用情景分析这一工具的挑战在于需要大量的专业知识、创造力和资源。构建有意义的情景需要深入理解影响未来的各种因素，以及这些因素是如何相互作用的。此外，情景分析的过程可能非常复杂，需要多个学科的专家和利益相关者的参与。然而，尽管存在这些挑战，情景分析仍然是一种非常有价值的工具，它可以帮助决策者在面对未来的不确定性时做出更加明智和有根据的决策。

三、情景分析方法的一般化应用

（一）在社会科学领域的应用

情景分析作为一种强大的规划和决策工具，已经被社会科学领域的研究者和决策者广泛采用。在社会学中，情景分析方法特别适用于涉及未来不确定性和社会变迁的研究主题，它可以用于模拟不同的社会政策对贫困、教育、健康和社区发展的影响，从而帮助政策制定者评估这些政策的潜在效果。例如，Buheji 等讨论了新型冠状病毒感染（COVID-19）大流行的广泛社会经济影响，通过情景分析重点关注全球贫困问题[8]。该研究表明，在严重的情景下，经济会大幅下滑，全球贫困会加剧。Shammi 等利用情景分析评估了 COVID-19 大流行的社会经济影响[9]。结果表明，全面封锁虽然可以减少社区传播和 COVID-19 造成的死亡，但会严重阻碍经济和教育部门的发展，并可能导致性别歧视和基于性别的暴力事件迅速增加；同时，该研究强调了由于封锁对生计和失业率的影响，贫困和弱势社区将遭受严重苦难。Mónica 等探讨了在贫困背景下进行可持续性转型的挑战，特别是在发展中国家的情景中[10]。该研究描述了 3 种类型的制度环境：福利、非正式安全和不安全。结果表明，发展中国家在进行可持续性转型时需要考虑制度背景和社会结构的复杂性。Jamal 和 Dredge 讨论了旅游政策对欠发达国家社区发展、减贫和健康的影响，认为旅游可以作为一种工具来促进经济增长和社会福祉，但其效果往往受到多种因素的影响[11]。

在评估社会政策时，情景分析方法允许研究者构建多个基于不同社会、经济和政治假设的未来情景。通过这种方式，可以探索不同政策对特定社会问题的影响，以及在不同的未来条件下可能出现的挑战和机遇。研究者可能会构建一种情景，其中政府大幅增加了对教育的投资，并评估这将如何影响长期的社会流动性和经济生产力。此外，情景分析方法在城市规划和发展中也非常有用。城市规划者可以使用情景分析来评估不同的城市化策略对环境、交通、住房和社会凝聚力的影响。这包括评估城市扩张、交通基础设施投资或绿色空间保护政策的长期后果。例如，Cox 等认为将公交规划与环境目标相结合可以增强城市的可持续性，并利用情景规划证明了以公交为导向的发展与环境保护之间的权衡与协同作用[12]。

在社会不平等的研究中，情景分析方法可以帮助研究者理解不同经济和社会结构变化对收入分配、社会阶层和贫富差距的影响。通过构建不同的经济发展、劳动力市场变化或税收政策改革的情景，可以预测这些变化对不同社会群体的影响。

情景分析方法还可以应用于社会人口学，以预测人口结构变化对经济、社会服务和公共政策的影响。例如，研究者可以构建不同的情景来评估人口老龄化、移民流动或生育率变化对社会福利系统、医疗资源分配和教育需求的潜在影响。

在社会和技术的交互领域，情景分析方法有助于评估技术进步对社会结构和日常生活的影响，包括评估互联网、人工智能、自动化和其他新兴技术对社会就业、隐私、教育和社交行为的长期影响。

情景分析在社会危机管理中也扮演着重要角色。通过构建不同的情景来模拟社会动荡、自然灾害或公共卫生危机，决策者可以更好地准备和应对这些危机。这包括评估不同应对策略的有效性，以及在危机情况下如何维持社会秩序和提供必要的社会服务。

（二）在经济学领域的应用

情景分析方法在经济学中也有多种应用。作为一种多维度的决策支持工具，它允许经济学家和政策制定者探索与评估不同经济政策及市场条件下的潜在结果。在宏观经济政策评估中，情景分析方法能够模拟财政和货币政策变化对经济增长、通货膨胀及就业的影响。例如，通过构建不同的税收政策、政府支出或利率变动的情景，决策者可以预测这些变化对经济活动的影响，并制定相应的政策调整方案。

在金融市场预测方面，情景分析方法帮助金融机构和投资者预测市场趋势并评估投资风险。通过对股票市场、债券市场、外汇市场和商品市场的未来走势进行模拟，金融机构能够制定风险管理策略，优化投资组合，并为不同市场条件下的投资决策提供依据。

在国际贸易模拟方面，情景分析方法可以模拟贸易政策变化、关税调整或贸易协定对国家或地区的出口、进口和贸易平衡的影响。这为政策制定者提供了评估贸易措施对经济影响的重要视角，并帮助他们制定更有效的国际贸易策略。

长期经济增长模型也经常利用情景分析方法来探索技术进步（每个因素都可以加入一些文献的结论，泛读该领域的文献）、教育投资、人口变化和资本积累等因素对经济增长的潜在影响。这些情景分析有助于政策制定者了解哪些因素是推动经济增长的关键驱动力，并据此制定促进经济长期增长的策略。

在资源和环境经济学领域，情景分析方法帮助评估资源价格变化、资源枯竭或环境政策对经济的影响。特别是在考虑可持续发展和环境保护政策时，情景分析方法提供了一种评估不同政策选择对资源利用和环境保护效果的方法。

企业战略规划是情景分析方法的另一个重要应用。企业通过情景分析来评估市场变化、竞争动态、技术发展或政策变化对其业务战略的影响。这使企业能够制定灵活的应对策略，以适应不断变化的市场环境，并保持竞争优势。

情景分析方法在经济模型的不确定性分析中也发挥着重要作用。在构建经济模型时，情景分析可以帮助识别和量化模型中的不确定性，提高模型的稳健性和政策建议的可靠性。这种分析确保了政策建议是基于全面考虑了不确定性因素的经济模型而做出的。

综上所述，情景分析方法在经济学中的应用是多方面的，它不仅帮助政策制定者和经济学家在不确定性下做出更加明智的决策，而且为经济模型提供了一种强大的工具，以探索和评估不同经济情景下的潜在结果。通过这种方式，情景分析成为经济学研究和政策制定中不可或缺的一部分。

第二节　情景分析方法在低碳路径规划中的应用

一、碳排放情景分析工具

　　能源模型作为分析和规划能源系统未来的重要工具，其发展历程与全球能源结构的演变紧密相连。自20世纪70年代以来，随着个人计算机的普及和民众环境意识的提升，特别是在经历了石油危机之后，能源模型开始发展。这种模型最初主要服务于工业化国家，专注于探索和理解全球能源系统的可能变化，以及能源使用对人类和自然环境的影响，能够以一定的技术细节模拟新能源技术或政策的市场渗透及相关成本变化。然而，它们无法预测这些变化对社会的总体经济、结构或就业的净影响。这种模型的结果常被关注环境的科学家、非政府组织和政治家引用，以阐明能源系统重大变化的可行性，特别是在几乎所有国家主要依赖的化石燃料能源系统亟须广泛变革的背景下。

　　随着时间的推移，能源模型不断演进，以适应不同的研究目的和区域范围。模型的设计逐渐包含了更多的技术细节和环境考量，从而能够更全面地评估能源系统。能源模型的分类方法多样，根据建模方法，大致可分为3种："自上而下"模型、"自下而上"模型和混合/综合评估模型（表2-1）。

表2-1　能源模型分类

方法类型	比较分析		适用范围	代表模型
	优点	缺点		
"自上而下"模型	宏观反馈能力强，能反映各经济部门的相互作用和政策传导机制	不能深入到微观层面的能源技术细节，缺乏对技术替代效果的细致描述	分析能源、气候、环境等政策冲击的影响	CGE，GEM-E3，TDGM-CHN，GREEN，EPPA，C-GEM
"自下而上"模型	数据需求细致，能精确评估特定技术的能源消耗和环境影响	缺乏对经济系统整体的反馈机制，通常不能进行跨部门、跨区域的大范围分析	适用于低碳发展技术路径分析和技术的替代效应评估	LEAP，WEM，TIMES，China-TIMES，SACC，PECE，MESSAGE
混合/综合评估模型	多维度集成，能结合技术和经济因素全面分析能源系统的复杂交互性	模型复杂性高，构建和计算成本较大，需大量数据和计算资源	预测各部门能源的供应能力、能源价格、需求量及宏观经济参数	MERGE，IMAGE，IIASA，GCAM，RICE/DICE，IPAC，MARKAL-MACRO，IESOCEM

（一）"自上而下"模型

在能源经济学领域，"自上而下"模型也被称作宏观经济模型，它扮演着至关重要的角色。这类模型的核心目标是在国家或区域层面上模拟整个经济体，并以货币单位评估能源或气候变化政策的总体影响。它们与"自下而上"模型不同，后者更侧重于能源技术进步、创新或产业内的结构变化，而"自上而下"模型采用对能源部门和经济的总体视角，通过经济增长、产业间的结构变化、人口发展和价格趋势等宏观因素来驱动。宏观经济模型通过使用劳动力、资本等生产要素，并应用福利、就业和经济增长之间的反馈循环，试图实现市场均衡，最大化消费者福利。这类模型通过宏观经济指标来预测能源需求和供应的未来趋势，通常假设市场行为是能源消费和生产的主要驱动力，并且技术效率随着时间的延长而提高。在"自上而下"模型中，能源需求是通过经济活动的总体指标，如 GDP 和价格弹性来确定的，而能源供应通过市场行为来决定。这类模型在工业化国家的能源政策制定中得到了广泛应用，它们在预测总体能源趋势和评估宏观经济政策对能源系统的影响方面非常有用。

然而，当应用于发展中国家时，它们的局限性开始显现。发展中国家的能源系统常常与工业化国家有显著差异，包括能源消费模式、市场发展水平和能源基础设施等。例如，发展中国家可能存在能源供应短缺、电力部门效率低下和对传统生物燃料的高度依赖等问题。为了提高"自上而下"模型在发展中国家的适用性，需要对其进行改进，以使其更好地整合发展中国家的特定情况，如非正规经济的影响、电气化进程和城乡差异。"自上而下"模型的发展和改进是一个持续的过程，需要不断地根据新的数据和研究结果进行更新。由于全球能源格局的不断变化，特别是发展中国家在全球能源需求中所占份额的增加，这类模型的进一步发展和改进将对全球能源政策和可持续发展目标的实现起到关键作用。为了更好地适应发展中国家的能源系统和经济特点，"自上而下"模型必须经过精心的设计和调整，以确保它们的预测和政策建议能够准确反映这些国家的实际情况和未来发展趋势。

在评估城市碳排放趋势时，"自上而下"模型通常用来估计峰值排放量和"双碳"目标时间的大概范围，这类方法属于一般均衡理论。"自上而下"模型能够通过利用不同形式的生产函数，以高度集约的方式对能源部门、经济部门和环境部门之间的关系进行描述，能够较好地反映政策冲击在各个部门间的传导效应，并模拟各个部门及各经济主体对政策冲击的反应。但"自上而下"模型分析反映的是系统的均衡状态，无法对特定技术直接进行描述，不能解释系统从一个均衡状态到另一个均衡状态的过程，即具体的碳达峰实现路径。另外，这类方法对数据的要求比较高，需要结合 IO 表、社会核算矩阵等数据才能开展模拟。现有的"自上而下"模型通常用于评估一般能源或气候政策工具的经济成本和环境效应，如能源税或碳税、碳排放交易体系（ETS）、可再生能源的上网电价等。在传统意义上，这类模型在考虑技术发展时主要是在基于价格的政策（税收、附加费或投资补贴）和监管政策（技术标准、禁令和技术目标）的背景下进行的。当前的建模方法则努力将现有模型的能源需求预测框架扩展，以包括技术和经济反馈，以及非价格政策（技术标准、规范等）。

"自上而下"模型有 4 种类型，包括投入产出模型、计量经济模型、可计算一般均衡（CGE）模型和系统动力学（SD）模型。投入产出模型基于传统的投入产出分析，描述了一个国家不同部门和用户的商品及服务总流量，以增值和特定的投入产出系数来表示。这种模型更适合短期能源政策评估，因为它们只能基于历史数据提供当前经济结构的状况。计量经济模型结合了经济理论、数学工具和统计方法，主要用于各类经济理论的实证分析。这类模型依赖大量数据，并且可能因数据的可用性而受限。CGE 模型起源于 19 世纪 70 年代的一般均衡理论，并使用社会会计矩阵（SAM）来表示其平衡的基准数据。CGE 模型通过价格调整来维持平衡，这些调整不能被涉及的代理（如家庭、公司和政府）影响，因为它们作为价格接受者在一定约束和数量调整下会试图最大化他们的福利或利润。SD 模型的概念在 20 世纪 50 年代由福雷斯特在麻省理工学院开发，用于分析大型工业公司或整个城市的长期行为。SD 模型通过非线性微分方程表示的反馈控制系统或反馈循环来定义系统组件之间的相互作用，并通过微分分析来描述定义系统的动态变化。

尽管"自上而下"模型在宏观经济完整性方面具有优势，但它们在技术细节上存在不足，可能无法适当地指示技术进步，或提供关于特定技术或行业的能源效率的非货币障碍的详细信息。此外，由于市场假设的有效性，这类模型往往会低估障碍的复杂性，如知识缺乏、决策程序不当或特定利益集团的特定利益。因此，"自上而下"模型在长期预测中可能不适合展示可信的技术未来。

（二）"自下而上"模型

在能源经济学中，"自下而上"模型以对技术层面的深入模拟而独树一帜，它们专注于预测能源系统的未来状态，与依赖宏观经济指标的"自上而下"模型形成对比。这类模型的显著优势在于能够精确捕捉技术进步、成本变化及政策对能源系统的具体影响，从而为确定碳达峰目标和节能减排措施提供详细测算。"自下而上"模型从评估对象的碳排放现状出发，综合考虑各部门和行业的节能减排措施及成本信息，进而评估经济技术潜力。它们的关键特性在于考虑技术学习曲线、成本下降和市场渗透率提高，这对于可再生能源和低碳技术的发展至关重要。随着技术进步，这类模型能更准确地预测技术在能源系统中的渗透程度，包括部门预测模型、工程技术模型、综合能源系统仿真模型和动态能源系统优化模型等。尽管"自下而上"模型的技术信息丰富，适用于评估技术替代效应，如技术进步对 CO_2 排放和能源消耗的影响，但它们对技术参数要求高，且作为局部均衡模型，可能忽视政策带来的间接经济影响，有时可能导致减排成本被低估。与"自上而下"模型相比，"自下而上"模型在技术细节上更为丰富，更适合评估未来的能源需求和供应。它们采用商业经济学方法进行技术模拟的经济评估，但通常不考虑宏观经济影响或相关投资。这类模型在技术透明度上表现出色，但不适合长期预测，尤其是在技术再投资周期较短的领域。

"自下而上"模型可以进一步细分为部分均衡模型、优化模型、模拟模型和多智能体模型。部分均衡模型用于评估特定部门或子集，优化模型寻求在约束下最小化成本的技术选择，模拟模型可以复制系统元素间的关联规则，而多智能体模型则会考虑市场不完善因素。尽管这些模型能提供能源需求和供应技术的详细图像，但它们依赖于对技术传播、投资和成本的假设，且可能忽视能源政策的宏观反馈信息。为了克服这些局限性，"自下而上"模型常常与"自上而下"模型结合使用，形成混合/综合评估模型。目前，"自上而下"和"自下而上"这两种模型都在不断改进，通过更详细的结构和基于经验的方程式提升其性能，而两者之间"硬链接"的发展对于提高模型性能至关重要。预计其未来将使政府和行业协会更透明地模拟部门和技术导向政策，并提供更可靠的政策影响信息。

（三）混合/综合评估模型

混合/综合评估模型也称系统优化模型，是一种创新的模拟方法，它结合了"自上而下"与"自下而上"两种模型的优点。这种模型以某一类模型为基础，通过"软链接"与另一类模型相结合，形成了一个全面模拟现实能源系统的复杂系统。其发展趋势是整合宏观经济模型与技术细节丰富的部门模型，以更全面地描述和预测能源系统的变化。这种整合旨在提高能源政策分析的质量和决策者咨询过程的有效性。

混合/综合评估模型的核心在于结合宏观经济的完整性和微观经济的真实性，同时保持技术细节的明确性。这种整合可以通过手动传输数据、参数和系数的"软链接"，或通过自动程序建立不同模型之间的"硬链接"实现。然而，混合/综合评估模型面临的挑战在于保持理论上的一致性和经验上的有效性，同时避免构建过于庞大而无法计算的模型。结构变化和技术进步的内生考虑也是需要进一步研究的重要问题。目前，基于过程的模型与宏观经济模型之间几乎没有"硬链接"，这主要源于模型在开发过程中形成的学科文化差异。连接这些模型是能源需求和供应建模目前面临的挑战，分析人员需要在两种类型的模型中以一致的方式模拟预测未来，可能需要进行迭代运行，以模拟大幅偏离参考情景的政策情景。

混合/综合评估模型的核心优势在于：一方面，能够同时考虑宏观经济因素和能源技术的具体特性，从而更准确地捕捉能源系统在不同政策和市场条件下的动态变化；另一方面，可以评估政策变化对能源系统的影响能力，通过模拟不同的政策情景，如碳税、补贴或技术标准能够提供深入的政策效果见解。这类模型综合考虑经济、资源、技术、环境和消费等各方面因素，对未来能源消耗量和碳排放量进行预测分析，为不同国家、地区及行业制定能源策略提供信息支持。尽管混合/综合评估模型功能全面，能够同时详细描述能源技术和宏观经济两种因素，但其结构相对复杂，典型代表包括 MARKAL-MACRO 模型、IPAC 模型和 IESOCEM 模型等。随着"自上而下"模型和"自下而上"模型的进一步改进，以及"硬链接"的发展，预计将提高政策模拟的透明度，并提供更可靠的政策影响信息。

二、情景设定及参数设置

（一）情景设定

情景分析方法应根据研究问题的主题确定分析目标，鉴别和确定影响未来系统发展变化的影响因素，这些因素的变化是构建不同情景发展的依据。通过对影响这些重要因素的驱动力的讨论和描述，进一步分析情景所代表的政策和发展方向，最终提出相应的政策机制建议（图 2-2）。具体步骤如下：

● 确定目标。定义情景分析对象及界定情景分析边界，并根据相关研究问题明确情景分析目标和主要任务，确认情景分析的主要问题。

● 影响因素识别。在情景目标确定的基础上，识别影响情景发展的关键因素。

● 驱动力分析。分析上述影响因素的驱动力，确定关键因素的未来发展趋势。在这一阶段需要收集每个关键影响因素的历史信息和现状信息，探讨关键影响因素的各种发展趋势，对关键因素的趋势变化进行相应设定。

● 情景构建。对关键影响因素的几种发展趋势进行组合，构建多个未来情景，确定情景发展路径。

● 分析情景内容。对所构建的情景进行详细描述，并做出评价。

● 提出对策建议。在分析情景的基础上，总结影响因素，为政策制定者提供相应的对策建议。

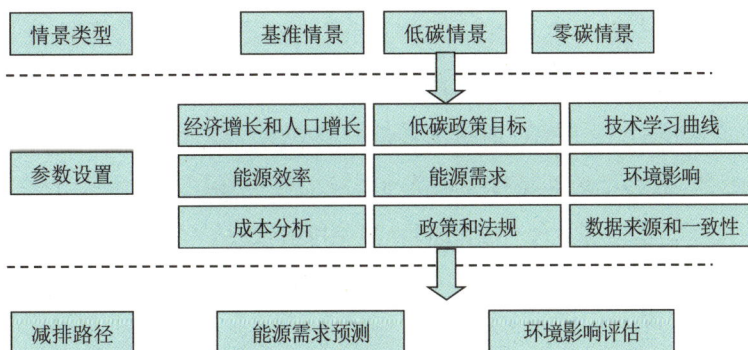

图 2-2　情景分析基本框架

在以碳达峰碳中和为目标进行情景设计的过程中，通常需重点考虑城市当前的政策和技术水平，以及实现碳达峰目标所需要的政策和技术措施，进而识别这两者之间的差距，明确未来政策和技术的调整方向。一般有三类情景可供城市选择。

基准（BAU）情景： 这是按照城市近年来惯有的经济增长速度、人口发展规模、城市化和工业化的进程，以及资源消耗和能源需求的现状，以经济增长为最主要的驱动因素，不采取任何应对气候变化的对策和措施，保持惯性发展带来的能源需求和碳排放水平的情景。结合城市的未来发展定位和目标，显示该情景下城市的资源能源保障、生态环境影响及未来发展的要求。一般来说，基准情景是能源需求和碳排放水平最高的情景。

低碳情景： 这是在基准情景的基础上，考虑城市当前的节能减排和应对气候变化的政策法规、行动计划及干预措施等，采取能源结构优化和提高能效的技术手段，一方面保证经济社会发展目标的实现，另一方面落实现有的节能减排政策措施并延续下去，其目标在于实现城市经济、社会和环境的可持续发展，是未来非常有可能发生的能源需求与碳排放的情景。通过制定和严格实施当前的应对气候变化的政策，并将其延续，促进低碳技术进步，人们的生活方式和消费模式也有一定程度的改善，这种情景下的未来可能的发展模式被定义为低碳情景。

零碳情景： 这是在低碳情景的基础上，综合考虑国际成熟经验和国内城市的减排愿景，经济增长模式有所改变，人们的消费理念发生变化，更加重视低碳生活的自觉行为，低碳技术发展成熟，主要耗能行业减排成本大幅下降，能源结构更加优化，能耗需求控制更严格和稳定，各项政策措施行动计划的规范性和执行力更强，城市公共交通体系发达的情景。因此，对于潜力较大的城市，可以考虑确定零碳情景（长期低碳战略情景），规划城市碳达峰后的长期减排和低碳发展路径。考虑到城市规划及基础设施等的寿命周期相对较长，一个更长时间尺度的战略规划将有助于指导当前的决策和未来的行动。城市需要借助零碳情景研究提出到2050年的低碳发展战略，并参照2050年长期减排要求倒排时间表和路线图，进而细化和完善近期和中期目标，以尽早实现碳达峰和更低的峰值年排放水平。

（二）参数设置

在探讨中国城市低碳路径规划的情景设定时，有一系列原则被应用于构建合理的未来故事线。这些原则基于对关键因素的假设，包括经济增长、人口增长、技术进步、政策变化等，以评估不同能源政策对城市能源系统、温室气体排放、能源使用和成本的潜在影响。以下是一些关键的参数设置原则。

经济增长和人口增长：根据不同的情景，假设不同的经济增长和人口增长速度。例如，基准情景假设了中等的经济增长和人口增长，而 BAU_high 情景和 BAU_low 情景分别考虑了更高和更低的增长速度。这些假设反映了中国未来可能的发展趋势，并为能源需求的增长奠定了基础。

低碳政策目标：除基准情景外，其余情景都考虑了中国政府提出的低碳政策目标。

技术学习曲线：在除基准情景外的其他情景中，都考虑了技术学习曲线的影响，这意味着随着时间的推移，由于技术改进和市场渗透率的提高，低碳、零碳、负碳技术的成本将会降低。这一原则有助于模拟这些能源技术的经济性，并预测它们在未来能源结构中的潜在份额。

能源效率：所有情景中的一个共同假设。随着技术进步和政策引导，预计现有能源技术的效率将不断提高，从而减少能源消耗。

能源需求：根据不同的情景对能源需求的增长进行模拟，考虑到人口增长、经济发展、电气化率提高等因素。

环境影响：通过评估不同情景下的 CO_2 排放和其他环境指标，如氮氧化物（NO_x）和二氧化硫（SO_2）排放，以及固体废物的节约，可以了解低碳政策对环境质量的潜在影响。

成本分析：不同情景下的电力生成成本被详细评估，包括可再生能源和核能技术的成本，并与基准情景进行比较。这有助于了解能源转型对经济的潜在影响。

政策和法规：考虑现有和预期的政策变化，如《中华人民共和国可再生能源法》和国家发展改革委发布的《可再生能源中长期发展规划》（发改能源〔2007〕2174号）。

数据来源和一致性：使用来自国际组织和中国政府官方统计的数据，通过比较这些数据源，确保情景分析中基础数据的准确性和可靠性。

通过这些原则，情景设定提供了一个多维度的框架，用于评估中国城市在不同能源政策和技术发展中的碳减排路径。这些情景不仅展示了不同能源结构对中国城市温室气体排放的影响，还揭示了能源转型对经济成本、能源安全和社会福利的潜在影响。通过这些分析，可以更好地理解中国低碳政策选择的长远后果，并为制定更加可持续的能源战略提供科学依据。

三、不确定性分析

在进行能源情景分析时，不确定性是一个不可忽视的因素，因为它关系到对未来发展趋势的预测。不确定性的来源多种多样，包括能源价格波动、宏观经济增长、技术发展和创新、政策变动及数据限制等。这些不确定性因素在能源模型中需要得到妥善处理，以确保情景分析的可靠性和有效性。

能源价格波动：这是影响能源需求和供应的关键因素。石油和天然气价格的波动性尤其高，这直接影响到各种能源技术的竞争力及消费者和生产者的行为。价格波动可能会导致能源消费模式的改变，进而影响能源供应的稳定性和能源政策的制定。

宏观经济增长：其预测难度是一个重要的不确定性来源。在快速发展的发展中国家，经济的快速变化可能会对能源需求产生显著影响。经济增长与能源消费之间的关系复杂，涉及收入水平、工业化程度、城市化进程等多个方面。

技术发展和创新：技术进步可能会带来跨越式的发展，使历史上的某些能源使用阶段跳过。例如，可再生能源技术的快速发展可能会加速传统能源向清洁能源的转变。然而，预测特定技术的发展速度和未来状态是非常具有挑战性的，因为这涉及研发投入、市场接受度、政策支持等多种因素。

政策变动：政府政策的起草和实施往往取决于立法周期和国家计划，而公众辩论和政治决策的变化可能会意外地影响政策方向。能源政策的不确定性可能会对能源投资、技术开发和市场发展产生重要影响。

数据限制：由于数据的可用性和质量限制，模型可能无法捕捉到所有影响能源系统的因素。特别是在发展中国家，关于能源消费、生产和价格的数据可能不够准确或不够全面，这增加了模型预测的不确定性。

尽管存在这些不确定性，情景分析仍然是一个有用的工具，可以帮助决策者和研究人员理解未来可能的发展趋势，并评估不同政策选择的影响。为了处理不确定性，研究者通常会进行敏感性分析，评估不同输入参数变化对输出结果的影响。此外，通过构建多种情景来探索广泛的未来发展路径，可以帮助决策者理解在不同情况下可能面临的风险和机遇。

在情景分析中，研究者需要明确识别和传达不确定性，这有助于提高模型的透明度和可信度。通过考虑不确定性，情景分析可以更好地为政策制定提供支持，帮助社会准备应对未来的挑战。总之，虽然不确定性是情景分析中的一个固有组成部分，但通过仔细的分析和透明的沟通可以有效地管理和利用不确定性信息，为能源政策和规划奠定坚实的基础。

第三节 长期能源替代规划系统模型的构建

一、模型介绍

长期能源替代规划系统（the long-range energy alternatives planning system，LEAP）模型是瑞典斯德哥尔摩国际环境研究院（SEI）开发的用于能源-环境和温室气体排放路径评估的情景分析软件。作为"自下而上"的集成模型，LEAP 模型以实际工程技术为出发点，对各行业的能源消费、能源生产过程中所使用的终端技术进行仿真模拟，实现了能源系统中供给与需求的有效匹配。在此过程中，LEAP 模型不仅能够作为存储相关信息的数据库，还能作为模拟工具实现对长期能源供需变化的建模和预测。此外，LEAP 模型还可以作为政策分析工具对各类能源项目、投资行为进行模拟，并系统评估对应的物理效应、经济效应和环境效应，从而为政策制定提供科学支撑。

LEAP 模型起源于 20 世纪 80 年代肯尼亚的 Feulwood 项目。该项目搭建的能源分析平台为 LEAP 模型的雏形。该平台可以实现数据管理、能源平衡建模、能源供需预测及评估替代政策等多项目标，这些目标与当前的 LEAP 模型基本相同。经过 5 年的发展，LEAP 模型正式推出个人计算机（PC）版工具，实现了更加友好的用户界面管理，并进行了广泛的传播，主要用于非洲、亚洲和拉丁美洲的能源转型、资源管理研究。20 世纪 90 年代，随着全球对能源活动产生的环境影响日益担忧，LEAP 模型进一步开发了温室气体排放模块。该模块增加了环境数据库（EDB），同时增强了 LEAP 模型中对排放负荷的计算模拟功能，这使该模型成为首批解决能源环境综合问题的建模工具之一。在此过程中，随着气候变化问题在国际议程中日益凸显，许多国家开始使用 LEAP 模型向《联合国气候变化框架公约》提交国家公报。同时，LEAP 模型也支撑了联合国、美国、中国等众多组织和国家的多项内部研究。2004 年，LEAP 模型引入了多区域建模功能，允许用户将一个区域划分为多个子区域，这使该模型具备了更强的建模能力和更高的建模现实性。随后，LEAP 模型的建模能力在 2011 年得到了显著扩展，在原有基础上进一步纳入优化功能，即基于开源的数学规划工具包 GLPK 进行成本最小化的能源系统优化建模，同时引入了 OSeMOSYS 的建模框架。在此之后，LEAP 模型与其他模型的耦合也进一步深入。例如，LEAP

模型开始与 WEAP 模型进行连接，以支持"能源-水"耦合建模分析等。

近年来，LEAP 模型迎来了两次重要更新。其中，2018 年版的 LEAP 模型更新了如下功能：①综合效益计算器（IBC），用于估算能源系统对健康、生态系统和气候的影响；②土地利用变化、林业和土地资源建模；③基于地图的结果可视化功能；等等。2020 年版的 LEAP 模型更新了如下功能：①用于优化建模的 NEMO 框架，大幅提高了 LEAP 模型优化建模的能力；②储能相关建模和高自由度的时间分片设计；③室内空气污染健康影响建模；④边际减排成本曲线（MACC）建模；⑤基于可视化地图的能源使用和排放的地理预测；⑥改进的库存周转率模型；⑦改进的 IBC，可以更好地模拟空气污染对健康和农业的影响；⑧内置回归测试；等等。经过近 50 年的发展，LEAP 模型的用户已遍及 200 多个国家和地区，用户数量接近 50 000 人，成为具备广泛影响力的能源环境系统综合建模工具。

LEAP 模型的核心内容包括能源需求、能源转换、资源供应三大板块。随着模型的持续发展和分析要求的逐步多元，LEAP 模型在原有板块的基础上逐步融入成本效益分析，健康、农业损失和气候响应等附加板块。图 2-3 展示了 LEAP 模型的架构。

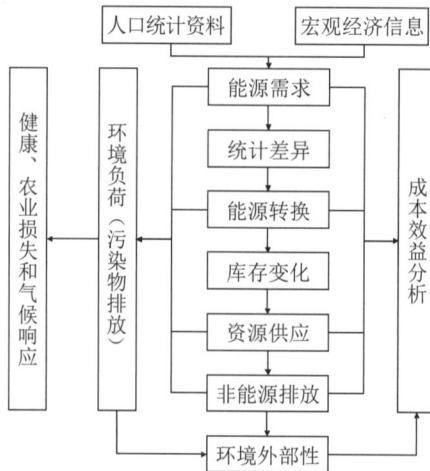

图 2-3 LEAP 模型架构

其中，能源需求板块的目的在于对所研究区域的终端能源需求进行建模。该板块主要通过对人口统计资料和宏观经济信息进行各类假设，并基于上述假设构建各类能源产品的终端需求，相关需求可以细化到不同部门、子部门和终端用途。能源需求分析是开展综合能源分析的起点，后续的能源转换和资源供应都由上述最终能源需求驱动。

能源转换板块的作用在于模拟各种能源产品的转换和运输。该板块刻画了初级资源或进口燃料逐步转化至最终能源产品的复杂过程。具体来说，LEAP 模型的能源转换板块包含若干种能源转换技术，其中每种转换技术可以实现将一组特定的能源产品输入转化为一组特定的能源产品输出。通过各种转换技术的前后衔接，能源转换板块可以将初级资源或进口燃料逐步转化至最终的各类能源产品，从而满足能源需求板块给出的各类能源产品需求。

相较之下，资源供应板块则主要关注本地资源的生产及次级燃料的进出口，从而为能源转换板块的能源产品输入提供一次能源供给。其中，本地资源的刻画形式依赖该资源所属的类别。对于化石原料（包括铀）类资源，需要在模型中体现的主要信息是该资源的总可用储量；对于可再生能源类资源，需要在模型中体现的主要信息是该资源的年可用量。需要说明的是，资源供应板块中展示的资源类型取决于能源需求板块和能源转换板块中的能源系统结构，当从上述两个板块中添加或删除能源需求或转换技术时，资源供应板块会自动更新对应的资源类别。

除了上述三个核心板块，LEAP 模型在后续开发过程中还纳入了统计差异板块与库存变化板块。这两个板块的主要目的在于确保 LEAP 模型中的数据与所研究地区的现实数据相匹配。其中，统计差异板块主要用来弥补最终能源消费和能源需求假设之间的差异。在大多数情况下，能源需求和资源供应数据无法完全实现精确匹配。在统计差异板块中，建模者可以对两者之间的差异范围进行指定，并将上述差异添加到能源需求板块中，从而调整能源需求板块输出的最终能源需求，实现各项能源产品的供需匹配。库存变化板块主要用来调整资源供应板块和能源转换板块之间的供求差距。在库存变化板块中可以指定当前库存中的一次能源供应，该值将被添加到资源供应板块下对应的一次能源总供应中，从而实现资源供应板块和能源转换板块之间的供求匹配。

除了上述基本的能源系统组成板块，LEAP 模型还充分刻画了相关能源活动的环境外部性，包括各类活动带来的 CO_2 等温室气体排放、相关污染物排放等。为了更方便地对上述过程进行建模，LEAP 模型还纳入了技术环境数据库（TED），以提供关于各类能源技术的技术特性、成本和环境影响等相关信息。TED 可以作为独立工具使用，也可以与 LEAP 模型集成，用于计算各类情景下的环境负荷。

此外，随着分析需求的逐步多元化，LEAP 模型还构建了成本效益分析板块和

IBC 板块。其中，成本效益分析板块主要用于比较不同情景下的系统成本和经济效益，相关成本可以将贴现率和货币单位的影响考虑在内。IBC 板块是 LEAP 模型近年重点更新的附加板块。该板块可用于将 LEAP 模型中输出的 CO_2、空气污染物、非 CO_2 气体相关排放转化为空气污染对健康（过早死亡）和生态系统（农作物产量损失）影响的估计值，实现对能源转型的多维评估。此外，IBC 板块还与全球大气地球化学模型（GEOS-chem adjoint）实现了耦合，为评估能源转型对气候变化（主要是温升）的影响提供了可能。该模型的各类结果可依据地理来源、污染物类型、年龄组和作物类型等相关变量进一步细分。

基于情景规划（scenario-based planning）的分析是 LEAP 模型的主要特点之一。情景分析允许能源决策者和规划者对特定区域或经济体的能源消费、转换和生产进行全面的模拟和预测，通过创建和比较多种情景，探索未来各种可能的能源政策、技术变革程度和社会经济条件对能源需求、社会成本和环境产生的影响。LEAP 模型中基于情景规划的分析方法主要包括 3 个关键步骤。首先，确定对未来能源供求格局产生影响的关键因素，主要包括收集有关当前能源消费模式、技术进步、政策环境和社会经济趋势的各项详细数据。所有情景分析需要从共同的基准年份开始，用户需要为该年建立名为"当前账户"的数据库，并将相关的关键数据信息全部录入。其次，LEAP 模型将使用上述数据构建出代表不同未来的各类情景，相关情景可以包含不同的 GDP 增长率、技术结构要求、排放要求等假设。各类情景将在 LEAP 模型中进行模拟，从而输出对应的能源利用效率、能源供应结构、资源损耗率和排放水平等多项结果。对不同情景下的各类结果进行对比分析可以评估相关能源政策的经济、环境、健康等多维影响，从而进一步评估相关政策的可行性。最后，每个情景所依据的假设都需要持续更新，并根据现实世界的发展情况进行验证，以保证相关分析的时效性和准确性。

除了情景分析，LEAP 模型的另一个重要特点为多区域分析功能，该功能显著提高了 LEAP 模型在评估多区域能源政策和环境影响方面的实用性、现实性。LEAP 模型的多区域分析功能允许在一致的框架内同时分析多个地理区域，并结合各区域的能源资源禀赋、技术可用性、经济条件和政策环境等特点，深入揭示各区域之间的作用关系，从而为了解和应对各区域面临的独特挑战及机遇提供科学支撑。

二、模型构建

（一）LEAP 模型的数据要求

LEAP 模型具备较高的建模灵活度，可根据研究需求构建定制化的能源环境系统模型。相应地，LEAP 模型的数据需求也因建模目标而存在差异。尽管如此，由于相对一致的模型架构，LEAP 模型的数据需求仍然具备一定共性。

1. 人口统计数据

人口统计数据是能源需求板块的核心输入，相关数据是终端能源需求规模的主要决定因素。依据不同的分析目标，LEAP 模型提供了多层次的能源需求刻画方式。例如，相关能源需求可分为城市需求与农村需求、高收入家庭需求与低收入家庭需求等子类，这就对全国人口数据、城市化率和平均家庭规模等多类数据提出了收集要求。相关数据可来自历史水平或政府及相关机构的预测。

2. 宏观经济数据

与人口统计数据类似，宏观经济数据也是终端能源需求的主要决定因素之一。在 LEAP 模型中，所需的宏观经济数据主要指 GDP 数据，这为 LEAP 模型与其他更广泛的宏观经济模型的耦合创造了条件。相关数据同样可以来自历史水平或政府及相关机构的预测。

3. 能源平衡数据

能源平衡数据来自各个国家、部门的能源平衡表，主要描述分部门的能源消耗、能源转换情况，以及一次能源生产、进口、出口和库存变化的情况。能源平衡数据是 LEAP 模型分析中至关重要的数据，直接决定了模型结果的现实性，建模者需要尽可能使相关数据符合现实情况。

4. 能源价格数据与弹性数据

这两类数据为能源市场的供求关系提供了更具现实性的刻画方式。其中，能源价格数据主要包括煤炭、天然气、主要石油产品和电力等能源产品的价格数据，弹性数据则主要刻画能源需求与对应的能源产品价格的变动关系。在 LEAP 模型规划过程中，不同的能源供应结构将导致不同的能源产品价格，弹性系数的引入将使对应的能源服务需求也具备可变性，从而更加符合能源市场的现实情况。

5. 需求预测数据

能源需求的确定主要依赖活动水平数据和能源强度数据（单位活动的能源消耗），能源需求为两类数据的乘积。

活动水平数据：该数据因部门而异，其表现形式可以是相关部门的经济增加值，也可以是实物生产量。其中，经济增加值适用于大多数能源部门。一般需要提供所研究部门当前和历史的 GDP 水平，并对未来的经济增加值进行趋势假设。然而，对于生产同质产品的大型能源密集型行业（如钢铁、水泥、铝等）来说，实物生产指标（如水泥质量）可能是更好地衡量活动水平的指标。此外，对于交通部门来说，其活动水平的刻画依赖具体研究的部门。对于客运子部门来说，其活动水平往往以客公里为单位表征；对于货运子部门来说，其活动水平往往以吨公里为单位表征。

能源强度数据：该数据指的是完成单位活动水平所需的能源消耗，其获得难度通常较高。对于基准年来说，能源强度数据通常需要用所研究部门的能源总消耗量除以其活动水平获得。在对未来能源供需情况的模拟中，往往需要依据技术进步情况对各年的能源强度数据进行假设。由于能源强度的下降往往与技术进步直接相关，为了方便建模刻画，LEAP 模型在建模过程中抽象出了该参数。

6. 能源供应数据

能源供应数据的收集要求依据不同的研究部门而异，具备代表性的部门包括电力部门、炼油部门和其他部门三类。

电力部门：为了科学建模电力的生产、传输过程，需要如下数据类型。①每种主要发电厂当前和历史的装机容量；②每种主要发电厂的历史发电量；③每种主要发电厂的平均能源效率或热耗率；④成本数据，包括每种主要发电厂的资本成本、固定成本、可变成本、运营维护成本及原料成本等；⑤电力系统季节性负荷形状数据；⑥各类发电厂最大可用性百分比；⑦电力的传输和分配损失，在数据质量较高的情况下，该损失可分为技术性损失和非技术性损失。此外，依据不同的研究设计，还可以提供各类发电厂调度优先级的相关数据。

炼油部门：该部门并不一定包含在 LEAP 模型中。在需要对炼油部门建模的情况下，建模者需要提供如下数据：①炼油厂生产的各类油品的产量数据；②炼油厂效率和产能（TOE/年）数据；③原油和石油历史进出口量相关数据。

其他部门：其他能源转换部门包括木炭制造、煤炭液化、天然气工程、乙醇生产、热力生产、热电联产等，刻画这些部门的基本数据包括工艺需要的燃料、原料需求、工艺效率、当前和未来的工艺能力等。

7. 资源数据

资源数据主要包括化石能源的采掘行业数据和可再生能源的潜力数据。对于前者（如煤炭开采或石油和天然气生产），需要提供开采过程中的能源效率，以及相关产品的产能信息。在必要的情况下，国家整体化石能源储量的数据也是需要的。对于后者（如水力、风能、太阳能、地热能、生物质能），需要提供描述每种可再生能源利用潜力的相关数据，单位通常为吉焦/年。

8. 排放因子数据

排放因子数据主要用来与能源活动水平结合，评估能源活动对应的温室气体、污染物排放水平。LEAP 模型自带的 TED 提供了丰富的技术排放因子数据，方便建模者对具体工艺的排放进行建模。具体来说，对于一般性的温室气体评估，通常使用 IPCC 一级排放因子。在研究需要的情况下，可以用更具体的国家级甚至区域级排放因子覆盖上述因子，从而更好地体现相关能源活动的区域异质性。

（二）LEAP 模型的操作界面

LEAP 模型具备高度的设计灵活性，研究者可以根据不同的分析地域、不同的分析部门、不同的分析目标设计其内部结构，并在其中组织对应的数据。为了方便上述过程的开展，LEAP 模型使用树形结构描述能源供应、能源转化、能源需求的各个关节。同时，上述树形结构也为相关数据提供了清晰的组织方式。

为方便实现上述建模过程，LEAP 模型团队开发了官方软件（图 2-4）。在进行 LEAP 模型分析时，用户可以通过不同的视图来操作和查看数据：分析视图允许用户创建数据结构、模型和相关假设；结果视图基于分析视图提供的模型结构和数据输入展示对应内容的详细结果；图表视图和能量平衡视图以图形化、表格化的方式对相关结果进行可视化，同时以能量平衡表的形式提高数据校准的便利程度；摘要视图和概览视图提供自定义报告和多图表的组合展示，以便用户能够深入考察能源系统的运作模式。

LEAP 模型使用树形结构组织模型架构和相关数据。LEAP 模型的树形结构存在于分析视图、结果视图和注释视图中。具体来说，分析视图主要用于编辑 LEAP 模型的树形结构并查看其中包含的数据；结果视图中的树形结构有效地组织了不同分支下得到的计算结果，用户可以选择目标分支，并使用结果视图中丰富的可视化功

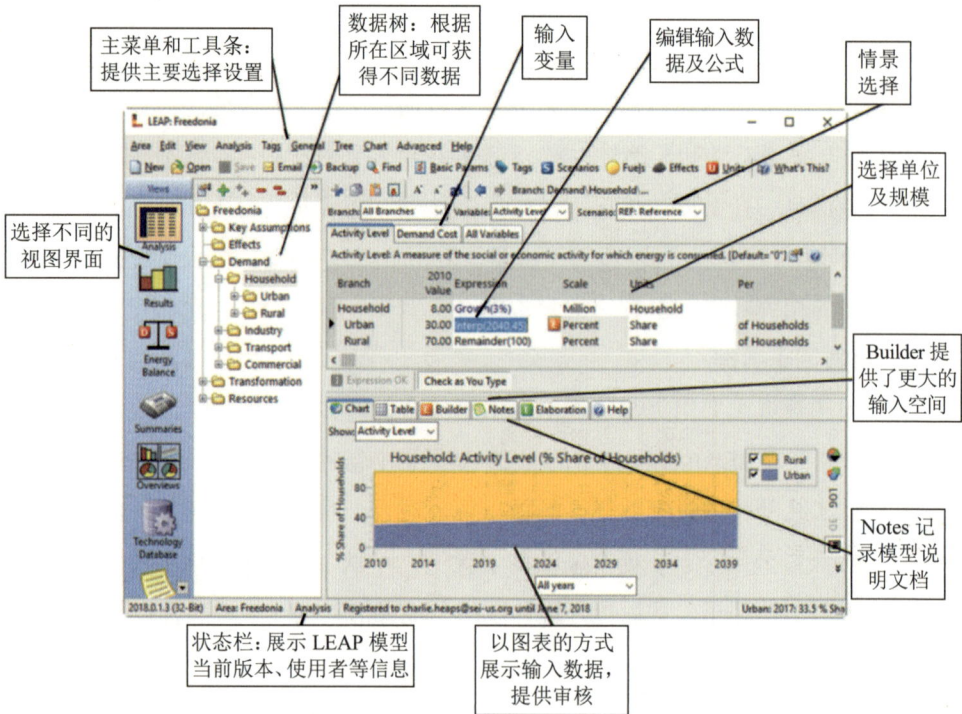

图 2-4　LEAP 模型软件操作界面

能对相关结果进行深入分析；在注释视图中对模型细节的说明也以树形结构进行组织，以便其他模型参与者了解建模信息。此外，LEAP 模型允许进行多区域建模，从而刻画现实世界中多区域的交互作用。LEAP 模型的树形结构也为多区域刻画提供了有效的组织途径。在结果视图和注释视图中，LEAP 模型的树形结构将显示包含当前区域名称的顶级分支，单击此分支即可查看本区域对应的需求和转换板块的汇总结果。需要说明的是，此分支并不会出现在分析视图中。

同时，LEAP 模型也提供了丰富的菜单栏和工具栏，以使建模工作顺利开展。其中，菜单栏是访问程序功能的主要接口，它包含若干个子菜单。区域菜单主要用于创建、打开、保存、管理和访问所建的若干个 LEAP 模型，它包含丰富的语言选项，用于切换 LEAP 模型中显示的语言。视图菜单允许用户在 LEAP 模型中的 7 个基本视图之间进行切换，还允许对视图栏选择显示或隐藏状态。分析菜单主要用于在分析视图中编辑数据，包括方案管理器、时间序列向导、表达式生成器及与 Excel 进行交互的选项卡。常规菜单则对 LEAP 模型中的基础数据进行管理和设置，相关操作包括对基准年和结束年进行设定、对默认能源和货币单位进行设置、查看和编辑模型的区域分组列表，以及管理各区域的污染物列表等。LEAP 模型还提供了高级菜单。该菜单允许用户编辑或运行 LEAP 脚本，或与其他 Windows 程序进行连接。LEAP 模型支持基于 VBScript 和 JScript 编写的脚本，高级菜单中可选的选项卡包括脚本运行器、脚本编辑器、事件管理器等。

除了丰富的菜单栏，LEAP 模型也为建模者提供了便利的工具栏，主要包括主工具栏、图表工具栏、树工具栏。其中，主工具栏主要用于访问 LEAP 模型中的常用功能，包括建立模型、设置情景、保存与备份模型文件等；图表工具栏主要用于管理 LEAP 模型中的图像和表格，可对图表的类型、维度、配色、网格线等内容进行调整，同时可实现与 Excel 图表的链接；树工具栏则主要用于编辑、管理模型的树形结构，包括增删分支、调整分支属性等内容。

最后，LEAP 模型还提供了一系列其他选项来支持复杂的能源系统建模。例如，用户可以为模型中的每个技术或过程指定环境负荷，相关负荷可以是基于燃料化学成分的数值，也可以是数学表达式。LEAP 模型还允许用户通过时间序列向导和表达式构建器工具来创建和编辑表达式，也可以创建动态链接，实现模型内部数据与外部 Excel 文件数据的实时连接。

（三）LEAP 模型的构建过程

通常情况下，构建一个完整的 LEAP 模型需要经过 11 个步骤：①定义分析范围和基本参数，相关参数包括基准年和结束年、默认的能量和货币单位、成本效益分析方法等；②创建和管理区域，通过"Manage Areas"实现对区域的创建、打开、保存和管理；③构建树形结构，在分析视图中编辑树形结构，包括添加、删除和修改分支等操作；④输入关键变量，定义和组织独立的时间序列变量，如 GDP、人口、工业产出等；⑤进行需求分析，构建能源需求分析的结构，包括不同的部门、子部门和终端用途；⑥构建能源转换模块，模拟各类能源产品的转换和运输；⑦开展资源分析，输入有关初级资源可用性和本地生产、进口和出口次级燃料的成本信息；⑧进行情景管理，通过情景管理器创建、删除、组织和设置情景的属性；⑨使用 TED 刻画技术分支，TED 提供了关于能源技术的技术特性、成本和环境影响的广泛信息；⑩进行计算和分析，包括开展成本效益评估、评估非能源部门影响等；⑪结果查看和报告。图 2-5 展示了 LEAP 模型的树形结构。

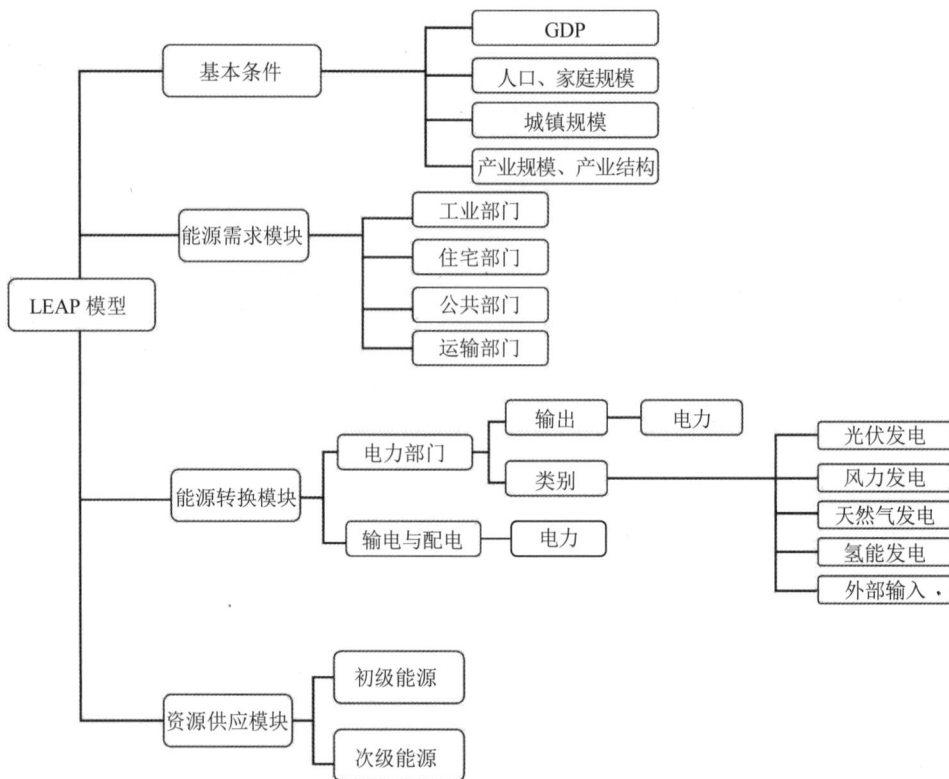

图 2-5　LEAP 模型树形结构

　　能源需求建模、能源供应建模、容量扩展与产能调度建模是 LEAP 模型构建的三个核心环节。在使用 LEAP 模型对城市碳达峰碳中和路径开展情景分析的过程中，由于城市系统涉及的终端需求较为多样、能源加工转换环节较为复杂，相关建模工作往往面临较大挑战，这进一步对上述三个环节建模的科学性提出了更高的要求。

1. 能源需求建模

　　能源需求建模的基础是梳理终端用能部门结构。依据城市的能源统计数据，对能源系统和终端用能部门进行分解。具体的分解方式可以依据研究需求而定，如建筑部门可以划分为居民建筑和公共建筑用能等，钢铁等工业部门可以按照工序进行划分等。

　　在确定用能部门结构的基础上，需要将上述部门结构体现在 LEAP 模型中，并通过"技术"反映其最终能源需求。首先，需要在设置界面激活 LEAP 模型能源需求板块，并将上述用能部门结构以树形图的组织形式呈现于 LEAP 模型的分析视图中。其次，需要在模型中通过"技术"体现各个部门的最终消耗。LEAP 模型提供了 4 种可用的技术以反映不同类型的最终能源需求：①具有能源强度的技术，此类技术具备活动水平和能源强度 2 个变量，其乘积为终端能源需求，适用于大多数的能源需求刻画；②直接体现总能源需求的技术，此类技术仅具备能源消耗规模一个变量，主要适用于电力需求刻画；③运输相关技术，此类技术提供了起始库存、销售量、平均行驶距离、燃油经济性等多个变量，为运输相关能源需求刻画提供了丰富的建模方式；④其他技术，此类技术包含起始库存、销售量、单台设备的能耗强度等变量，适用于其他非车辆类设备的能源需求刻画。

在上述 4 种技术中，具有能源强度的技术是主要的能源需求刻画方式，这对活动水平、能源强度 2 个变量的科学建模提出了更高要求。建模过程分为 2 个环节。第一，建模者需要分部门核算活动水平、能源强度 2 个变量，并进行一致性检验。对于城市级能源需求来说，其能源总需求应满足如下关系：

$$E_{\text{tot},t} = \sum_i E_{i,t} = \sum_i \text{AL}_{i,t} \times \text{EI}_{i,t} \qquad (2\text{-}1)$$

式中：$E_{\text{tot},t}$ ——第 t 年该城市的能源总需求，J；

$\quad\quad E_{i,t}$ ——第 t 年 i 部门的能源总需求，J；

$\quad\quad \text{AL}_{i,t}$ ——i 部门第 t 年的活动水平；

$\quad\quad \text{EI}_{i,t}$ ——第 t 年 i 部门的能源强度。

在对基准年数据进行校准的过程中，往往需要获得各个部门的能源总需求和活动水平，将两者相除可以获得对应的能源强度。同时，由于 LEAP 模型往往用于低碳转型规划场景，需要在此过程中同时收集各个部门的排放水平，并与活动水平相除，核算得出对应的排放因子。需要说明的是，由于统计口径存在差异，各部门的能源总需求可能会与城市层级的能源总需求存在一定差异。倘若上述差异超出容忍水平，则需要根据实际情况对活动水平、能源强度进行人为调整，此过程称为一致性检验。

第二，在一致性检验通过后，建模者需要对活动水平和能源强度 2 个变量的未来情况进行展望。对于未来活动水平，需要基于城市中长期发展规划确定未来能源消费驱动因子的变化趋势，并通过计量等方法对未来活动水平进行展望。相关的驱动因子主要包括人口、GDP 增速和三产结构、工业内部结构等。对于未来能源强度，需要在确定活动水平的基础上进一步明确单位活动对应的能耗水平及其变化趋势。

对于建筑部门来说，需要将居民的生活炊事、热水、供暖和制冷、家电、照明能耗平均到单位建筑面积能耗水平。对于交通部门来说，需要明确私人汽车每百公里油耗、年均出行距离。对于工业部门来说，需要明确每吨钢铁、水泥的综合能耗等信息。在对单位活动能耗水平未来变化趋势的展望中，研究者需要将技术进步潜力、社会发展趋势等因素纳入考量。一方面，随着生活质量的改善，建筑部门的能耗强度、交通部门的居民年出行距离会逐渐上升；另一方面，随着技术进步和能效提高，建筑、交通及工业部门相关产品的单位能耗强度可能逐步下降。

除了能源强度类技术，对其他类技术的科学建模也具备一定挑战。其中，直接体现总能源需求的技术类别对相关需求（如电力需求）的未来展望往往基于计量经济模型。典型的模型结构如式（2-2），具体参数的确定过程往往在 LEAP 模型外开展：

$$\ln E_{tot,t} = \alpha + \beta \ln p_t + \gamma \ln i_t + \lambda \ln E_{t-1} + \delta_t \tag{2-2}$$

式中：$E_{tot,t}$——第 t 年的总能源需求，J；

p_t——第 t 年的能源价格，J/元；

i_t——假设的居民收入水平，元；

δ_t——第 t 年的残差；

β——需求价格弹性；

γ——需求收入弹性；

α——常数。

此外，对于库存周转类技术，其中包含的销售量等关键变量往往基于消费者选择模型等方法得出，相关参数的确定也往往在 LEAP 模型外开展。

值得一提的是，LEAP 模型为时间序列参数的录入提供了丰富的函数接口，常用的插值函数包括线性插值函数（interp）、阶梯插值函数（step）和定点函数（data），建模者可以根据建模需求选取合适的函数类型。同时，LEAP 模型也提供了 Excel 文件接口，实现了内部数据与外部文件的实时连接。

2. 能源供应建模

能源需求建模过程往往在 LEAP 模型的能源需求板块开展，相较之下，能源供应建模过程则需要同时用到能源转换、库存变化、资源供应 3 个板块。其中，资源供应板块为能源系统提供一次能源及进口的各类能源，需要说明的是，各类能源所属类别依据的不同能源系统边界定义可能会有所差别。能源转换板块则将资源供应板块提供的能源进行加工和转换，从而满足能源需求板块的各类终端用能。库存变化板块主要用于调整现实情况下资源供应板块和能源转换板块之间的供求差距。

对能源供应过程建模的前提是确定能源供应结构。LEAP 模型支持对能源供应链中的所有环节进行建模，覆盖了资源开采、能源贸易、能源转换和终端交付的各个方面，需要依据城市当前的能源供应结构、城市具备的可再生能源资源禀赋、城市未来发展规划等信息，明确当前能源供应系统的能源组成、各类能源所占份额等关键信息，并将可能具备潜力的新能源技术一同纳入能源供应系统中。此外，与资源开采和能源贸易相关的信息需要被充分调研，这将支撑资源供应板块相关分支的构建。需要说明的是，系统边界是确定能源供应过程中的关键问题。依据不同的系统边界定义，同一种能源可能被置于能源转换板块中，也可能被置于资源供应板块中。建模者需要根据研究问题审慎设计模型架构，确保资源供应板块中不包含能源转换的过程。

在确定能源供应结构的基础上，建模者需要将上述结构体现在 LEAP 模型中，并通过"工艺"反映各类能源的转换过程。不同于能源需求建模过程中的"技术"，能源供应建模过程中的"工艺"由能源输入、能源输出两个关键变量组成。能源供应建模过程主要分为三个关键步骤。首先，需要在设置界面激活 LEAP 模型的能源转换和资源供应相关板块，并将能源供应结构以树形图的组织形式呈现于 LEAP 模型结构中。其次，需要设计能源转换板块布局，以描述各类能源的相互转换关系，这是能源供应结构中各个工艺分支的"链接载体"。建模者需要根据能源转换板块布局确定各个工艺分支的能源输入和能源输出，并将其填入各个工艺分支对应的选项卡中。最后，建模者要为每种工艺填入需要的工艺数据。除了能源输入与能源输出两个关键变量，为支持不同目标的研究设计，LEAP 模型也为工艺提供了详细的可选变量，包括现有产能、历史产出、技术寿命、技术效率、技术成本、排放因子等。相关的变量需要在当前账户中进行基期校准，但并非所有变量均需填入数据。例如，对于无须应用成本分析模块的研究，成本相关数据在工艺建模过程中不具备必要性。

图 2-6 展示了典型的能源转换板块布局。其中，红色、绿色、蓝色框线分别代表了三种典型的能源转换过程。红色框线包含的能源转换过程代表单一转换过程（如输电过程），其特点在于仅有一类能源输入和一类能源产出。蓝色框线包含的能源转换过程代表多输出过程（如石油炼化），其特点在于仅有一类能源输入，但伴随多类能源输出。绿色框线包含的能源转换过程代表多流程过程（如电力生产），其特点是

存在多种获取所需能源产品的工艺途径。

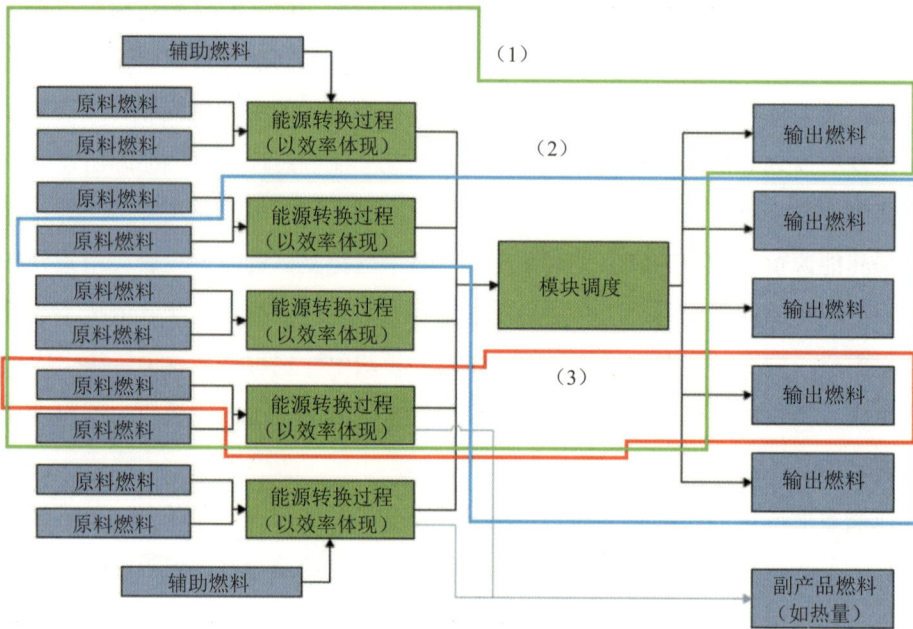

图 2-6 LEAP 模型能源转换模块布局

能源转换建模过程中涉及的所有能源将被 LEAP 模型自动添加至资源供应板块中。尽管如此，各类能源的详细数据仍然需要由建模者手动录入。例如，对于化石资源来说，可用储量、进出口价格、基期水平等数据可能是必要的；对于风光等可再生资源来说，可用规模、可用时长、可用地域等数据往往是必要的。

库存变化板块主要用来调整资源供应板块和能源转换板块之间的供求差距。在库存变化板块中可以指定当前库存中的一次能源供应，该值将被添加到资源供应板块下对应的一次能源总供应中，从而实现资源供应板块和能源转换板块之间的供求匹配。

3. 容量扩展与产能调度建模

确定能源需求和能源供应后，LEAP 模型会自行调动能源供应板块来满足各类能源需求。整体来看，上述调动过程采用的是"顺序调动"模式，来自能源需求板块的最终能源需求将被施加于能源转换板块中以提供对应能源产品的各类工艺。各类工艺为了满足上述能源需求，将调动对应的能源输入，这又将形成来自工艺的能源需求。在此机制下，来自更高级别工艺分支的能源需求将被来自更低级别工艺分支的能源输入不断满足。经过多次迭代，初始的终端能源需求将经过重重转化最终施加于资源供应板块。最终，资源供应板块将调动其中的一次能源，或通过进口的方式满足上述能源需求。在此过程中，同一种能源产品可以同时来自资源供应板块和能源转换板块。同时，过剩的国内生产也可通过出口的形式产生额外收益。

然而，上述调动过程中却存在两个关键问题，分别是容量扩展方式和产能调度方式。对于容量扩展方式，需要回答"在何时建设多少装机容量"的问题；对于产能调度方式，需要回答"设备投产后运行多大规模"的问题。以上两个问题的建模过程将直接决定能源系统的最终运行结果。LEAP模型提供了两种可行的建模方式，分别是基于规则的模拟和基于优化的模拟。

（1）基于规则的模拟

基于规则的模拟指的是LEAP模型将根据建模者制定的一系列规则开展模拟过程，相关规则包括按优先顺序调度、按设定百分比调度、按可用容量比例调度等。其中，按优先顺序调度为基于规则的模拟的主要方式，以下仅对此规则进行详细介绍。关于容量扩展方式，在基于规则的模拟模式下，各类技术的容量包含外生容量和内生容量两个方面。其中，外生容量往往是现有产能在未来的存量估计，需要基于当前数据进行核算设定。相较之下，内生容量则来自LEAP模型内部的计算。在LEAP模型中，内生容量通过逐年计算的方式产生，具体过程如下：

在纳入内生容量相关计算前，第t年i工艺的现有可用产能$\text{Cap}_{t,i,\text{before}}$为

$$\text{Cap}_{t,i,\text{before}} = (\text{Cap}_{t,i,\text{exo}} + \text{Cap}_{t,i,\text{end}}) \times R_{t,i} \qquad (2\text{-}3)$$

式中：$\text{Cap}_{t,i,\text{exo}}$——第$t$年$i$工艺可用的外生容量，MW（此类容量不会自动退役，需要通过外生的退役曲线指定）；

$\text{Cap}_{t,i,\text{end}}$——第$t$年可用的内生容量，MW（此类容量指的是从基准年至$t$-1年LEAP模型计算得出的历年内生容量之和，其中的容量退役过程将被LEAP模型自动纳入）；

$R_{t,i}$——间歇性可再生能源发电过程的可用容量比例，%（一些研究也将其称为容量因子，需要根据对应可再生能源的年利用小时数确定，一般来说，火电厂的$R_{t,i}$通常设定为100%，可再生能源的$R_{t,i}$通常在30%～80%）。

第t年新增的内生容量与工艺的峰值容量要求直接相关。工艺的峰值容量要求需要根据总能源需求和系统载荷系数计算：

$$PD_{t,i} = \frac{ED_{t,i}}{LF_{t,i} \times 8\,760} \tag{2-4}$$

式中：$PD_{t,i}$——第 t 年 i 工艺对容量的峰值需求，MW；

$ED_{t,i}$——第 t 年 i 工艺的总能源需求，MW·h；

$LF_{t,i}$——第 t 年 i 工艺的载荷系数，%（可以作为外生数据直接输入，也可以使用载荷曲线的平均值代替）。

获得第 t 年 i 工艺的峰值容量需求后，需要进一步计算当前的容量储备裕度 $RM_{t,i,\text{before}}$（单位：%）：

$$RM_{t,i,\text{before}} = \frac{Cap_{t,i,\text{before}} - PD_{t,i}}{PD_{t,i}} \tag{2-5}$$

获得当前的容量储备裕度后，LEAP 模型将与设定的容量储备裕度 $RM_{t,i,\text{set}}$（单位：%）进行对比，再基于两者的差值计算第 t 年所需的内生容量增加量 $Cap_{t,i,\text{add}}$（单位：MW）：

$$Cap_{t,i,\text{add}} = (RM_{t,i,\text{set}} - RM_{t,i,\text{before}}) \times PD_{t,i} \tag{2-6}$$

最终，第 t 年的总产能为当前可用产能和新增产能之和。LEAP 模型将循环迭代各个年份的总产能，直至规划年份的最后一年。

需要说明的是，各种工艺所需的新增产能由需要通过该工艺产出的总能源量直接决定。然而，当同一种能源（如电力）可以被多种工艺（如火电、风电、光伏等）产出时，需要提前设定对各种工艺的优先调度顺序。在 LEAP 模型中，建模者可以在工艺列表中选择可用的工艺类型，并设定各种工艺的优先调度顺序。LEAP 模型将按照工艺优先级对能源需求进行匹配，这意味着优先级更高的工艺将优先进行产能部署。

除此之外，由于不同工艺的技术特征存在一定差异，多工艺的协同调度将为整个能源系统带来进一步优化的可能性。LEAP 模型也为多工艺协同调度提供了刻画方法。协同调度的工艺需要设定相同的工艺优先级，LEAP 模型将通过内置算法对相关工艺进行调度，具体包含两个部分。第一，LEAP 模型将对负荷曲线进行离散近似，将其划分为若干条垂直"条带"（图 2-7）。其中，每个条带的高度等于整个系统峰值负载要求与其最近的两个相邻峰值负载点均值的乘积，条带的宽度是两个相邻点的小时数差。第二，LEAP 模型将对处于统一优先级的工艺进行协同调度，以尝试填充负载曲线下方的各个条形区域。以图 2-7 中的三类发电厂为例，LEAP 模型将调度基本负载发电厂满足底部的负载需求（橙色区域）。基本负载发电厂提供的可用容量往往是有限的，这意味着此类发电厂只能满足"条带高度"小于或等于其可用容量的负载区域面积。对于"条带高度"高于基本负载发电厂所提供的可用容量的负载区域，LEAP 模型将逐步调动中间负载发电厂（黄色区域）和峰值负载发电厂（蓝色区域）满足剩余的负载需求，直至负载曲线的条带被全部填满。

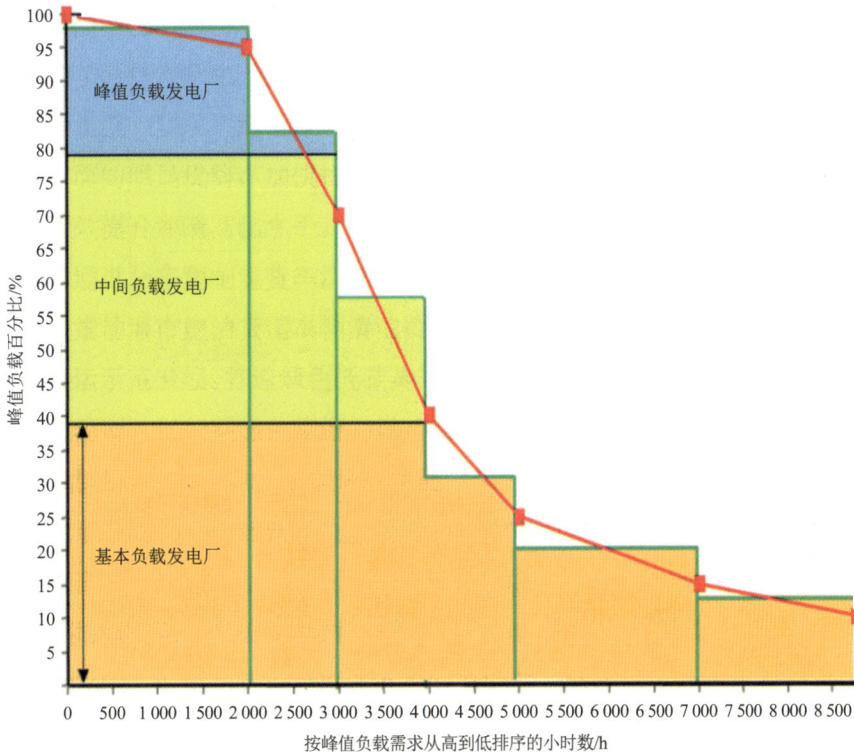

图 2-7　LEAP 模型中负载曲线的离散近似过程

（2）基于优化的模拟

相较之下，基于优化的模拟则指的是以最小化能源系统总成本的净现值为目标的模拟方式。具体来说，LEAP 模型的优化框架将计算整个能源系统成本最优条件下的容量扩展规模和调度运行方式，其中成本最优被定义为在整个计算期间（从基准年到规划年末）能源系统成本及相关社会成本的净现值最低，上述配置过程需要同时满足能源需求或碳排放限制等各种约束。在优化框架内，LEAP 模型会考虑能源系统中产生的各类相关成本和收益，包括建立新流程的资本成本、已建设备退役过程的残值（或退役成本）和相关设备固定和可变的运营与维护成本、燃料成本、环境外部性成本（如污染损害成本或碳排放成本）等。

　　LEAP 模型可以选择对整个能源系统或其部分子系统开启优化功能，建模者需要在"设置"界面勾选对应的选项。开启优化功能后，树形结构中各个能源转换工艺包含的变量类型将产生变化。一方面，与成本优化相关的新变量将出现；另一方面，与基于规则的模拟相关的部分变量（如内生容量）将不再可用。基于优化的模拟通常比基于规则的模拟需要更多的支持数据，尤其是工艺效率和可用率、单位资本成本、固定和可变运营与维护成本及燃料成本等。录入必要数据后，LEAP 模型将根据运行成本对各个工艺的现有产能进行调度，其中第 t 年 i 工艺的运行成本 Running Cost$_{t,i}$（单位：元/J）表示如下：

$$\text{Running Cost}_{t,i} = \text{Variable OM Cost}_{t,i} + \frac{\text{Fuel Cost}_{t,i}}{\text{Efficiency}_{t,i}} \quad (2\text{-}7)$$

式中：　Variable OM Cost$_{t,i}$——第 t 年 i 工艺的可变运营成本，元/J；

　　　　Fuel Cost$_{t,i}$——第 t 年 i 工艺的燃料成本，元/J；

　　　　Efficiency$_{t,i}$——第 t 年 i 工艺的效率，%。

　　此外，作为需求驱动的模型，当工艺现有的可用产能不足以满足对应的能源需求时，LEAP 模型将根据成本最优的原则对该工艺的产能进行扩张。

　　尽管 LEAP 模型的优化结果体现了理论上能源系统成本最优的配置方式，但由于现实社会中存在环境可接受度、能源安全要求、技术增长速度限制等多方面约束，上述配置方式可能并不具备现实性和可行性。为了应对此类问题，LEAP 模型提供了丰富的约束设置方式。例如，在具体的工艺分支中，建模者可以设定最小或最大容量、最大容量增长速度等参数。同时，建模者还可以对可再生能源所占比例施加最低要求，使 LEAP 模型给出满足最低可再生能源比例要求下的能源系统扩展路径。此外，建模者还可以对碳排放和污染物设定约束，相关的排放约束或外部性成本可以在对应的树形分支下输入。

　　需要说明的是，在基于优化的模拟方式下，LEAP 模型给定的最优路径可能对输入参数十分敏感，尤其是资本成本、能源效率、燃料成本和温室气体减排目标等参数。在一组参数假设下的最优配置策略可能在另一组参数假设下远非最优。在现实情况下，能源规划的目标并不是确定单一的能源系统的最优配置方案，而是确定在一系列可能的输入假设下具备稳健性的能源政策。因此，基于优化的模拟对多情景比较和不确定性分析提出了更高要求。在 LEAP 模型中，这一要求可以通过大量的情景对比甚至使用批量模拟脚本得以满足。

三、利用模型开展情景分析

（一）情景分析流程与评估内容设计

基于情景规划的分析是 LEAP 模型的主要特点之一。情景分析允许能源决策者和规划者对特定区域或经济体的能源消费、转换和生产进行全面的模拟和预测。通过创建和比较多种情景，决策者和规划者可以探索未来各种可能的能源政策、技术变革程度和社会经济条件对能源需求、社会成本和环境产生的影响。具体来说，使用 LEAP 模型开展城市碳达峰碳中和路径的情景分析主要包括以下环节：①明确分析目标和分析对象；②确定所分析的能源系统组成、边界；③明确分析方法学；④开展数据收集和校准；⑤开发基准情景；⑥确定减排方案；⑦开发减排情景；⑧基于情景对比，评估减排的社会、经济、环境影响；⑨开展敏感性分析，量化相关结论的不确定性。

在上述各个环节中，对基准情景和减排情景的合理设计是开展情景分析的基础。其中，基准情景主要用于提供对未来发展的一般性描述。通常情况下，基准情景所描述的未来往往包含目前已经实施的减排政策，但不包含可能实施的新减排政策。需要说明的是，基准情景提供的并不是对未来的预测结果，而是符合现有发展趋势、具备可靠性和一致性的对未来的描述。建立基准情景的主要目的在于与各类减排情景进行对比，从而量化各类可能实施的新减排政策的潜在影响。此外，基准情景中的参数也并非对过去相关参数进行简单外推，而是需要同时考虑宏观经济发展趋势、人口变化趋势、经济结构转型趋势、技术进步潜力等因素，对关键参数进行合理假设。相关假设可以基于城市各部门的发展规划，也可以来自各领域专家的研判。

在建立基准情景的基础上，建模者需要深入分析可能采取的各类减排措施，建立对应的减排情景。在城市碳达峰碳中和路径的情景分析中，减排情景可以包含多个甚至多组子情景。建模者设定的减排情景需要具备明确的政策含义，这意味着每个情景都需要与对应的减排政策、措施或其组合一一对应。例如，依据不同的减排力度，建模者可以建立基础减排情景，考虑在现有政策的基础上加大对低碳技术的研发和投资，促进相关技术在未来的能源效率提升和成本下降。建模者还可以设定更加激进的可再生能源发展目标或者更严格的碳排放约束，以建立加速减排甚至提前零碳等情景。

在此基础上，研究者需要深入对比各类减排情景和基准情景之间的差异，量化各类减排措施可能带来的社会、经济、环境影响。开展对比分析的研究变量需要依据研究目标而选择，通常情况下，不同情景间减排量的差异是政策制定者主要关注的内容。LEAP 模型为跨情景比较提供了丰富的可视化功能，在结果视图中，研究者可以可视化各类减排情景和基准情景排放量间的差异（图 2-8）。同时，对成本效益相关变量的分析也是必要的，研究者可能关注的内容包括各项活动的成本（如车辆每千米的行驶成本）、能源系统年度总成本、相比基准情景的能源节约成本（常见于能效提升类措施）等。此外，LEAP 模型的 IBC 板块也为评估减排措施对应的健康、农业、气候变化等影响提供了可能性，研究者需要根据研究目标对相关内容进一步建模。

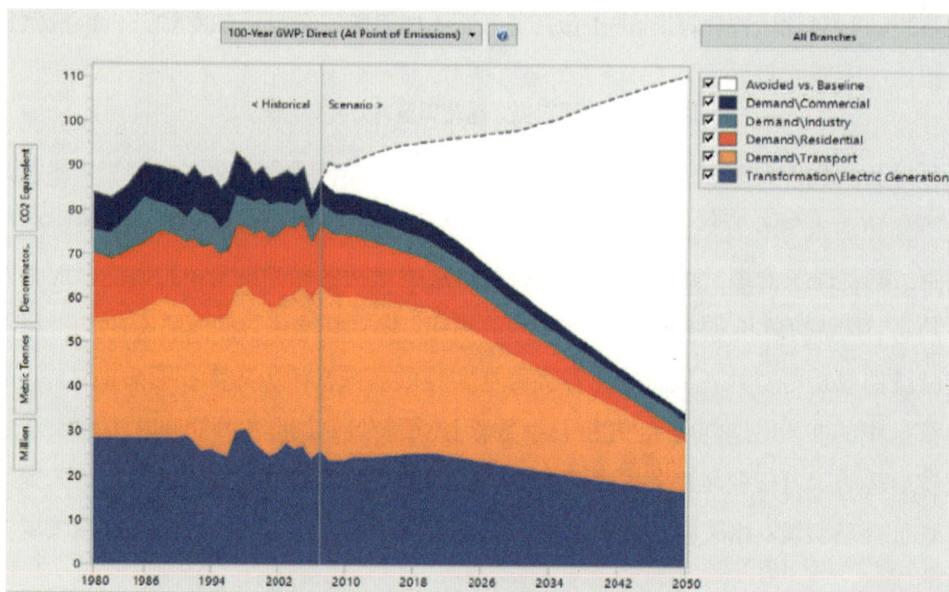

图 2-8　使用结果视图可视化基准情景与减排情景碳排放量的差异

需要强调的是，使用 LEAP 模型取得定量结果并不是研究的终点。研究者需要基于模型的定量结果开展深入分析，厘清不同政策措施下城市能源系统经济性、碳排放、安全性等各个目标之间的定量关系和相关政策的作用机制，并进一步识别需要关注的重点领域和项目，明确实现各类目标的政策、资金及技术需求，从而更好地指导城市科学制定"双碳"路线图。通常情况下，对城市碳达峰碳中和路径开展情景分析需要回答以下几个问题。

一是评估所研究城市距离实现"双碳"目标的差距。在建立基准情景的过程中，建模者需要系统梳理当前的城市经济社会状况、能源生产使用情况、相关的碳排放和污染物排放现状等信息，这将为评估目标差距奠定数据基础。通过建立基准情景，研究者可以对上述差距进一步量化。此外，通过与各类型减排情景的对比，研究者可以明确城市在各个发展阶段的减排潜力，从而为政策制定奠定科学的认知基础。

二是明确实现"双碳"目标的可选措施类型，评估相关措施的政策、资金、技术需求程度及其社会、经济、环境影响。中国各类城市在经济发展水平、发展阶段、能源资源禀赋及区域发展定位等方面均存在较大差异，城市"双碳"目标的实现应当根据城市特点因地制宜地开展有效、有针对性的政策部署。研究者需要明确所研究城市实现"双碳"目标的可选措施类型，科学评估对应的政策、资金、技术需求，并在 LEAP 模型中对上述需求科学建模。更重要的是，研究者需要揭示不同措施的社会、经济、环境多维影响，厘清政策措施作用于各类目标的规律和机制，从而为政策制定者提供科学的决策逻辑和广泛的施策空间。

三是量化实现"双碳"目标的路线图，明确在各个阶段需要重点关注的领域和项目。现阶段，工业部门是中国大部分城市的主要碳排放源。但从增量来看，建筑和交通部门的碳排放保持着较快的增长趋势。对各类情景结果的分析应当深入不同部门，尤其要重点关注工业、建筑、交通等部门的减排潜力及技术需求，并识别各个部门可能存在的投资需求和减排风险。在此基础上，进一步对"双碳"路线图进行分阶段、分部门细化，为城市"双碳"目标的实现提供科学的量化支撑。

（二）文献综述

近年来，使用 LEAP 模型开展城市或区域低碳转型情景分析的研究数量逐渐增多。依据不同的研究主题，相关研究主要分为两大类：第一类研究侧重于对低碳转型路径进行规划，依据不同的研究对象又可进一步分为城市级和部门级两个子类；第二类研究侧重于对 LEAP 模型的延伸应用，如评估"能源-水"耦合关系，开发数据有限情景下 LEAP 模型的应用方式等。

使用 LEAP 模型对城市级低碳转型路径开展规划的研究侧重于对当前城市排放现状进行全面盘点，同时揭示关键部门和关键技术的减排潜力。相关研究的系统性较高，但对具体行业分析的颗粒度不足。Cai 等使用 LEAP 模型对蚌埠市的"双碳"路径开展了情景分析，研究了基准情景，绿电情景，绿色交通情景，碳捕集、利用与封存（CCUS）情景下该市的转型路径[13]。该研究指出，工业部门是蚌埠市最大的能源消耗部门，但其能耗量在近年呈下降趋势；同时，提高工业电气化率和逐步淘汰煤炭发电是蚌埠市 CO_2 减排的关键措施。该研究全面盘点了蚌埠市的能源生产与消耗现状，为一般类型的城市碳达峰碳中和路径规划提供了可供参考的方法论。进一步而言，由于不同类型城市具备显著的异质性，一些研究者开始深入探讨特定类型的城市脱碳路径。Hu 等以深圳市为例，探讨了中国"后工业"城市实现"双碳"目标的路径[14]。该研究使用了 LEAP 模型中"基于优化的模拟"方法，建立了基准情景、效率提升情景、能源结构转型和峰值情景，指出能源效率提高和能源结构转型相关措施将对以深圳市为代表的"后工业"城市的能源系统产生更加显著的影响。同时，该研究也为东京、上海、纽约等"后工业"城市的低碳转型提供了政策建议，并进一步强调了加强特定类型城市低碳转型规划及分析其异质特点的必要性。

相较之下，使用 LEAP 模型对部门级低碳转型路径开展规划的研究则侧重于对关键技术减排潜力的探讨。此类研究主要侧重于交通和工业部门，往往伴随对相关污染物排放、成本效益等多维影响的评估。Wang 等使用 LEAP 模型规划了成都市道路交通的低碳转型路径[15]。该研究重点探讨了由道路交通带来的 NO_x、CH_4 等污染物和非 CO_2 气体排放，丰富了对低碳转型影响的评估维度。与之类似的是，Pang 等 [16] 和 Hernández 等[17]分别从兰州市交通运输行业和拉丁美洲特大城市工业部门的角度进行了部门级评估，并进一步将污染物扩宽至硫氧化物、颗粒物（PM）、碳氢化合物（HC）、CO、挥发性有机物（VOC）等气体。同时，Hernández 等将工业部门进一步细分，探讨了矿物制造、冶金、食品制造等工业子部门的脱碳路径及其成本效益，强调了工业部门电气化的重要意义。随着相关研究的不断深入，部门级研究呈现出评估维度更丰富、子部门更加细分的特点。

除此之外，随着相关研究的逐步深入，许多研究者开始探索 LEAP 模型在城市级碳达峰碳中和路径规划场景下的延伸应用。一类研究开始将 LEAP 模型与其他模型进行耦合。例如，Liu 等将 LEAP 模型与 WEAP 模型进行耦合，评估了北京市的

"能源-水"动态关系,指出北京市的节能减排政策已累计节水 2.76 亿 m³,相当于 140 个昆明湖[18]。另一类研究则开始探讨如何强化 LEAP 模型应用的可行性和科学性。事实上,LEAP 模型的应用需要以大量的城市级数据为支撑,相关数据的可获得性往往较低。因此,Chen 等通过桑基能量流估计了 LEAP 模型的能源生产和利用结构,分别使用莱斯利矩阵和自回归综合移动平均模型预测人口、产业结构和运输周转量[19]。该研究还采用了蒙特卡罗方法评估预测结果的不确定性,为数据有限区域的碳达峰碳中和路径规划提供了科学的方法论。

　　尽管如此,当前使用 LEAP 模型开展城市碳达峰碳中和路径情景分析的研究工作仍然存在一定的局限性。一方面,当前相关研究仍然缺乏统一的方法论指导。高质量的城市级数据是使用 LEAP 模型开展低碳转型规划的基础。然而,由于数据统计口径不一、覆盖面不全、完整性不足等问题,相关研究的数据质量难以得到保证,迫切需要一致的数据清单编制原则和方法。同时,相关研究的分析内容、评估维度往往差异较大且相对有限,需要以统一、完整的研究框架指导城市级情景分析的开展。另一方面,当前城市级研究的典型性、科学性有待进一步提高。具体来说,当前大多数研究仅侧重于分析具体城市的低碳转型路径,未能从城市异质性的角度提炼各类城市脱碳路径的共性与异性特点,导致相关结论的可推广性不足、科学性有待进一步提高,这说明了对典型城市开展案例分析的必要性。

第三章　减污降碳协同效应

第一节　概　述

一、协同效应的定义

　　减污降碳协同效应是指在采取措施同时减少环境污染物和温室气体排放的过程中所产生的综合效益。这一概念不仅关注单一污染物或单一碳排放的减少，而且强调两者同时减少所带来的更大的环境效益、经济效益和社会效益。它提出的背景源于对环境保护和气候变化应对的双重需求，旨在通过综合措施实现更加全面和持久的可持续发展。减污和降碳作为环境保护和应对气候变化的重要措施，各有独特的目标和意义：减污主要针对大气、水和土壤等环境中的污染物，通过减少污染物排放，改善环境质量，保护生态系统和人类健康；降碳则主要针对 CO_2 等温室气体，通过减少其排放缓解全球气候变化。然而，许多减污和降碳的措施在实际应用中具有高度的协同性，即一种措施能够同时实现减污和降碳的目标，从而产生协同效应。协同效应的内涵在于通过优化政策措施、技术手段和市场机制，实现环境效益的最大化。例如，推广使用清洁能源不仅能够显著减少 CO_2 的排放，还能减少硫氧化物、NO_x 和 PM 等污染物的排放，改善空气质量。

　　与单一目标措施相比，减污降碳协同效应具有显著的优势。单一的减污措施可能会导致能源消耗的增加，反而会增加碳排放；单一的降碳措施则可能无法有效控制污染物排放。协同效应强调综合考虑各种措施的交互作用，寻找兼顾环境效益和经济效益的最佳路径，从而实现更加全面和持久的可持续发展。

二、协同效应的主要表现

减污降碳协同效应在环境效益、经济效益和社会效益等方面的表现尤为显著，是实现可持续发展的重要途径。

在环境效益方面，减污降碳协同效应通过减少污染物和温室气体排放直接改善空气、水和土壤质量，保护生态系统和人类健康。例如，北京市在实施了一系列严格的空气质量管理和能源结构调整措施后，$PM_{2.5}$（细颗粒物）质量浓度显著下降，空气质量得到明显改善，同时也减少了温室气体的排放。这一协同效应不仅有助于实现区域环境目标，也为全球气候变化的缓解作出了贡献。

在经济效益方面，减污降碳协同效应能够通过提高能源效率和减少资源浪费降低企业的运营成本，增进绿色经济的发展。例如，推广使用可再生能源技术，如风能和太阳能，可以显著减少化石燃料的使用，降低能源成本，同时减少污染物和温室气体排放。此外，节能减排技术的应用，如高效锅炉和工业废气回收技术，也能显著提高能源利用效率，减少生产过程中的能源消耗和污染物排放，从而实现经济和环境的双重收益。

在社会效益方面，减污降碳协同效应通过改善环境质量，提升公众健康水平，增加就业机会，增进社会的整体福祉。例如，空气质量的改善可以减少呼吸系统疾病的发生率，降低公众的医疗支出，提高生活质量。此外，清洁能源产业的发展也创造了大量的就业机会，促进了区域经济的可持续发展。研究显示，风能和太阳能产业的快速发展在全球范围内创造了数百万个就业岗位，有助于实现经济增长和社会稳定。

减污降碳协同效应的表现不仅体现在以上三个方面，还体现在政策和市场机制的优化上。通过政府法规和市场激励措施的协调作用，可以更好地实现减污降碳目标。例如，欧盟的碳排放交易体系通过设定碳排放上限和允许碳排放配额交易促进了企业的低碳转型，同时减少了污染物的排放。这一市场机制的实施不仅有助于实现温室气体减排目标，也为其他国家和地区提供了有益的经验借鉴。

此外，绿色金融作为推动减污降碳协同效应的重要工具，近年来也得到了快速发展。绿色债券、绿色贷款等金融工具通过提供资金支持推动了清洁能源、节能减排和环保项目的实施。例如，世界银行通过发行绿色债券将募集的资金用于支持全球范围内的可持续发展项目，产生了显著的环境效益和社会效益。这些金融工具的应用不仅为减污降碳项目提供了资金保障，也促进了绿色经济的发展。

在技术创新方面，减污降碳协同效应的主要表现体现在新兴技术的开发和应用上。例如，碳捕集与封存（CCS）技术能够捕捉并封存工业过程和发电厂排放的 CO_2，从而减少大气中的碳排放。此外，智能电网技术的推广应用能够优化电力系统的运行，提高可再生能源的利用效率，减少对化石能源的依赖性。智能电网通过实时监控和调节电力供需平衡，实现了电力系统的高效运行和污染物排放的降低。

在具体行业中，减污降碳协同效应的表现尤为明显。以交通行业为例，电动汽车的推广不仅减少了汽油和柴油的使用，降低了 CO_2 排放，还减少了车辆尾气中的 NO_x 和 PM 等污染物的排放。研究表明，电动汽车在全生命周期内的温室气体排放和污染物排放显著低于传统燃油车，对改善城市空气质量和应对气候变化具有重要意义[20]。此外，在工业领域，清洁生产技术和工艺的引入可以显著减少工业废气、废水和废渣的排放，实现污染物和温室气体的同步减排。

三、协同效应的重要性

减污降碳协同效应的重要性在于其对环境保护、经济发展和社会福祉有多重影响，是实现可持续发展目标的重要途径。在全球气候变化和环境污染日益严重的背景下，协同效应的实现显得尤为关键。通过优化政策、技术和市场机制，减污降碳协同效应不仅能显著降低污染物和温室气体排放，还能推动绿色经济发展，提高公众健康水平，促进社会整体进步。

在应对气候变化方面，温室气体的持续排放导致全球气温上升，引发了极端天气、海平面上升和生物多样性丧失等一系列环境问题，通过实现减污降碳协同效应可以同时减少 CO_2 和其他温室气体的排放，减缓全球变暖的速度，为实现《巴黎协定》提出的将全球平均气温升幅控制在 2℃ 以内的目标提供了有力支持。

在环境保护方面，减污降碳协同效应能够显著改善空气、水的质量和土壤健康，保护生态系统和人类健康。例如，减少煤炭使用不仅能降低 CO_2 排放，还能减少硫氧化物和 NO_x 的排放，从而减少酸雨的形成，改善生态环境。此外，推广使用清洁能源和提高能源利用效率可以减少工业和交通领域的污染物排放，改善城市空气质量，降低呼吸系统疾病的发生率。这些环境效益不仅直接惠及公众健康，还能提升国家和地区的环境治理水平，推动绿色发展。

在经济发展方面，减污降碳协同效应可以通过提高能源效率和减少资源浪费促进绿色经济的增长。绿色经济不仅关注经济增长，还强调环境保护和资源可持续利用。通过实现协同效应，可以减少对化石能源的依赖性，降低能源成本，提高企业的竞争力。例如，推广可再生能源和节能减排技术不仅能减少碳排放和污染物排放，还能带来显著的经济效益。此外，绿色金融的发展，如绿色债券和绿色贷款，为清洁能源和环保项目提供了资金支持，推动了绿色经济的快速发展。

在社会效益方面，减污降碳协同效应通过改善环境质量，提高了公众健康水平，增加了就业机会，促进了社会的和谐发展。清洁能源产业的发展创造了大量的就业机会，有助于实现经济增长和社会稳定。例如，国际可再生能源机构的报告指出，全球可再生能源行业在 2019 年创造了超过 1 100 万个就业岗位[21]。此外，空气质量的改善可以减少疾病的发生，提高公众的生活质量，减少医疗费用的支出，提升社会的整体福祉。

减污降碳协同效应的重要性还体现在政策制定和实施上。协同效应的实现需要政府、企业和社会各界的共同努力，通过制定和实施综合性的政策措施，确保各项减污降碳行动的有效性和持续性。此外，技术创新也在实现减污降碳协同效应中起到关键作用。新兴技术的开发和应用能够显著提高能源利用效率，减少污染物和温室气体排放。

尽管减污降碳协同效应具有显著的优势，但在实施中仍面临诸多挑战。一方面，政策协调和统筹规划是实现协同效应的关键。不同部门和地区的政策可能存在冲突，需要在国家层面进行统筹协调，以确保各项政策措施的协同性和有效性。另一方面，技术和资金的限制是实现协同效应的主要障碍。许多减污降碳技术尚未成熟，成本较高，需要大量的研发投入和市场推广支持。同时，发展中国家在减污降碳协同效应的实现过程中往往面临资金短缺和技术匮乏的问题，亟须国际社会的支持和合作。

未来，随着全球对气候变化和环境保护问题的重视，减污降碳协同效应将成为推动可持续发展的重要方向。政府、企业和社会各界需要共同努力，通过政策引导、技术创新和市场机制，全面实现减污降碳协同效应，促进全球环境质量的改善和气候变化的缓解。协同效应的实现不仅是环境保护和应对气候变化的重要策略，也是推动经济和社会可持续发展的关键途径。通过不断优化和完善相关政策和技术手段，减污降碳协同效应将在未来发挥更加重要的作用，为实现全球可持续发展目标贡献力量。

第二节　实现路径

一、政策措施

中国在实现减污降碳协同效应的过程中制定并实施了一系列综合政策，这些政策涵盖了法规标准、激励措施和监管机制等多个方面，旨在通过系统性的政策引导推动经济、社会和环境的协调发展（表 3-1）。

表 3-1　中国减污降碳的重要政策

政策名称	发布年份	主要内容	实施部门
《中华人民共和国清洁生产促进法》	2002	促进清洁生产技术和工艺的应用，减少污染物和温室气体排放，提高资源利用效率	全国人民代表大会常务委员会
《大气污染防治行动计划》	2013	以改善空气质量为目标，提出减少主要大气污染物排放量的具体措施，推进清洁能源发展	环境保护部、国家发展改革委
《能源发展战略行动计划（2014—2020 年）》	2014	明确了提高能源效率、调整能源结构、促进新能源和可再生能源发展的战略目标和措施	国家能源局
《"十三五"生态环境保护规划》	2016	强调减少污染物排放和温室气体排放，推进生态文明建设，促进绿色发展	环境保护部、国家发展改革委
《打赢蓝天保卫战三年行动计划》	2018	提出进一步减少主要大气污染物和温室气体排放的目标和措施，重点治理重点行业和区域的污染问题	环境保护部、国家发展改革委
《全国碳排放权交易市场建设方案（发电行业）》	2017	推动全国碳排放权交易市场建设，通过市场机制促进企业减少温室气体排放	国家发展改革委、环境保护部
《2030 年前碳达峰行动方案》	2021	明确实现碳达峰的时间表和路线图，提出具体的减排措施和政策工具	国务院

中国政府通过制定严格的环境法规和标准，推动减污降碳协同效应的实现。《大气污染防治行动计划》是中国应对空气污染的重要政策文件，提出了减少主要大气污染物排放量的具体措施，如推广清洁能源、提高工业排放标准、加强机动车

污染控制等。该计划的实施显著改善了我国的空气质量，PM$_{2.5}$和PM$_{10}$（可吸入颗粒物）质量浓度逐年下降，公众健康状况得到了显著改善。此外，《能源发展战略行动计划（2014—2020年）》明确了提高能源效率、调整能源结构、促进新能源和可再生能源发展的战略目标和措施。通过大力发展风能、太阳能和水电等清洁能源，减少了对煤炭等化石能源的依赖，显著降低了温室气体排放和污染物排放。为了鼓励企业和公众参与减污降碳行动，中国政府还出台了一系列财政激励政策和补贴政策。例如，国家对风能、太阳能等可再生能源项目提供财政补贴，降低了清洁能源项目的初始投资成本，促进了清洁能源的快速发展。此外，为了推广电动汽车，中国政府提供了购车补贴和税收优惠政策，促进了新能源汽车产业的发展和普及，减少了交通领域的污染物排放和温室气体排放。

有效的监管机制是确保各项减污降碳政策措施落实到位的关键。中国政府通过建立和完善环境监测体系，加强了对企业污染排放的监管，以确保企业遵守环境法规和标准。《中华人民共和国清洁生产促进法》要求企业采用清洁生产技术和工艺，减少污染物排放和温室气体排放，提高资源利用效率。此外，政府还采取了严格的环境执法措施，对违规企业进行处罚，以确保环境保护措施的有效实施。

为了通过市场机制推动企业减少温室气体排放，中国于2017年启动了全国碳排放权交易市场建设。《全国碳排放权交易市场建设方案（发电行业）》提出，通过设定碳排放上限和允许碳排放配额交易，促进企业的低碳转型。该市场的建立为企业提供了一个成本效益优化的平台，使企业可以通过购买或出售碳排放配额实现自身碳排放的最优配置，推动了减污降碳协同效应的实现。《2030年前碳达峰行动方案》明确了中国实现碳达峰的时间表和路线图，提出了具体的减排措施和政策工具。这一综合政策框架涵盖了能源、工业、交通、建筑等多个领域，通过多部门协同合作推进绿色低碳发展。该方案的实施不仅有助于实现减污降碳协同效应，还为中国的经济转型和高质量发展提供了新的动力。中国在实施这些政策的过程中取得了显著成效。例如，北京市通过实施《打赢蓝天保卫战三年行动计划》，显著减少了PM$_{2.5}$和其他主要污染物的浓度，空气质量得到了明显改善。此外，通过推广可再生能源和电动汽车，中国的温室气体排放增长速度显著放缓，能源结构逐步优化。

二、技术路径

技术创新是实现减污降碳协同效应的核心驱动力。通过开发和应用先进技术，可以显著提高能源利用效率，减少污染物和温室气体排放，从而实现环境效益、经济效益和社会效益的最大化。技术路径涵盖了从能源生产到消费的各个环节，包括可再生能源技术、节能减排技术、污染治理技术和智能电网技术等。以下将详细阐述这些技术路径及其在减污降碳协同效应中的作用。

可再生能源技术是实现减污降碳协同效应的关键。风能、太阳能、水能和生物质能等可再生能源技术能够显著减少中国对化石能源的依赖，降低温室气体和污染物排放。例如，中国在过去 10 年中大力发展风能和太阳能，装机容量和发电量持续增长，成为全球最大的可再生能源市场。研究表明，风能和太阳能发电不仅可以减少 CO_2 的排放，还能显著降低硫氧化物、NO_x 和 PM 的排放，改善空气质量[22]。此外，水电作为一种成熟的可再生能源技术，在减少温室气体排放和提供稳定电力方面也发挥了重要作用。

节能减排技术在实现减污降碳协同效应中具有重要地位。通过提高能源利用效率，可以减少能源消耗和污染物排放，达到节能减排的双重效果。例如，高效锅炉和工业废气回收技术的应用可以显著提高工业过程的能源利用效率，减少生产过程中的能耗和污染物排放；建筑节能技术，如高效隔热材料和智能空调系统的应用，可以降低建筑物的能耗，减少供暖和制冷过程中的温室气体排放；交通领域的节能减排技术，如电动汽车和混合动力汽车的推广应用，显著减少了汽油和柴油的使用，降低了交通领域的污染物和温室气体排放。

污染治理技术是实现减污降碳协同效应的重要手段。通过应用先进的污染治理技术，可以有效控制工业和交通等领域的污染物排放，改善环境质量。例如，燃煤发电厂和工业锅炉的烟气脱硫、脱硝技术可以显著减少 SO_2 和 NO_x 的排放，减少酸雨的形成和大气污染。此外，机动车尾气净化技术，如三元催化转换器的应用，可以显著减少车辆尾气中的 CO、HC 和 NO_x 排放，改善城市空气质量。另外，水污染治理技术，如污水处理厂的升级改造和高效污水处理工艺的应用，可以减少工业废水和生活污水中的污染物，保护水环境和水生态系统。

智能电网、CCS、氢能等新兴技术也是实现减污降碳协同效应的重要支撑。智能电网技术通过实时监控和调节电力供需平衡提高了电力系统的运行效率，减少了电力生产和输配过程中的能源浪费和污染物排放。智能电网技术还可以促进可再生能源的接入和利用，优化能源结构，减少化石能源的使用。例如，中国在智能电网建设方面取得了显著进展，通过建设高压直流输电线路和智能配电网系统，提高了电力系统的运行效率和可靠性，促进了风能和太阳能等可再生能源的接入和利用。CCS 技术能够捕捉并封存工业过程和电厂排放的 CO_2，防止其进入大气，从而减少温室气体排放。Metz 等的研究表明，CCS 技术在减少 CO_2 排放方面具有显著潜力，特别是其在钢铁、水泥和化工等高排放行业的应用可以大幅减少温室气体排放，助力实现碳中和目标[23]。然而，CCS 技术仍面临成本高、技术复杂等挑战，需要进一步的技术研发和政策支持。氢能作为一种清洁、高效的能源载体，可以广泛应用于工业、交通和建筑等领域，替代传统化石能源，减少污染物和温室气体排放。例如，氢燃料电池汽车在减少交通领域的污染物排放方面具有显著优势，氢能还可以与可再生能源结合，通过电解水制氢实现能源的清洁生产和储存。氢能技术的发展有助于推动能源结构转型，促进低碳经济的发展。

在具体行业中，各类技术的综合应用能够实现显著的减污降碳协同效应。以钢铁行业为例，通过应用高效节能技术、污染治理技术和 CCS 技术，可以显著减少生产过程中的能源消耗和污染物排放。例如，高炉煤气回收技术和废钢电弧炉技术的应用可以提高能源利用效率，减少 CO_2 和污染物排放。再如，在化工行业，通过推广绿色化工工艺和废弃物资源化利用技术，可以减少生产过程中的污染物排放，提高资源利用效率，实现清洁生产。

三、市场机制

市场机制通过价格信号和经济激励，引导企业和消费者优化资源配置，减少污染物和温室气体排放，从而实现减污降碳协同效应。市场机制的主要形式包括碳排放交易、绿色金融、排污权交易和环境税等。

碳排放交易体系是全球公认有效的市场机制之一。通过设定碳排放上限和允许碳排放配额交易，碳排放交易体系能够为企业提供灵活的减排途径，促进低成本减排。欧盟的碳排放交易体系是目前世界上最大的碳市场，该体系覆盖了超过 11 000 家发电厂和工业设施，约占欧盟温室气体排放的 45%。欧盟的碳排放交易体系采用"限额与交易"机制，即对排放总量设定上限，然后将排放配额分配给各企业。各企业可以通过交易获得所需的额外配额，或者通过实施减排措施减少配额需求。欧盟的碳排放交易体系分为 4 个交易期，每个交易期内的排放配额都逐步减少，以推动企业持续减排。自 2021 年起的第四交易期开始实施更加严格的碳排放控制、更有针对性的碳泄漏规则，并逐步减少免费配额的比例，提高拍卖配额的比例，这些措施都强化了碳价格信号的作用。在中国，国家发展改革委于 2017 年启动了全国碳排放交易市场，初期主要覆盖发电行业，涉及 1 700 多家发电企业，排放量约占全国总排放量的 40%。这一阶段的主要目标是建立健全交易机制和碳排放配额管理制度，为其他行业的逐步纳入做好准备。为了保证碳市场的顺利运行，中国政府还出台了一系列配套政策和措施，包括碳排放报告和核查制度、市场监管机制和处罚机制等。此外，政府还积极推动碳金融工具的发展，如碳期货和碳资产证券化，进一步丰富市场交易手段。全国碳排放交易市场的建立不仅有助于实现国家的碳减排目标，也将在全球应对气候变化的行动中发挥重要作用。

绿色金融也是实现减污降碳协同效应的重要工具。通过提供资金支持，绿色金融可以推动清洁能源、节能减排和环保项目的发展。绿色债券作为绿色金融的主要形式之一，近年来发展迅速，其募集的资金专门用于支持符合环保标准的项目，如可再生能源、电动汽车和绿色建筑等。例如，世界银行发行的绿色债券为全球范围内的可持续发展项目提供了资金支持，产生了显著的环境效益和社会效益。此外，绿色贷款和绿色基金也在推动减污降碳项目的融资方面发挥了重要作用，促进了绿色经济发展。

排污权交易则是另一种重要的市场机制，通过设定排污总量控制目标和允许排污权交易，实现污染物排放的总量控制和优化配置。排污权交易机制可以通过市场化的手段促使企业在达到环保标准的同时降低治理成本，提高经济效益。例如，美国的酸雨排污权交易体系通过设定 SO_2 排放总量控制目标和排污权交易，有效减少了酸雨的形成，改善了环境质量。在中国，排污权交易试点也在多个省份开展，通过市场化手段促进了污染物减排和环境治理。2007 年，国家环保总局启动了排污权交易试点工作，选定了江苏、浙江、湖北、湖南、河南、陕西、天津、重庆、山东和辽宁等省（市）作为试点地区。各地根据自身的环境治理需求和经济发展水平制定了相应的排污权交易方案。生态环境部在总结各地试点经验的基础上，制定了《排污许可管理办法》，为在全国范围内开展排污权交易提供了政策指导和规范。通过不断完善排污权交易制度和市场机制，中国将进一步推动污染物排放的总量控制和优化配置，实现环境保护和经济发展的双重目标。

环境税是通过经济激励手段，促使企业和消费者减少污染物排放和资源消耗，推动绿色发展的一种市场机制。环境税包括碳税、排污费和资源税等，通过税收杠杆作用，引导企业采用清洁生产技术和工艺，减少污染物和温室气体排放。目前，中国也在逐步推进环境税改革，通过设立环境税，提高企业的环保意识和减排动力，推动绿色转型。

市场机制在减污降碳协同效应中具有显著优势。首先，市场机制能够通过价格信号反映环境成本和资源稀缺性，引导企业和消费者做出更加合理的决策。例如，碳排放交易体系和碳税可以通过碳价格反映碳排放的环境成本，促使企业采用低碳技术和工艺，减少碳排放。其次，市场机制具有灵活性和高效性，能够在保证减排目标的前提下，实现低成本减排。企业可以通过市场交易和技术创新找到最优的减排路径，降低减排成本，提高经济效益。最后，市场机制还具有激励作用，通过经济奖励和惩罚机制促使企业和消费者积极参与环境保护和减排行动。但是，市场机制在实际应用中也面临一些挑战。一方面，市场机制的有效性依赖完善的制度设计和监管体系。例如，碳排放交易体系的成功实施需要准确的排放监测、核查和配额分配机制，要确保市场的公平和透明。另一方面，市场机制的实施需要广泛的社会共识和支持。市场机制的推广和应用需要政府、企业和公众的共同参与，通过宣传和教育提高社会各界对市场机制的认识和接受度。未来，随着全球对气候变化和环境保护问题的重视，市场机制将在减污降碳协同效应的实现中发挥更加重要的作用。政府需要进一步完善市场机制的制度设计和监管体系，确保市场的公平、透明和有效运作；企业需要积极参与市场机制，通过技术创新和管理优化实现减污降碳目标；公众需要提高对市场机制的认识和支持力度，积极参与减排和环保行动。通过多方的共同努力，市场机制将为实现全球可持续发展目标、促进绿色经济发展和环境质量改善提供有力支撑。

第三节　评价方法

一、评价指标体系

评价指标体系（表3-2）是评估减污降碳协同效应的重要工具，通过系统化和量化的指标能够全面、客观地反映减污降碳措施的效果和成效。科学合理的评价指标体系不仅有助于政策制定和实施，还能为技术选择和市场机制的优化提供依据。

表 3-2　评价指标体系

评价维度	具体指标	指标描述
环境效益	大气污染物减排量	减少的 $PM_{2.5}$、SO_2、NO_x 等大气污染物排放量
	温室气体减排量	减少的 CO_2、CH_4 等温室气体排放量
	水污染物减排量	减少的 COD、氨氮等水污染物排放量
	土壤污染物减排量	减少的重金属、农药等土壤污染物排放量
经济效益	节约能源成本	通过提高能源利用效率和使用清洁能源节约的能源成本
	绿色产业产值	因减污降碳措施带来的绿色产业增长和产值
	经济增长率	减污降碳措施对地区经济增长的贡献率
社会效益	改善公共健康	减少污染物排放对公众健康的影响程度，减少疾病发生率和医疗费用
	增加就业机会	绿色经济和清洁技术发展带来的就业机会增加
	提高公众环境满意度	公众对环境质量改善的满意度调查结果
综合效益	综合减排指数	结合环境效益、经济效益和社会效益计算综合减排效果的指数
	可持续发展指数	评估减污降碳措施对区域可持续发展的综合影响

环境效益是减污降碳协同效应评价的核心维度。通过大气污染物、温室气体、水污染物和土壤污染物的减排量可以直观地反映减污降碳措施的环境效果。大气污染物减排量包括减少的 $PM_{2.5}$、SO_2、NO_x 等大气污染物排放，这些指标直接关系到空气质量和公众健康。例如，中国在实施《大气污染防治行动计划》后，通过采取一系列措施，如加强工业污染源监管、实施清洁能源替代、推广新能源汽车、提升建筑节能标准等，有效减少了大气污染物排放。据统计，2013—2017 年，北京市的 $PM_{2.5}$ 年均质量浓度从 89.5 $\mu g/m^3$ 降至 58 $\mu g/m^3$，降幅达 54.3%，公众对空气质量改善的感受度明显提升。此外，SO_2 和 NO_x 的排放量也大幅减少，进一步提高了大气环境质量。

经济效益指标用于评估减污降碳措施对经济发展的促进作用。通过提高能源利用效率和使用清洁能源节约的能源成本带来的直接经济收益。绿色产业产值则反映了这些措施所推动的绿色经济增长，包括可再生能源、节能环保产业的发展和产值的增加。此外，经济增长率衡量了减污降碳措施对地区经济增长的贡献。通过发展绿色经济和推动技术创新，可以促进经济的高质量发展。

社会效益指标关注减污降碳措施对公众健康和社会福祉的影响。改善公共健康主要通过减少污染物排放，降低空气和水污染，减少与污染相关的疾病发生率和医疗费用实现。例如，空气质量的改善可以显著降低呼吸系统疾病的发生率，提高公众的健康水平。增加就业机会反映的是绿色经济和清洁技术发展带来的就业机会，如可再生能源产业和环境治理项目创造的大量就业岗位。提高公众环境满意度则通过调查公众对环境质量改善的满意度，评估减污降碳措施的社会认可度和支持度。

综合效益指标通过综合考虑环境效益、经济效益和社会效益，提供全面的减污降碳效果评价。综合减排指数结合大气、水、土壤等多维度的减排效果，计算综合减排效果的指数，提供直观的量化评价。可持续发展指数则用来评估减污降碳措施对区域可持续发展的综合影响，涵盖环境保护、经济增长和社会进步等多个方面，可以提供全面的可持续发展评价。

在实际应用中，评价指标体系需要根据具体的减污降碳项目和政策进行细化和调整。通过定量分析与定性分析相结合的方法，可以更准确地评估减污降碳协同效应。例如，在评估一个城市的空气质量改善效果时，可以结合大气污染物减排量、空气质量监测数据和公众健康数据全面评估减污降碳措施的效果。在评估一个地区的经济效益时，可以结合节约的能源成本、绿色产业产值和经济增长率评估减污降碳措施对经济发展的促进作用。

评价指标体系的应用不仅有助于政策制定和实施，还能为技术选择和市场机制的优化提供依据。例如，通过评价不同减污降碳技术的环境效益、经济效益和社会效益，可以选择最优的技术组合，使减污降碳效果最大化。通过评价碳排放交易和绿色金融等市场机制的效果，可以优化市场设计和政策措施，提高市场机制的有效性和公平性。

二、评价方法及应用

减污降碳协同效应的评价方法包括定量评价方法和定性评价方法。定量评价方法通过数据和数学模型分析得出具体的数值结果，定性评价方法则通过专家评估和多标准分析等方法提供综合性的评价。

（一）定量评价方法

1. 成本效益分析

成本效益分析（cost-benefit analysis，CBA）是一种常用的定量评价方法，通过比较减污降碳措施的总成本和总效益评估其经济可行性。基本公式如下：

$$NPV = \sum_{t=0}^{T} \frac{B_t - C_t}{(1+r)^t} \qquad (3-1)$$

式中：NPV——净现值，元；

　　　B_t 和 C_t ——在第 t 年的收益和成本，元；

　　　r ——贴现率，%；

　　　T ——评价期，年。

通过计算净现值（net present value，NPV）可以判断减污降碳措施的经济效益。如果净现值为正，则表明该措施具有经济可行性。

2. 全生命周期分析（LCA）

LCA 是一种系统的方法，通过评估产品或系统在整个生命周期内的环境影响对减污降碳措施的环境效益进行评估。LCA 通常包括 4 个阶段：定义目标和范围、清单分析、影响评价和结果解释。环境影响（EI）的计算公式如下：

$$EI = \sum_{i=1}^{n} (E_i \times CF_i) \qquad (3-2)$$

式中：E_i——第 i 个过程的排放量，kg 或 MJ 等（其单位取决于具体的物质或能源）；

　　　CF_i——该排放物的环境影响系数，kg CO_2e 或 kg SO_2e 等（反映的是每单位资源或排放物对环境的影响，单位通常为环境影响单位/资源单位）；

　　　n——过程的数量；

　　　i——生命周期的不同阶段（原材料提取、生产、运输、使用、废弃处理等）。

通过计算总的环境影响，可以评估减污降碳措施对环境的综合效益。

3. 投入产出分析

投入产出分析（input-output analysis，IOA）是一种宏观经济评价方法，通过建立经济系统的 IO 表评估减污降碳措施对经济和环境的综合影响。其计算公式如下：

$$X = (I - A)^{-1} Y \qquad (3-3)$$

式中：X——总产出向量，即每个部门的总产出量，单位可以是货币单位（如元）或计量单位（如 t、kg 等）；

　　　I——单位矩阵；

　　　A——投入产出系数矩阵；

　　　Y——最终需求向量，即每个部门的最终需求量（如消费、投资、出口等），单位通常与 X 相同。

通过计算总产出，可以分析减污降碳措施对不同经济部门的影响，并评估其经济效益和环境效益。

4．计量经济学模型

计量经济学模型（econometric models）通过建立统计模型，分析减污降碳措施的影响因素和效果。常用的计量经济学模型包括回归分析、面板数据模型和时间序列分析等。其中，回归分析可以用来估计减污降碳措施对污染物排放和经济增长的影响，其基本回归方程式如下：

$$Y = \alpha + \beta X + \varepsilon \qquad (3\text{-}4)$$

式中：Y——被解释变量，如污染物排放量（单位：kg 或 MJ 等）或经济增长率（单位：%）；

$\quad\quad X$——解释变量，如减污降碳措施的投入（单位：元）；

$\quad\quad \alpha$ 和 β ——回归系数；

$\quad\quad \varepsilon$ ——随机误差项。

通过回归分析，可以评估减污降碳措施的效果和影响因素。

（二）定性评价方法

1．专家评估法

专家评估法（expert judgment）通过邀请相关领域的专家对减污降碳措施进行综合评估。其优点在于能够综合考虑各种复杂因素，提供全面的评价。

2．层次分析法

层次分析法（analytic hierarchy process，AHP）是一种多标准决策分析方法，通过构建层次结构模型比较各评价指标的相对重要性来计算综合评分。基本步骤包括构建层次结构模型、建立判断矩阵、计算特征向量和一致性检验，基本公式如下：

$$\boldsymbol{A}\boldsymbol{w} = \lambda_{\max}\boldsymbol{w} \qquad (3\text{-}5)$$

式中：$\boldsymbol{A}$——判断矩阵；

$\quad\quad \boldsymbol{w}$——特征向量；

$\quad\quad \lambda_{\max}$——最大特征值。

通过计算特征向量，可以得到各评价指标的权重（$\boldsymbol{A}\boldsymbol{w}$），进而计算综合评分。

3．德尔菲法

德尔菲法（delphi method）是一种系统的定性评价方法，通过多轮匿名问卷调查，邀请专家对减污降碳措施进行评估。基本步骤包括确定评价主题、选择专家、设计问卷、进行多轮调查和分析结果，优点在于能够充分利用专家的知识和经验来提供综合性的评价结果。

（三）综合评价方法

1．综合评价模型

综合评价模型（comprehensive evaluation models）通过结合定量方法和定性方法，提供全面的减污降碳协同效应评价。常用的综合评价模型包括 LEAP 模型、MARKAL 模型和 SD 模型等。本书第二章第三节已详细介绍了 LEAP 模型，这里不再赘述。MARKAL 模型是一种技术经济模型，通过优化能源系统的技术组合来评估不同减污降碳措施的成本效益和环境效益。SD 模型通过建立系统的动态反馈关系来模拟减污降碳措施的长期影响和政策效果。

2．环境扩展投入产出模型

环境扩展投入产出模型（environmental extended input-output model，EEIO）通过结合传统的投入产出分析和环境影响分析来评估减污降碳措施的综合效益。其基本公式如下：

$$X = (I - A + E)^{-1}Y \tag{3-6}$$

式中：X——总产出向量，表示各行业的总产出，亿元；

I——单位矩阵，维度与 A 相同，无单位；

A——直接消耗系数矩阵，表示各行业生产单位产出所需的中间投入，无单位；

E——环境影响系数矩阵，表示环境因素对经济系统的约束或影响，t CO_2/元（碳排放系数）；

$(I-A+E)^{-1}$——修正后的 Leontief 逆矩阵，用于计算环境影响下的经济总需求，无单位；

Y——最终需求向量，表示最终消费、投资和出口，亿元。

通过计算总产出和环境影响，可以综合评估减污降碳措施的经济效益和环境效益。定量方法和定性方法相结合，可以全面、客观地评估减污降碳措施的效果，为政策制定、技术选择和市场机制优化提供有力支持。随着数据收集和模型优化的不断发展，减污降碳协同效应的评价方法将得到进一步完善。

第四节　挑战与对策

一、主要挑战

尽管减污降碳协同效应具有显著的优势，但在实施过程中面临诸多挑战。这些挑战不仅来自技术和经济方面，还包括政策协调、社会接受度和国际合作等多个层面。

技术成熟度和经济可行性是实现减污降碳协同效应的主要技术经济挑战。许多减污降碳技术尚未成熟，存在成本高、效率低等问题。例如，CCS 技术虽然在理论上能够显著减少 CO_2 排放，但高昂的成本和复杂的技术要求限制了其大规模应用。同样，氢能技术和储能技术的成本问题也亟须解决，以提高其经济可行性和市场竞争力。减污降碳协同效应需要多部门、多领域的协调与合作，政策协调和统筹规划是实现协同效应的关键。然而，在实际操作中往往存在政策碎片化和部门利益冲突的问题。不同部门和地区的政策可能存在冲突，导致政策执行不力和资源浪费。例如，生态环境部门和能源部门在政策目标及措施上可能存在分歧，需要在国家层面进行统筹协调，以确保各项政策措施的协同性和有效性。此外，政策的长期稳定性和可预测性也非常重要，频繁的政策变化可能导致企业和投资者的不确定性，影响减污降碳项目的推进和实施。

社会接受度和公众参与是实现减污降碳协同效应的重要社会挑战。公众对减污降碳政策和措施的理解与支持程度直接影响政策的实施效果。然而在许多情况下，公众对减污降碳的重要性认识不足，存在误解和抵触情绪。一些公众认为减污降碳措施会增加生活成本和经济负担，因而对其持反对态度。另外，公众参与度不足也是一大问题。如果缺乏公众的广泛参与和支持，减污降碳措施就难以顺利实施和推广。因此，提高公众的环保意识和参与度，通过宣传教育和公众参与机制增强公众对减污降碳的理解和支持，是实现协同效应的重要途径。气候变化和环境污染是全球性问题，实现减污降碳协同效应还需要国际合作和经验共享。然而，国际合作面临诸多挑战，包括国家间的利益冲突、技术壁垒和资金短缺等。不同国家在经济发展水平、技术能力和政策优先级上存在差异，难以达成一致的合作框架和行动计划。发展中国家在减污降碳方面面临更多的技术和资金挑战，需要发达国家的技术转让和资金支持，但国家间的技术壁垒和知识产权问题限制了技术合作和经验共享，需要在国际层面加强协调与沟通，建立公平合理的合作机制。

有效的监管和执法是确保减污降碳政策措施落实到位的关键。然而，在实际操作中，监管和执法面临诸多困难。一方面，监管机构的能力和资源有限，难以全面覆盖所有领域和企业。例如，环境监管机构在监测和执法过程中可能面临技术和人力资源的限制，难以对所有企业进行有效监管。另一方面，企业在减污降碳方面的合规性存在问题，一些企业为降低成本可能会采取规避措施，导致减污降碳效果大打折扣。因此，加强监管能力建设、提高企业的合规意识、建立健全监管和执法机制是确保减污降碳政策措施有效实施的必要条件。另外，数据和信息透明度是评估和监测减污降碳协同效应的重要基础。在实际操作中，数据和信息的获取及共享存在困难。一方面，数据收集和监测技术不完善，导致数据质量和可靠性不足；另一方面，数据共享和透明度不足限制了减污降碳的评估和监测。一些企业和部门在数据公开和共享方面存在顾虑，难以形成全面的信息共享机制。因此，加强数据收集和监测技术的研发及应用、建立健全数据共享和透明机制是提高减污降碳协同效应评估和监测能力的重要途径。

综上所述，减污降碳协同效应的实现面临多方面的挑战，克服这些挑战需要政府、企业、科研机构和社会各界的共同努力，加强政策支持、技术创新和国际合作，建立健全监管和激励机制，提高公众的环保意识和参与度，推动减污降碳协同效应的实现，为全球可持续发展目标的实现贡献力量。

二、应对措施

为了应对减污降碳协同效应在实际实施中面临的诸多挑战，必须采取系统化的应对措施。

政策协调和统筹规划是实现减污降碳协同效应的基础。在国家层面，政府需要加强部门间的协调，以确保环境保护、能源、交通、工业等各领域的政策相互配合。建立跨部门的减污降碳协同工作组并定期召开联席会议，能够有效协调政策实施和资源分配，避免政策冲突和重复投资。同时，制定长期稳定的政策框架，减少政策变动带来的不确定性，可以增强企业和投资者的信心。

技术创新是实现减污降碳协同效应的关键驱动力。政府和企业需要加大研发投入，支持减污降碳技术的开发和应用，可以设立专项资金和研发补贴，鼓励高校、科研机构和企业开展技术研发和示范应用。例如，氢能和储能技术的发展需要大量的研发投入和技术突破，政府应提供资金支持和政策激励，促进这些新兴技术的快速发展。此外，还应建立技术创新合作平台，促进科研机构与企业之间的合作，加快技术转移和成果转化。

社会公众的参与在实现减污降碳协同效应中起着重要的保障作用。提高公众的环保意识和参与度是关键。通过媒体宣传、环境教育活动和公众参与平台，可以向公众普及减污降碳的知识和措施，增强他们的环保意识。同时，应建立公众参与机制，鼓励节能减排、垃圾分类和绿色出行等行为。激励措施和奖励机制可以调动公众的积极性与参与热情，使其积极参与环境保护和减排行动。

应对全球气候变化和环境污染的有效途径是国际合作与经验共享。各国需要在减污降碳领域加强合作，共同应对全球性挑战。国际会议、双边合作和多边机制是分享成功经验和技术的途径，可以推动技术转移和资金支持。发达国家通过技术转让和资金援助支持发展中国家的减污降碳，推动全球范围内的可持续发展。此外，国际组织和非政府组织在促进国家间技术交流和合作中也发挥着积极作用。

有效的监管与执法是确保减污降碳政策措施落实到位的关键。一方面，政府需要加强环境监管能力建设，完善监测和执法体系，如通过引入先进的监测技术和设备提高环境监测的精度和覆盖范围，确保排放数据的准确性和实时性；同时，应建立健全法律法规体系，加大对违规企业的处罚力度，确保企业严格遵守环保法规和减排标准。此外，应鼓励公众和社会组织参与环境监督，营造全社会共同监督的良好氛围。另一方面，政府和企业需要加强数据收集和共享，建立统一的环境信息平台，提供准确、全面的数据支持。通过建立国家环境监测网络，可以整合各类环境监测数据，形成统一的数据库以供政府、企业和公众查询及使用。同时，应制定数据共享的标准和规范，确保数据公开和透明，促进各方在减污降碳领域的合作与交流。

在应对全球气候变化和环境污染的过程中，国际标准和规范的制定具有重要意义。各国应积极参与国际标准的制定，推动形成统一的减污降碳技术标准和管理规范。通过参与《联合国气候变化框架公约》和国际标准化组织（ISO）等国际组织，可以推动减污降碳标准的制定和实施。统一的国际标准有助于促进技术的全球推广和应用，提高减污降碳措施的有效性和可操作性。

政策激励与市场机制的结合也是实现减污降碳协同效应的有效途径。政府需要制定有力的激励政策，鼓励企业和社会各界积极参与减污降碳行动。税收优惠、补贴政策和绿色金融工具可以支持减污降碳项目的实施和推广。同时，充分发挥市场机制的作用，通过碳排放交易、排污权交易等市场手段，引导资源的优化配置，提高减污降碳的效率和效果。

综上所述，实现减污降碳协同效应需要采取系统化的应对措施，这些措施的实施需要政府、企业、科研机构和社会各界的共同努力，通过多方合作和持续改进推动减污降碳协同效应的实现。

三、未来展望

减污降碳协同效应将在未来推动全球可持续发展中扮演更加重要的角色。随着科技进步、政策完善和国际合作的深化，各国将共同努力应对气候变化和环境污染问题，推动经济、社会和环境的协调发展。

首先，科技创新将继续引领减污降碳的进程。随着科技的不断进步，新技术的开发和应用将显著提高能源利用效率，减少污染物和温室气体排放。科技创新不仅能够突破现有技术的"瓶颈"，还能开辟新的减排路径，为实现更大范围的减污降碳协同效应提供强有力的支持。

其次，政策和市场机制将进一步完善和优化。各国政府将制定更加严谨和长远的减排目标和政策框架，以确保减污降碳措施的持续性和稳定性。通过实施更严格的排放标准和环境法规，政府可以强制企业采用清洁技术和工艺，减少污染物和温室气体排放。同时，市场机制，如碳排放交易和绿色金融工具也将发挥更大的作用，通过经济激励引导企业和消费者积极参与减污降碳行动。在此过程中，政策和市场机制的结合将最大限度地提高资源配置效率，实现低成本、高效益的减污降碳目标。

最后，未来数据和信息技术也将为减污降碳协同效应提供重要支撑。随着大数据、物联网和人工智能技术的快速发展，环境监测和数据分析能力将显著提升。政府和企业可以通过先进的监测技术和数据平台实时获取并分析环境数据，为政策制定和实施提供科学依据。通过建设国家环境监测网络，整合各类环境数据，形成统一的数据库，支持精准的环境管理和决策。同时，数据透明度和共享水平的提高将促进各方在减污降碳领域的合作与交流，提高减排措施的科学性和有效性。

综上所述，减污降碳协同效应将在全球可持续发展中发挥越来越重要的作用。科技创新、政策优化、市场机制的完善及数据技术的支持将共同推动这一进程，为应对气候变化和环境污染提供系统性解决方案，促进全球绿色发展和生态文明建设。

第三篇

案例应用

第四章　高碳城市低碳转型规划路径情景分析

高碳城市的低碳转型是当前全球经济发展面临的重要议题，它标志着从依赖高碳的能源和排放模式向低碳、环保、可持续的经济发展模式转变。这种转型不仅对应对全球气候变化具有重要意义，也是我国实现经济可持续发展和绿色转型的关键环节。

高碳城市是指高碳源的城市，即 CO_2 排放较高的城市。这种高碳源的排放，既源于生产过程的 CO_2 排放，也来自消费过程的 CO_2 排放。在这个过程中，资源型城市，特别是煤炭及其加工转化产业规模较大的城市，往往成为高碳城市的代表，同时也是高能耗城市。

资源型城市是以本地区矿产、森林等自然资源开采、加工为主导产业的城市类型。这类城市的生产和发展与资源开发有密切关系，特别是煤炭及其加工转化产业规模较大的城市，由于在生产过程中大量消耗化石能源并产生大量的 CO_2，它们往往具有较高的碳排放水平，同时也具有高能耗的特征。

资源型城市的转型是一个复杂而关键的过程，它不但涉及城市发展方式的转变，而且是经济发展方式和社会治理方式变革的集中体现。这些城市通常具有一些共同的特征：人口相对较少，但矿产资源丰富，产业结构以高耗能行业为主导，人均 CO_2 排放较高。它们主要分布在我国的东北和西北地区，对我国的工业发展和资源供应具有重要的战略意义。

然而，随着"双碳"目标的提出，国家对重工业和化石能源资源的依赖将逐步降低，这对于资源型城市来说无疑是一个巨大的挑战。这些城市必须进行社会经济结构的转型，以适应国家新的发展战略和环保要求。

本章以内蒙古自治区乌海市为研究对象，根据其产业结构和能源消费，对该市的碳排放特征进行分析，搭建适宜乌海市碳排放预测分析的 LEAP 模型；同时，通过对不同情景下碳排放预测的研究，综合考虑各种因素和参数设定，为该市制定科学有效的转型措施，以实现其经济的可持续发展和环境的持续改善。

第一节　经济产业发展特点

乌海市位于内蒙古自治区西部，处于蒙宁陕甘经济区接合部和沿黄经济带中心，是国家新丝绸之路经济带和呼包银榆经济区的重要节点。

乌海市资源富集，素以"乌金之海"著称。该市煤炭资源丰富，炼焦用煤占内蒙古已探明焦煤储量的 60%，经济以能源、化工、建材、特色冶金为主，属于典型的资源型经济。优质焦煤、煤系高岭土、石灰岩、铁矿石、石英砂、白云岩等矿产资源储量大、品位好、易开采，相对集中配套，工业利用价值高。其中，优质焦煤占内蒙古已探明储量的 75%，是国家重要的焦煤基地；石灰石远景储量在 200 亿 t 以上，煤系高岭土储量在 11 亿 t 以上。潜在的经济价值在 4 000 亿元以上，得天独厚的矿产资源优势为乌海市的矿业发展提供了资源保证。

作为典型的高碳城市，乌海市是重要的传统工业城市。2020 年，全市地区生产总值为 563.14 亿元，经济主要以第二产业为主，占比达 60%，第一产业和第三产业在"十三五"期间整体保持稳定（图 4-1）。乌海市是全国重要的煤焦化工和氯碱化工基地，支柱产业以高耗能工业为主。

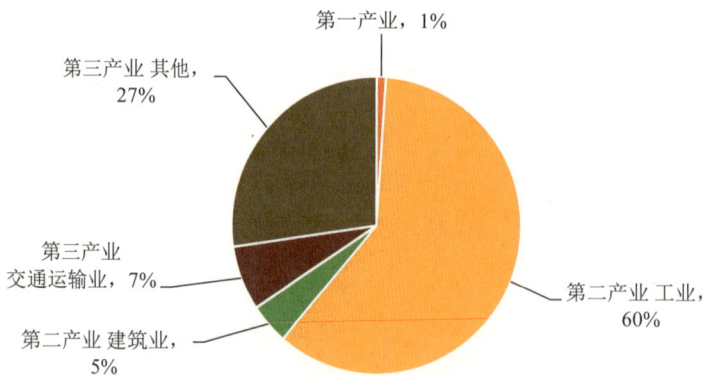

图 4-1　2020 年乌海市产业结构增加值构成占比

战略性新兴产业加速培育。乌海市与卡博特、建龙、宝武、京运通等国内外知名企业开展合作，形成硅材料、碳材料、玻璃纤维、特种钢铁等新材料多元发展格局。加快建设现代能源经济示范城市和氢经济示范城市，印发实施了《乌海市氢能产业发展规划》，大力推动氢能源研发、生产和应用，内蒙古首座加氢站和第一座撬装式加氢站建成投产，已累计建成 3 座加氢站，乌海化工、银隆新能源等一批氢气工厂和氢能源汽车等重大项目落地实施，抽水蓄能电站项目顺利推进。乌海市培育发展节能环保产业，启动实施国家大宗固体废物综合利用基地，借助昊华、建筑材料工业技术情报研究所、山西省煤炭地质局、中科盛联等团队推动基地建设。该市相关企业与上海宽量、深圳辰诺等先进节水技术企业开展了多项合作。

传统产业持续保持发展态势。焦炭和聚氯乙烯（PVC）产能分别占内蒙古自治区的 34% 和 29%，产能发挥率稳定在 80% 以上，煤炭就地加工转化率达 90% 以上，精细化工产品达 70 多种。编制《焦化产业重组升级高质量发展产业规划》，通过整合做强，推动传统产业向高端化、绿色化方向转型。飞狮工业互联网智能制造服务平台建成投运，使传统产业智能化改造进程不断加快。

生态精品农业稳步发展。葡萄种植面积达 3 万余亩 ①，年葡萄酒产能 2 万 t，产量 1.2 万 t，成功举办三届"乌海沙漠葡萄酒文化旅游节"，"乌海葡萄"及乌海沙漠葡萄酒在国际范围内的认知度与影响力不断提升。"乌海葡萄"成功入选中国农业品牌目录，品牌价值达 10.44 亿元。

服务业逐渐兴起。乌海市海关正式通关，建成乌海国际陆港等一批物流项目。海易通智慧物流电商平台、西北化学网、鸿达大宗物资交易中心等一批数字平台项目投入运营。乌海化工产业服务平台入选国家互联网与制造业融合发展试点。万达广场、星巴克、胡桃里等多个全国知名商业综合体和品牌店入驻乌海。建国饭店加快建设，疯狂的麦咭和湖南卫视影视基地等品牌项目对接落地。2019 年，旅游收入 81 亿元，同比增长 18%，接待游客 354 万人次，同比增长 17.5%。

乌海市具有较高的城市化率。2020 年，乌海市常住人口为 55.66 万人，相比 2010 年的 53.29 万人增加了 2.37 万人，增长了 4.45%。其中，居住在城镇的人口为 53.09 万人，城市化率达到 95.38%，比 2010 年上升了 1.04 个百分点。由于乌海市城市人口占比较高，未来的生产生活模式和消费模式不会发生巨大变化，对电力和热力的生产与供应及交通运输部门的排放产生的影响预计将基本保持稳定。

---

① 1 亩=1/15 hm²。

第二节　能源消耗特征

作为典型的高碳城市，乌海市消耗的化石能源主要是烟煤、焦炭、褐煤等煤炭产品，其中烟煤占全部化石燃料消耗的 51.37%，焦炭占全部化石燃料消耗的 17.18%，褐煤占全部化石燃料消耗的 11.66%。2020 年，规模以上工业能耗达到 1 822.19 万 t 标准煤。该市化石能源主要用于能源工业、其他工业和建筑业及交通运输业。通过能源活动清单核算可知，乌海市一次能源消费的 CO_2 排放量为 3 431.74 万 t。考虑到乌海市的人口占内蒙古总人口的 2.23%，乌海市的人均排放居内蒙古前列，能源消费总量水平稍高于经济发展水平。

在人均方面，乌海市总人口为 55.66 万人，全市 2020 年人均用能量约为 32.73 t 标准煤，整体水平较高。这是由于乌海市具有重工业和能源密集产业集中的特点。

在结构方面，2020 年乌海市煤炭消费占比 99% 以上，远高于全国平均水平，总体结构高度依赖煤炭，能源低碳转型压力较大。除第三产业主要使用石油外，第一、第二产业均高度依赖煤炭。

相较全国和发达地区，乌海市工业用能结构中煤偏高而天然气偏低的特点较为明显，高耗能、高排放的特点使该市面临巨大的减排压力。

第三节　碳排放情况

未来随着经济发展、人口增长等，乌海市的能源消耗和碳排放仍将呈增长趋势。2020 年，乌海市的温室气体排放总量为 3 847 万 t CO_2，其中排放量最大的是发电和产热部门，贡献了将近一半的碳排放，其次是工业能源直接消费及煤炭加工和炼焦部门（图 4-2）。在乌海市第一、第二、第三产业的直接能源消耗中，第二产业的能耗和排放量最大，占直接能源总消耗的 96.59%，第三产业排放量占乌海市直接能源总消耗的 0.13%。第三产业中，交通运输的排放占比约为 83.18%；能源使用方面，电力行业的排放占比仅过半，而化石燃料的工业燃烧排放达到 900 多万 t。总体而言，乌海市的碳排放集中于电力生产，能源消费多集中于第二产业。从排放结构来看，乌海市属于工业化的能源生产城市，因此主要考虑通过工业节能降低工业部门电耗，实现温室气体减排。

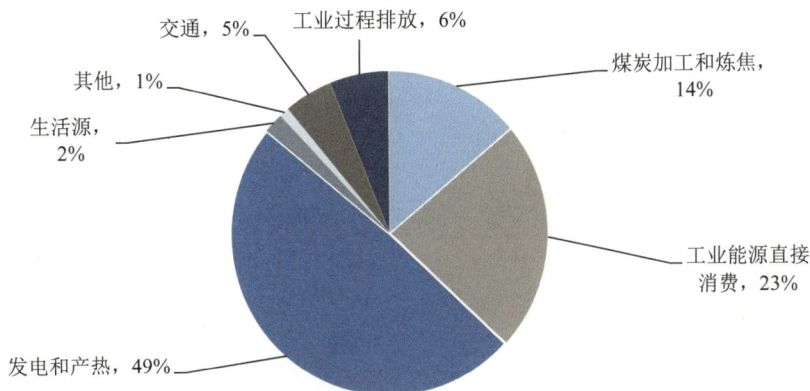

图 4-2 乌海市 2020 年碳排放终端部门占比

乌海市的能源消耗以燃煤为主,燃煤排放占产热和产电排放的 99% 以上。其中,燃煤供热的排放占总供热排放的 99.99%,燃煤发电排放占总发电排放的 99.86%。然而,从分产业来看,燃煤发电和燃煤过程主要集中于第二产业,第三产业的排放以石油为主,石油排放占第三产业排放的 68.54%(图 4-3)。

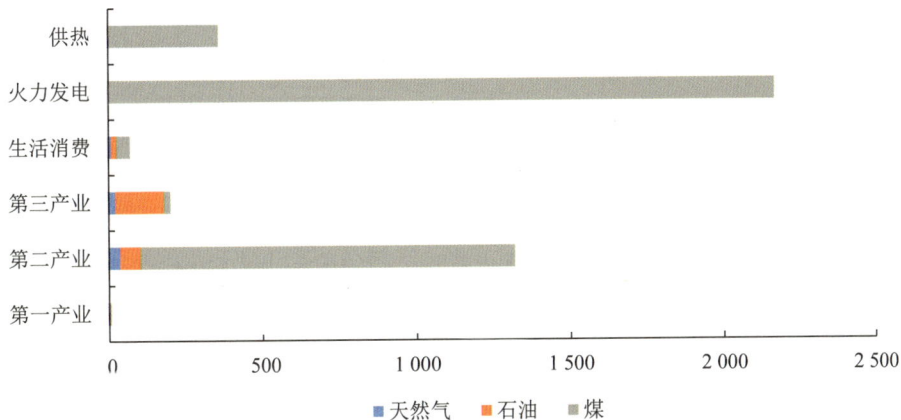

图 4-3 乌海市不同产业类型的能源消耗(万 t)

乌海市的燃烧碳排放主要来自制造业,而制造业中排放占比最大的是石油加工、炼焦和核燃料加工业及化学原料和化学制品制造业(图 4-4)。除燃烧碳排放外,乌海市 2017 年产生了 270 万 t 的水泥生产过程排放,在内蒙古控煤减碳的重要战略下,乌海市的制造业和水泥生产将大受桎梏。因此,乌海市的炼焦、化学制品制造和水泥生产作为重要的耗能部门,在内蒙古的减排行动中将率先受影响。

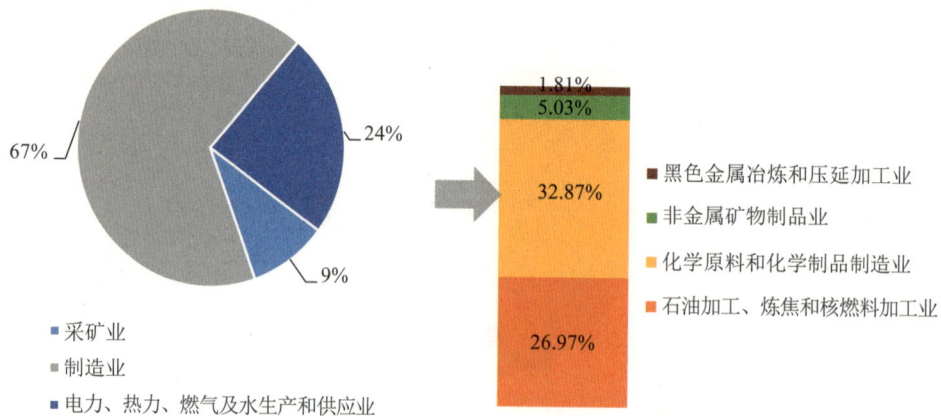

图 4-4　乌海市工业部门能耗占比

2019 年，乌海市的钢铁产量（包括铁合金、生铁、铸铁件）为 158.9 万 t，占内蒙古自治区总产量（2 563.7 万 t）的 6.20%；平板玻璃产量为 428.68 万重量箱，占内蒙古自治区总产量（992.6 万重量箱）的 43.19%；发电量为 200.34 亿 kW·h，占内蒙古自治区总发电量（5 495.1 亿 kW·h）的 3.65%；水泥产量为 160.41 万 t，占内蒙古自治区水泥总产量（3 265.9 万 t）的 4.91%。乌海市的钢铁、燃煤发电等行业的人均产量与内蒙古自治区相似。值得注意的是，乌海市的城市化率达 95% 以上，因此其农业排放较不显著。

水泥行业的耗能主要来自烧成系统时的煤耗和生料、水泥粉磨时的电耗，因此乌海市的行业减排将主要依靠寻求清洁燃料、构建清洁电力结构，这也是内蒙古自治区能源和减排工作的重点任务之一。此外，乌海市也是内蒙古自治区较为重要的钢铁产地，其氢能炼钢生产线也将为内蒙古自治区钢铁减排起到重要的示范作用。然而需要注意的是，电石行业的排放主要源自工业过程排放，乌海市的电石行业减排将依赖清洁燃料和清洁电力结构之外的技术，因此将面临较大的挑战。

从排放强度来看，与乌海市排放强度相似的城市包括银川、吴忠、哈密、临汾、嘉峪关、石嘴山、七台河等，与乌海市人均排放相似的城市包括鄂尔多斯、石嘴山、嘉峪关、阿拉善、克拉玛依、昌吉等，与乌海市人均地区生产总值相似的城市包括南昌、芜湖、大连等，与乌海市地区生产总值相似的工业城市包括石嘴山、吴忠、哈密、酒泉等。

综上所述，乌海市碳排放仍将刚性增长，会面临结构性碳锁定效应。乌海市的经济社会尚处于工业化阶段，经济发展水平偏低，未来随着经济发展、人口增长等，其碳排放仍将呈增长趋势。对标内蒙古自治区碳强度下降的目标任务，乌海市面临着还欠账、赶进度、控总量、降强度的多重压力。全市钢铁、建材、化工等六大高耗能行业的碳排放占全区排放总量的 80%；能源结构"一煤独大"问题突出，煤炭消费占比高出全国平均水平 25.2 个百分点，导致单位能源（吨标准煤）消费的碳排放高达 2.29 t。乌海市的产业和能源结构在短期内难有较大转变，高能耗、高碳化发展路径依赖明显，控温降碳面临较大结构性压力。

第四节　碳达峰路径规划情景

一、碳排放分析模型构建

根据乌海市的产业结构和特征，本章搭建了适宜乌海市碳排放预测分析的 LEAP 模型，主要分为四大模块——终端能源消费、能源转换、资源、非能源排放（图 4-5）。其中，终端能源消费模块包括工业、农业、交通、居民生活消费和商业部分，能源转换模块包括电力生产（煤电、油电、气电及可再生能源发电）、炼焦、采矿与洗选、热力生产，资源模块包括一次能源和二次能源的进出口，非能源排放模块主要包括水泥生产的工业过程排放。

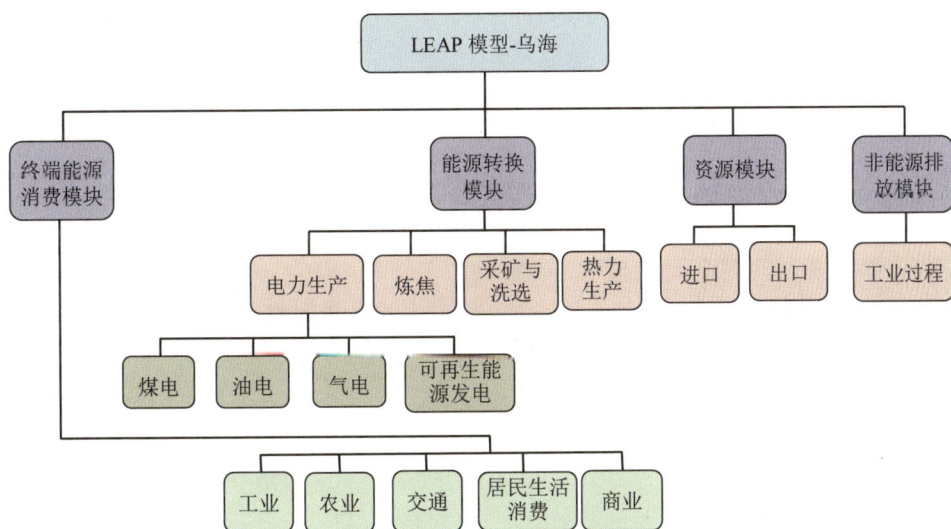

图 4-5　LEAP 模型框架结构

二、碳排放情景设置

表 4-1 总结了乌海市所采用的 4 种情景及其对应的关键参数和设定依据。基准情景中综合考虑了城市未来发展的基本情况，其中人口、城市化率、地区生产总值等城市发展的基本参数在 4 种情景中均保持统一，设定依据是经济发展规划目标、人口增长模型、相近城市发展轨迹参照等方法。基准情景同时考虑了社会经济发展的基本规律，如第二产业比例的提升、能源利用效率的提升等。在基准情景的基础上，3 种低碳情景对这些关键性的参数进行了强化设置，设定依据包括参考传统工业城市实现快速转型的轨迹、对比现有能源生产利用技术与国际先进技术的差距、能源结构水平调整的最大潜力等。乌海市碳排放情景参数设置见表 4-2。

表 4-1　乌海市碳排放情景设置及对应的关键参数和设定依据

	情景	关键参数	设定依据
基准情景		人口、城市化率、地区生产总值等	依照经济发展规划目标、人口增长模型、相近城市发展轨迹参照等方法
低碳情景	1. 产业结构调整	第一、第二、第三产业占比	结合现有产业结构调整规划，参照传统工业城市实现转型的轨迹
	2. 产业结构调整+能效提升	制造业、交通、生活、电力生产等的能源利用效率	对比现有能源生产利用技术与国际先进技术的差距
	3. 产业结构调整+能效提升+能源结构调整	工业、交通、建筑等部门的能源消费结构，可再生能源发电比例	结合可再生能源建设规划、能源结构水平调整最大潜力等

表 4-2　乌海市碳排放情景参数设置

年份	人口/万人	城市化率/%	地区生产总值/亿元	第二产业占比-基准/%	第二产业占比-产业结构调整/%
2020	55.66	95.37	563.14	64.5	64.5
2025	56.85	95.86	753.61	59.8	55.5
2030	57.90	96.32	1 008.50	56.3	47.8
2035	58.43	96.74	1 287.13	52.8	41.1
2040	58.96	97.14	1 642.74	49.3	35.4

年份	人口/万人	城市化率/%	地区生产总值/亿元	第二产业占比-基准/%	第二产业占比-产业结构调整/%
2045	58.98	97.52	1 998.64	45.8	30.5
2050	59.01	97.90	2 431.65	42.3	26.2
2055	58.79	98.27	2 818.95	38.8	22.6
2060	58.57	98.65	3 267.94	35.3	19.4

三、未来碳排放情景预测分析

本章模拟了不同情景下乌海市 2020—2060 年的 CO_2 排放趋势，其中 2020—2030 年作为碳达峰行动（重点讨论），2030—2060 年作为碳达峰行动到碳中和目标的实现图景。情景设置包括冻结外推情景（假设无"双碳"目标的政策约束，城市按照过去的普遍规律进行经济发展，无实际含义，仅以低碳行动分析为基线情景）和低碳情景（在"双碳"目标的政策约束下，乌海市采取一系列的措施使城市的发展面向低碳方向）。其中，低碳情景按照所实现的低碳路径分为 3 种：产业结构调整、产业结构调整+能效提升、产业结构调整+能效提升+能源结构调整。这 3 种低碳情景之间的关系为层层递进，产业结构调整（提升第三产业比例，降低第二产业比例）属于经济发展结构上的宏观调整，本身属于城市发展的普遍趋势；能效提升（如制造业、交通、生活、电力生产的能源利用效率）是能源利用的一般规律，在节能的同时也会带来一定的经济收益；能源结构调整主要是"双碳"目标政策要求下的产物，传统化石能源向可再生能源转变的过程中会遇到一定的阻力，需要经历一定的"阵痛"。产业结构调整、能效提升、能源结构调整都是城市实现碳达峰碳中和的重要途径，本章采取层层递进的情景设置以识别 3 种情景在低碳发展情景中的贡献比例。

从碳达峰的时间来看，在冻结外推情景下乌海市的碳排放会继续增长，在 2050 年将超过 1 亿 t；若采取产业结构调整的措施，大力发展第二产业，尽可能降低第二产业的比例，可将达峰时间提前到 2050 年前后，但仍然与国家提出的 2030 年前实现碳达峰的目标存在差距；若再进一步采取能效提升的措施，达峰时间可提前到 2040 年前后；如果加上能源结构调整的措施，2030 年前后即可达峰。总体来看，乌海市碳达峰的贡献主要来源于产业结构调整和能效提升技术。如果从最终实现碳中和目标的视角来看，4 种情景之间的差异将更加明显。在冻结外推情景下，乌海市的碳排放持续上升，越来越背离碳中和的目标；而仅依靠产业结构调整的措施，2060 年的碳排放水平将超过目前的碳排放水平；采取能效提升措施后，2060 年的净排放将进一步降低；而综合考虑 3 种减排措施后，将达到近零排放，剩余的碳排放可以通过 CCUS 技术、农林碳汇等进行抵消，最终实现碳中和。可见，如果仅将政策目标着眼于碳达峰，能源结构调整（电气化、发展风光等可再生能源）的作用较为有限，但其从碳中和的目标来看却是不可或缺的重要一环。

四、重点行业碳排放预测分析

（一）电力行业碳达峰路径分析

乌海市的电力生产以火电为主，火力发电占全市总发电量的 94.97%。一次能源消费以煤炭为主。各类石油制品、天然气完全依赖调入，太阳能、水能等可再生能源生产尚未形成规模。截至 2019 年年底，全市电力装机容量为 4 153.2 MW，其中火电装机容量为 3 606 MW，可再生能源装机容量为 547.2 MW。可再生能源装机容量占总装机容量的比重由 2017 年的 10.8% 提高到 13.18%，可再生能源发电量占总发电量的比重由 2017 年的 2.7%（5.05 亿 kW·h）提高到 5.03%。

乌海市终端能源消费转向电气化的趋势不明显。从能源消费品种来看，电力和煤炭是最主要的两类能源。2011—2020 年，电力的消耗量占比整体呈增长趋势，煤炭的消耗量占比整体呈上升趋势，天然气、热力消费量占比整体呈较弱的上升趋势，石油消费量占比较为稳定。

乌海市的发电基本自产自用。全市发电量波动上升，其增速在 2010 年以后有所放缓。从能源最终消费侧来看，电力和煤炭是最主要的两类能源。根据图 4-6 所示，乌海市的用电量自 2001 年后持续上涨，2015 年后增速明显加快。综合乌海市的用电量及发电量可以判定，2010 年前乌海市为电力输出城市，2010—2015 年乌海市的电力基本自发自用，2016 年以后使用的外调电力比例开始增加，2019 年高达 11%，2020 年乌海市调入电力为 13.88 亿 kW·h（占用总电量的 6%）。

图 4-6 乌海市发电量、用电量及外调电力占比变化趋势

电力部门是乌海市主要的碳排放来源之一，占比达 49%。将电力部门碳排放量进一步分解可知，火力发电的碳排放中来自煤炭的排放量达 99.7%。乌海市的火力发电企业有北方联合电力有限责任公司乌海热电厂、内蒙古京海煤矸石发电有限责任公司、内蒙古蒙华海勃湾发电有限责任公司、内蒙古蒙电华能热电股份有限公司乌海发电厂、内蒙古君正能源化工集团股份有限公司、内蒙古华电乌达热电有限公司、国家能源集团煤焦化有限责任公司西来峰分公司发电厂，另外还有若干家自备发电厂，能源工业排放主要来自这些发电厂。

相较于全国平均水平，乌海市电力部门的碳排放强度过高。2016—2019 年，乌海市全社会用电量一直保持增长趋势，发电量也保持增长趋势，但是用电量的增长幅度大于发电量的增长幅度，导致 2016—2018 年电力调出排放逐年减少，2019 年转变为电力调入排放。

2017 年，乌海市电力部门的排放强度为 9.88 万 t/（亿 kW·h），略低于（-6.3%）内蒙古自治区均值，而内蒙古自治区的电力排放强度高于全国均值，2014 年前下降明显，2014 年后趋于稳定（图 4-7）。与中原城市相比，乌海市的碳排放强度处于中游水平。考虑到乌海市电力部门的碳排放占比较大，与类似的城市相比，乌海市的电力排放强度较低。

（a）全国电力部门碳排放强度

（b）内蒙古电力部门碳排放强度

（c）乌海市电力部门碳排放强度

图 4-7　乌海市电力部门碳排放强度及与全国、内蒙古平均水平比较

从内蒙古全区范围来看，乌海市的火电能效水平较高。2010 年以前，乌海市的火力发电效率在 380 g 标准煤/（kW·h）左右；2010—2016 年，降至 350 g 标准煤/（kW·h）以下，最低可达 318 g 标准煤/（kW·h）（2011 年）；2017 年，出现剧烈反弹（图 4-8）。

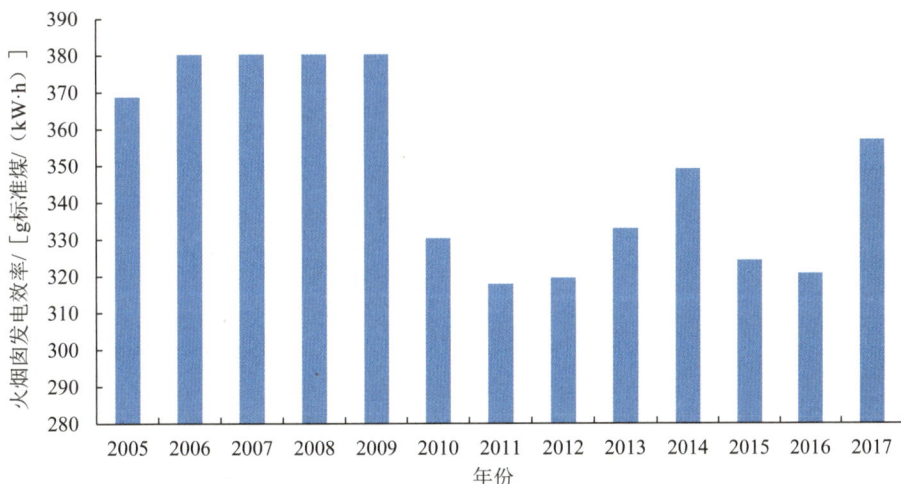

图 4-8　乌海市火力发电效率

通过对乌海市现有火力发电机组的进一步摸排，该市单位装机的碳排放量高于平均值的机组多为装机规模小、投产年份早的机组。2020 年，乌海市在运行的火力发电机组共 25 个，其中包括 8 个自备电厂机组。整体来看，机组装机容量不大，最大的为 330 MW，隶属海勃湾发电厂及内蒙古京海煤矸石发电有限责任公司；最小的为 6 MW，为乌海市包钢万腾钢铁有限责任公司千峰电力分公司自备发电机组，该机组于 2023 年关停。

在新能源技术发展方面，乌海市转向使用清洁能源的政策宣示较为明确，积极发展应用多种清洁能源，有效替代传统高碳能源，强化煤炭清洁高效利用，与产业低碳转型的宏观降碳形成有效补充，助力打造"现代优质能源城市"（表 4-3）。近年来，乌海市编制了《乌海市城市总体规划（2011—2030 年）》（2020 年局部修改）、《煤炭工业发展"十四五"规划》、《电网"十四五"规划》、《乌海市现代能源经济发展规划（2020—2035 年）》、《乌海市氢能产业发展规划》等一批专项规划，理顺了煤炭、电力、天然气、石油等各项工作。

表 4-3　乌海市现有与能源相关的规划

指标	2025 年	2030 年	2035 年	规划来源
能源总装机容量/MW		4 560		《乌海市城市总体规划（2011—2030 年）》（2020 年局部修改）
可再生能源年发电量/（亿 kW·h）	15		62	《乌海市氢能产业发展规划》
可再生能源年上网电量/（亿 kW·h）	4		22	
可再生能源装机容量/MW	1 800		5 000	《乌海市现代能源经济发展规划（2020—2035 年）》
新建集中开发式光伏发电装机容量/MW	800		1 000	
新建分布式光伏装机容量/MW	250		500	
新建风电装机容量/MW	200		500	
配套建设储能设施装机容量/MW	100		300	
煤电机组平均供电煤耗/[g/（kW·h）]			315	

　　在内蒙古这一风光资源大区中，乌海市的资源禀赋相对匮乏。内蒙古自治区党委书记在第十一次党代会上提出，到 2025 年新能源装机规模超过火电装机规模，2030 年新能源发电量超过火电发电量。新能源产业由单一发电卖电向全产业链条发展。目前，乌海市可再生能源发展目标仍有较大的提升潜力。

　　乌海市拥有丰富的光照和风能资源。乌海市的光照资源不仅丰富，而且分布较为均衡，属太阳能资源Ⅱ类地区，年日照时数在 3 200 h 左右，太阳能年水平面总辐照量达 1 702 kW·h/m²，直辐射为 2 228.65～2239.02 kW·h/m²，光照条件适于发展光伏发电。海勃湾区南部、海南区北部及乌达区东部的风资源较为丰富，100 m 高度年平均风速为 6.0～6.5 m/s，风功率密度为 220～280 W/m²。在乌海市建设光伏及风电电站有利于推动产业升级转型，调整以煤电为主导的产业结构，引领电价下降。目前，乌海市的风光基地建设开发方式有分散式和集中式两种，集中式对土地的需求量较大，由于乌海市行政区域狭小，风能开发受土地资源限制较大，风电发展空间较小。

　　乌海市电力部门的 CO_2 减排具有四大关键因素（表 4-4）：①外调清洁电力，就内蒙古自治区整体而言风光资源较为丰富，可再生能源发展较为先进，在全区电力结构较乌海市更为清洁的情况下，更多使用外调电力将降低电力部门排放；②调整电力结构，降低自发电中火电的比例，提高风光等清洁能源占比；③通过提升火电厂发电能效，在用电需求保持不变的情况下提高能源发电效率；④技术革新，使用新技术尤其是 CCUS 技术，有利于促进电力部门的零碳化，解决退役火电厂的减排难题。

表 4-4 电力部门减排关键因素

减排关键因素	具体途径
外调清洁电力	自发电比例下降，外调电力比例提升，外调电力排放因子持续下降
调整电力结构	降低自发电中火电（煤电）的比例，提高自发电中清洁能源占比
提高能源发电效率	火电能效逐步提升
技术革新	部署 CCUS，用火电排放的 CO_2 制作纳米碳酸钙

在这 4 种因素中，调整电力结构在电力部门减排过程中起着至关重要的作用。应按照未来可再生能源发展水平的不同，分别构建低可再生能源发展、中可再生能源发展、高可再生能源发展 3 种未来发展情景以进行碳达峰路径分析。

低可再生能源发展情景（图 4-9）下，在不限制新增煤电装机的情况下，2060 年前新煤电装机需求最高可达 11 400 MW。考虑到政策因素，新建煤电装机或需要在 2025 年前完成，假定分批新建 1 800 MW 煤电，在限制新增煤电装机的情况下，外调电力占比在 2030 年后急速上升，在 2050 年最高为 75%。

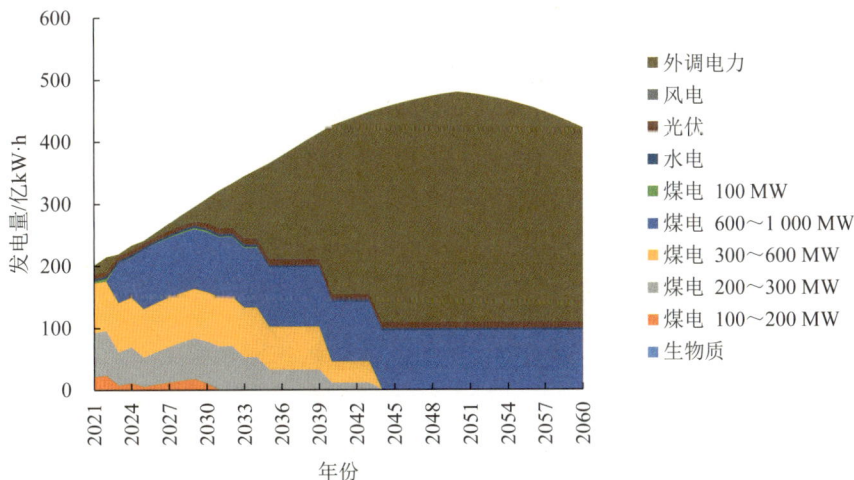

图 4-9 低可再生能源发展情景

中可再生能源发展情景（图4-10）下，200 MW以下机组在2030年前退役完毕。在煤电机组加速退役的情况下，2025年前煤电无法完全满足电力需求。可再生能源新建装机基本在2035年前完成。至2025年，光伏装机超过1 300 MW，风电装机超过200 MW；至2060年，光伏装机超过20 GW，风电装机超过2 GW。同时，需要通过外调电力补足电力需求缺口。

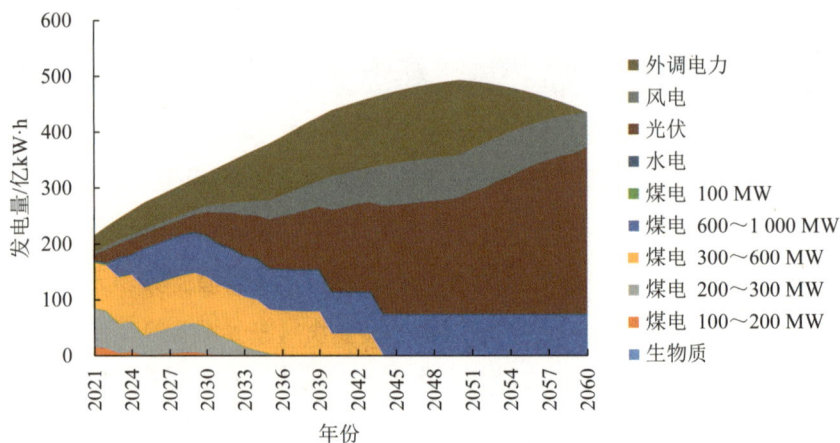

图4-10　中可再生能源发展情景

高可再生能源发展情景（图4-11）下，不依赖外调电力，2030年前可再生能源装机容量大幅上涨。至2030年，光伏装机超过14 000 MW，风电装机超过3 000 MW，是目前的31倍；至2060年，光伏装机超过23 GW，风电装机超过3 GW。

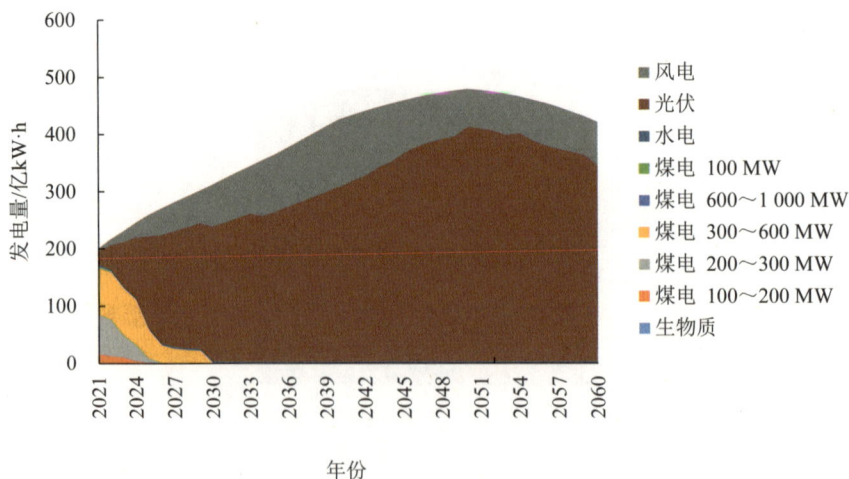

图4-11　高可再生能源发展情景

根据图 4-12,在不限制新增煤电的低可再生能源发展情景下,碳排放量到 2045 年才可达峰;在限制新增煤电并使用外调电力的低可再生能源发展情景下,电力行业排放可在 2030 年前后进入平台期;在中可再生能源发展情景下,碳排放达峰年份可提前到 2030 年,并且峰值排放量大幅减少,同时可以实现碳中和;在高可再生能源发展情景下,碳排放量将在 2025 年达峰。

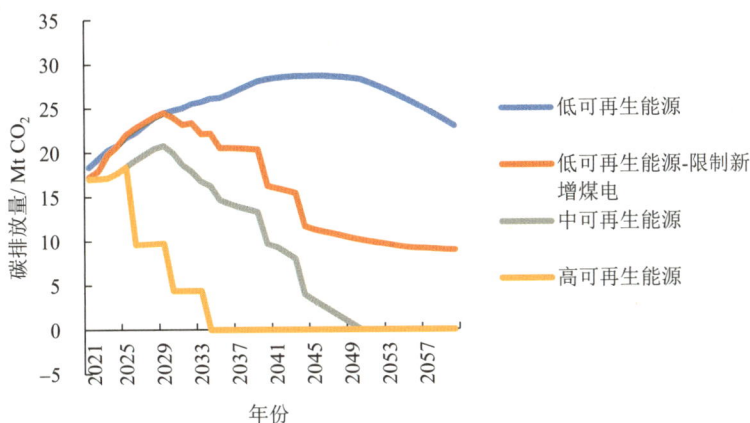

图 4-12 各情景下未来乌海市电力行业碳排放量

如图 4-13 所示,综合考虑乌海市可再生能源部署潜力及碳达峰需求,选定中可再生能源发展情景作为乌海市电力行业达峰路径,达峰年份为 2030 年。至 2040 年前后,CCUS 开始大规模部署。在这一过程中,整体电力需求将于 2050 年前后达峰,并于 2060 年达到 450 亿 kW·h 左右。

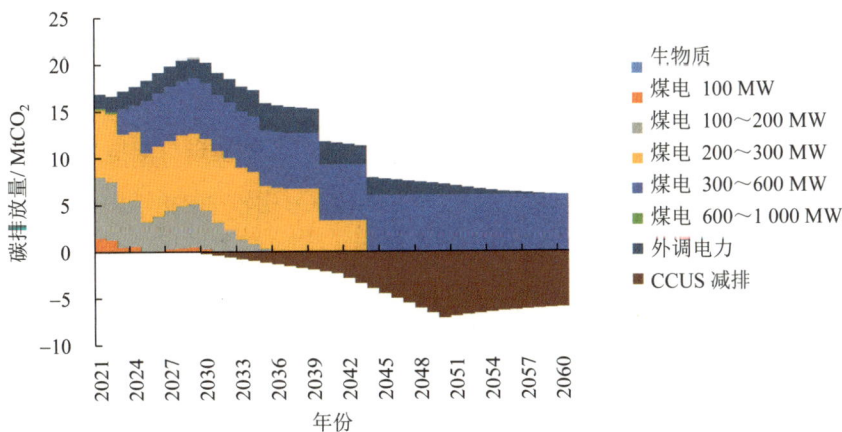

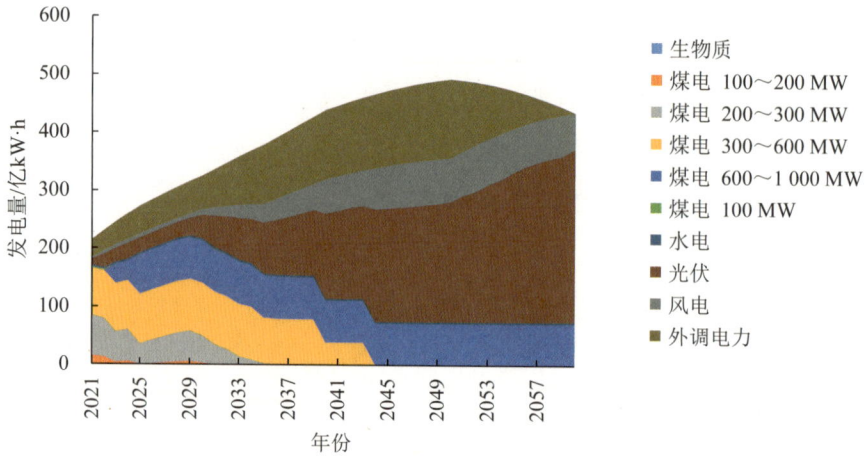

图 4-13　乌海市电力行业碳达峰路径

乌海市关键年份电力行业碳达峰路径主要指标见表 4-5。

表 4-5　乌海市关键年份电力行业碳达峰路径主要指标

指标	2020 年	2025 年	2030 年
可再生能源年发电量占比/%	5.03	13	17
煤电发电量占比/%	94.97	70	65
光伏发电装机容量/MW	—	>1 300	>1 500
风电装机容量/MW	—	>200	>400

（二）钢铁行业碳达峰路径分析

钢铁行业是高排放、高耗能的典型行业，也是乌海市实现"双碳"目标的重点行业。2020 年，乌海市的钢材产量达到 205.43 万 t，相较 2019 年增长了 176.4%。从乌海市钢材和生铁产量的历史变化趋势（图 4-14）可以看出，近几年乌海市实现了钢铁产量的迅速增长，钢铁行业每年的碳排放约为 462 万 t，约占全市总排放的 13%。钢铁行业是乌海市近几年中增长最突出的行业之一，严重影响了碳达峰的进程。

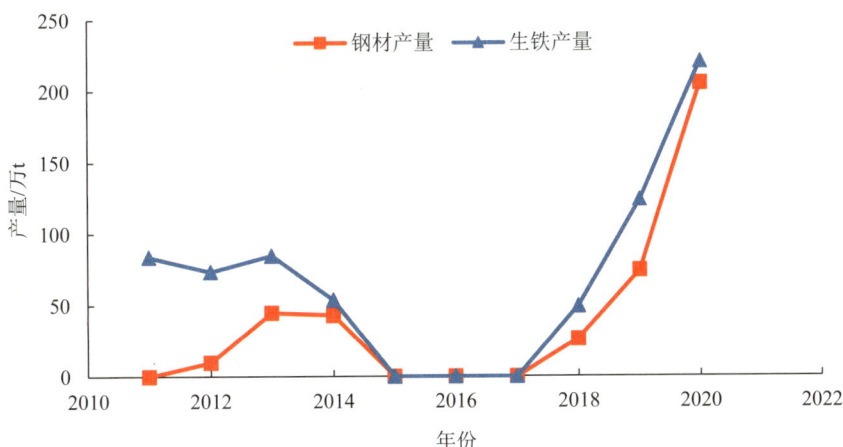

图 4-14 2010—2020 年乌海市钢材和生铁产量的历史变化趋势

值得注意的是，除了"高炉-转炉"钢铁生产工艺，氢冶金工艺已在乌海市开始发展。氢冶金工艺取消了烧结和焦化等高耗能和重污染工序，吨铁的综合能耗相较于传统高炉工艺降低了 60 kg 标准煤，并拥有 850 kW·h 的吨铁发电量，实现了负能冶炼。同时，SO_2 排放减少了 38%，NO_x 排放减少了 48%，PM 排放减少了 89%，碳排放降低了 30%。2021 年 4 月 12 日，氢基熔融还原高纯生铁生产线正式建成，标志着国内传统的"碳冶金"向新型的"氢冶金"转变的关键前沿技术已经被突破，同时也为乌海市未来成为钢铁行业碳中和示范基地打下了得天独厚的基础。

目前来讲，钢铁行业实现"双碳"目标主要依赖四类行动路径，包括产量管理、工业结构改善、能效提升技术和末端脱碳技术。其中，工业结构改善包括氢能炼钢和电炉生产工艺。但是，每类方案都有自身的约束条件，不能靠单一的技术选择完全实现钢铁行业的深度脱碳，需要多个技术方案协同助力钢铁行业最终实现零碳图景。本章基于 LEAP 模型计算了 3 个情景下的乌海市钢铁行业碳排放趋势。在基准情景下，乌海市钢铁行业的碳排放将会持续上升；在采取严格的产量控制措施后，钢铁行业碳排放将于 2024 年达峰；进一步采取能效提升措施，达峰时间依旧在 2024 年，但峰值会减少；当进一步利用"氢冶金+电炉"生产工艺替代高炉产能时，在 2024 年前的碳排放趋势差异较小，但 2035 年的碳排放可大幅降低。这是由于目前氢冶金技术还处于中试阶段，氢气能够替代焦炭的比例较低，短期内对碳减排的贡献有限。

（三）水泥行业碳达峰路径分析

建材行业 2016—2019 年的排放量基本没有变化，主要的排放来源是水泥生产企业。建材行业的碳排放量与水泥企业产品的产量呈正相关关系。

水泥生产过程中的 CO_2 排放主要源于熟料生产过程，其中石灰石煅烧产生生石灰的过程所排放的 CO_2 占全生产过程碳排放总量的 55%～70%；高温煅烧过程燃烧燃料产生的 CO_2 占全生产过程碳排放总量的 25%～40%。

2020 年，乌海市的水泥产量是 167 万 t，硅酸盐水泥熟料的产量是 507.8 万 t，相较 2019 年分别增长了 4.1% 和 19.2%。基于文献中水泥企业的实地调研数据（表 4-6）和乌海市水泥熟料生产量数据，计算得出乌海市 2020 年水泥行业的碳排放量为 448.8 万 t。

表 4-6　水泥企业各环节能耗及过程排放系数

能耗及排放种类		生料破碎与粉磨	煤炭粉磨	预热分解与熟料烧成	水泥粉磨	水泥包装	全过程
能耗	热耗/（kg 标准煤/t.cl）	—	—	103.305 5	—	—	103.305 5
	电力消耗/（kW·h/t.cl）	15.638 3	2.986 5	23.044 5	28.214 3	0.861 2	70.744 8
过程排放	碳酸盐分解/（t/t.cl）			0.538 8			0.538 8

水泥行业碳减排措施包括需求减量、结构调整、能效提升与节能、原料及燃料替代、末端脱碳（CCUS 技术）五大类（图 4-15）。

水泥行业碳排放达峰的首要措施是产能控制和需求减量，在此基础上可以通过能效提升、原料及燃料替代等方式进一步降低碳排放。能效提升包括余热利用、粉磨新技术、高能效烧成系统等措施，原料及燃料替代包括电石渣等工业废渣替代、水泥窑协同处置城市生活垃圾、减少燃煤用量、使用清洁燃料替代等措施。

乌海市水泥行业的碳达峰主要依赖严控产量。在严格落实《水泥玻璃行业产能置换实施办法》、通过产能置换严禁新上扩大产能项目的情况下，预计 2023 年即可实现碳达峰；如果进一步实施能效提升和燃料及原料替代措施，可将峰值进一步压低（图 4-16）。

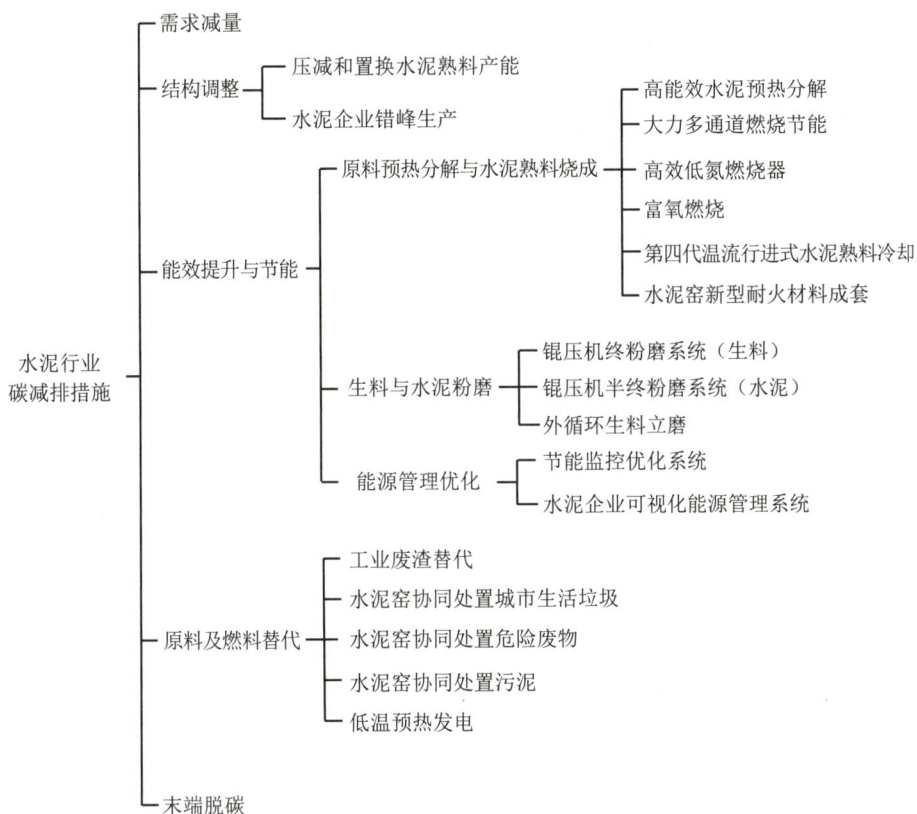

图 4-15 水泥行业碳减排措施

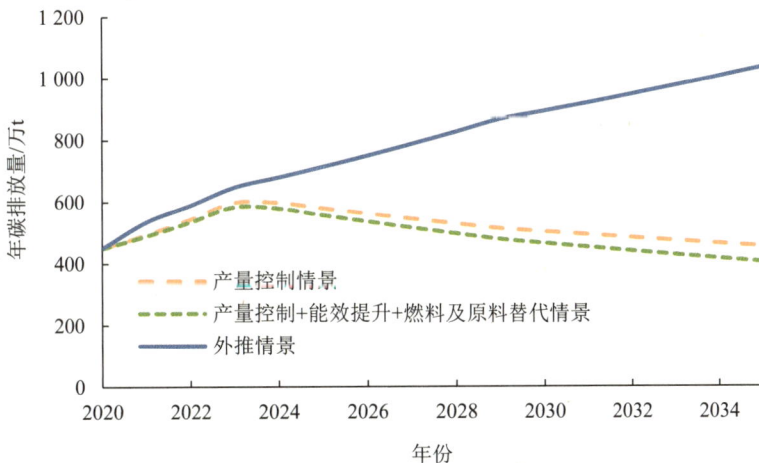

图 4-16 水泥行业碳达峰趋势预测

在具体技术和措施方面，参考《国家重点节能低碳技术推广目录》、《水泥行业"十三五"煤控中期评估及后期展望》及文献《中国水泥行业节能减排措施的协同控制效应评估研究》等，水泥行业节能减排措施技术如表 4-7 所示，包含市场占比及预测、成本、碳减排效果等信息。

表 4-7　水泥行业节能减排措施

分类/环节		措施名称	市场占比/%（2025 年数据为估计值）		节约标准煤量/（kg 标准煤/t.cl）	节电量/（kW·h/t.cl）	单位熟料成本/（元/t.cl）	减排系数 CO₂/（g/t.cl）
			2015 年	2025 年				
需求减量		水泥需求减量	—	10	103.31	70.74	0	868 559
结构调整		压减和置换水泥熟料产能	—	—	37.31	25.55	−40.17	657 903
		水泥企业错峰生产	—	—	103.31	70.74	0	545 272
能效提升与节能	原料预热分解与水泥熟料烧成	高能效水泥预热分解	0.5	30.0	4.00	3.00	−1.86	12 933
		大力多通道燃烧节能	20.0	60.0	3.60	0.00	−3.00	9 926
		高效低氮燃烧器	10.0	80.0	0.95	—	−0.43	2 619
		富氧燃烧	1.0	15.0	7.79	7.84	−8.18	26 456
		第四代温流行进式水泥熟料冷却	30.0	60.0	3.52	2.00	−1.42	10 975
		水泥窑新型耐火材料成套	0	10.0	8.00	8.00	−11.00	27 137
	生料与水泥粉磨	辊压机终粉磨系统（生料）	20.0	65.0	—	17.67	−6.12	11 220
		辊压机半终粉磨系统（水泥）	20.0	65.0	—	21.21	−7.80	13 468
		外循环生料立磨	10.0	20.0	—	7.00	−2.42	4 445
	能源管理优化	节能监控优化系统	1.5	20.0	9.22	6.32	−6.92	29 442
		水泥企业可视化能源管理系统	0	10.0	—	16.47	−10.00	10 458
原料及燃料替代		工业废渣替代	2.0	3.0	20.66	−1.94	−13.39	55 731
		水泥窑协同处置城市生活垃圾	2.0	10.0	4.65	−4.00	2.40	10 281
		水泥窑协同处置危险废物	2.0	12.0	4.20	−3.00	−4.15	9 695
		水泥窑协同处置污泥	2.0	8.0	6.00	−9.60	29.29	10 447
		低温预热发电	65.0	95.0		33.00	−15.37	559 766
末端脱碳		水泥 CCUS	0	1.0	—	−0.47	−2.66	26 440
		水泥 CCS	0	0.5	—	−0.47	6.50	26 440

（四）化工行业碳达峰路径分析

根据 2020 年乌海市统计公报，乌海市化工行业的主要产品包括烧碱、电石、精甲醇、化学农药原药等，上述产品的产量如表 4-8 所示。

表 4-8　乌海市化工行业主要产品产量

指　　标	2019 年	2020 年	2020 年增长/%
烧碱/万 t	68.39	66.2	−3.2
电石/万 t	229.79	235.3	2.4
精甲醇/万 t	21.74	21.63	−0.5
化学农药原药/万 t	3.48	3.63	4.3

目前，乌海市化工产品产量增速较缓，但碳排放量在工业排放中的占比较大，化学原料和化学制品制造业的耗能占工业总耗能的 32.87%。在化工行业中，电石是典型的高能耗、高排放产业。电石生产是强吸热反应，需要消耗大量的电，电力成本约占总生产成本的 40%，同时原料生石灰在煅烧过程中也会排放大量的 CO_2，整个工艺过程属于高能耗、高排放。电石行业是乌海市化学工业的主要行业，本书以其为代表进行碳达峰路径分析。乌海市有大量的电石生产企业，电石产量直接影响到化工行业的排放量。

基于文献数据[24]，电石生产过程的燃料消耗、电力消耗、过程排放系数等数据如表 4-9 所示。

表 4-9　电石生产过程的碳排放情况

过程	工艺选择	燃料消耗/（kg 标准煤/t）	电力消耗/（kW·h/t）	过程排放系数/（t CO_2/t）
原料准备	竖窑	173	17.9	0.786
	燃气窑	206.3	43.6	0.786
	回转窑	156.1	39.7	0.786
电石加工	开放式电石炉	690	3 795	0.005
	半密闭电石炉	690	3 306	0.005
	全封闭电石炉	690	3 254	0.005

过程	工艺选择	燃料消耗/ （kg 标准煤/t）	电力消耗/ （kW·h/t）	过程排放系数/ （t CO$_2$/t）
	火炬	0	0	0.564
电石炉气处理	余热锅炉燃料	−73.4	0	0.564
	石灰窑燃料	−73.4	0	0.564

2020 年，乌海市的电石产量是 235.3 万 t，相较 2019 年增长了 2.4%。以表 4-9 中工艺选择的高排放值为基准，计算得出乌海市 2020 年电石生产对应的碳排放约为 572.6 万 t。在严控产能的前提下，电石行业的碳排放已进入平台期，未来可通过能效提升及使用绿电等措施进一步减排，为实现碳中和目标做好准备（图 4-17）。

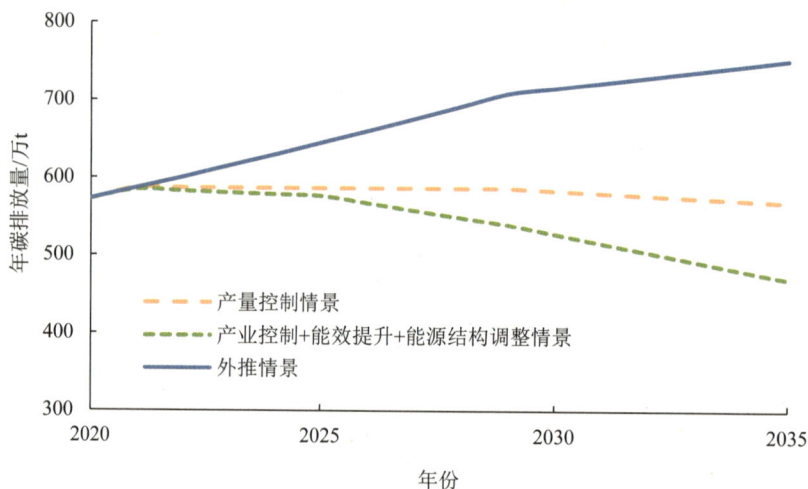

图 4-17　电石行业碳达峰趋势预测

（五）煤焦行业碳达峰路径分析

煤焦行业包括煤炭开采（生产原煤）、煤炭洗选（生产洗精煤）、炼焦（生产焦炭）等环节。乌海市是国家重要的煤焦化基地。通过数据分析可以看出，该市的原煤、洗精煤和焦炭产量在 2017 年之后增长较为迅速。2020 年，乌海市的原煤产量为 5 249.11 万 t，同比增长 8.0%；洗精煤产量为 2 552.81 万 t，同比增长 10.1%；焦炭产量为 1 579.12 万 t，同比增长 8.6%。

乌海市煤炭开采行业每年排放的 CO_2 约为 98 万 t，煤炭洗选行业每年排放的 CO_2 约为 22 万 t，炼焦行业每年排放的 CO_2 约为 609 万 t，煤焦行业合计每年的碳排放为 729 万 t，约占全市碳排放总量的 19%。尤其是炼焦行业属于高排放和高耗能的重点行业。根据《乌海市国民经济和社会发展第十四个五年规划和 2035 年远景目标纲要》的要求，乌海市将按照"升级存量、做优增量、严控总量"和"以焦为基、以化为主、以化领焦"的整体思路，持续推进焦化企业整合重组，实现单体规模达 300 万 t 以上，力争建成 2 家 500 万 t 以上企业，提高产业集中集聚发展水平。

基于 LEAP 模型计算的 3 种情景下乌海市煤焦行业碳排放趋势显示，在基准情景下，乌海市煤焦行业的碳排放会持续上升至 2022 年，之后保持不变；当采取严格的产量控制措施后，煤焦行业于 2022 年实现碳达峰，之后迅速下降；进一步采取能效提升措施后，同样在 2022 年实现碳达峰，但峰值会更加降低。

（六）交通行业碳达峰路径分析

1. 交通行业现状

乌海市公交车运营路网的长度稳步提升，公交领域的清洁化进程不断加速。参考《乌海市统计年鉴》和《乌海市国民经济和社会发展统计公报》的数据，2012—2018 年乌海市公交车运营路网的长度从 2012 年的 894.5 km 稳步提升到 2018 年的 1 381 km（图4-18）。同时，为了进一步构建新能源产业基地，打造绿色交通体系，乌海市积极开展公交车清洁替代。2012—2018 年，乌海市的公交车数量维持在 360~400 辆，在 2019 年达到 423 辆，其中天然气公交车 188 辆、新能源公交车 135 辆、氢能公交车 50 辆。未来，预计将进一步增加公共交通的清洁能源比重。

机动车保有量稳步增加，柴油消费占主导地位。参考《乌海市统计年鉴》和《乌海市国民经济和社会发展统计公报》的数据，2014—2019 年乌海市的机动车保有量呈稳步增加的趋势。2014—2018 年机动车保有量年均增长率稳定在 7% 左右，2018—2019 年机动车保有量显著提升，到 2019 年机动车保有量达到 23.85 万辆（图4-19）。在能源消费比例方面（图4-20），由乌海市 2017 年能源平衡表可知，柴油消费占交通行业能耗的一半以上，参考乌海市车辆能源使用类型，货运交通贡献了主要的柴油消费；同时，汽油消费占交通行业能耗的 32%，主要来源于载客汽车消费。

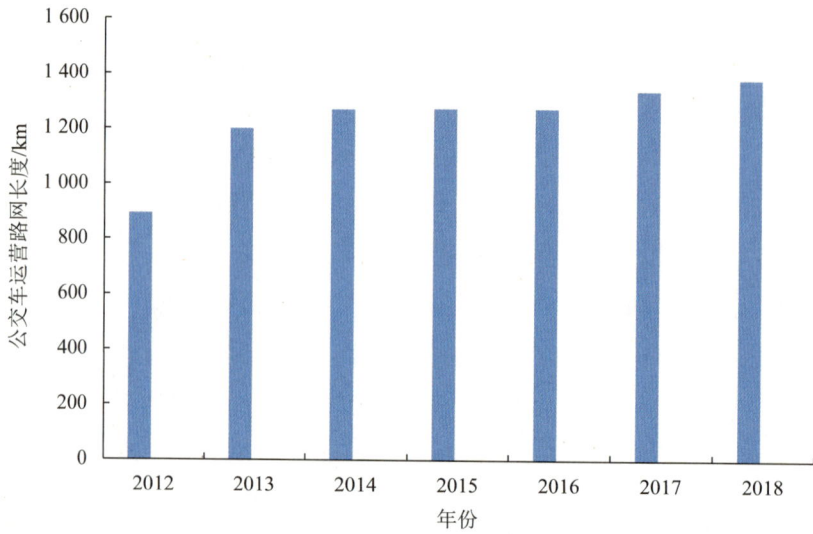

图 4-18　2012—2018 年乌海市公交车运营路网长度

图 4-19　2012—2019 年乌海市机动车保有量

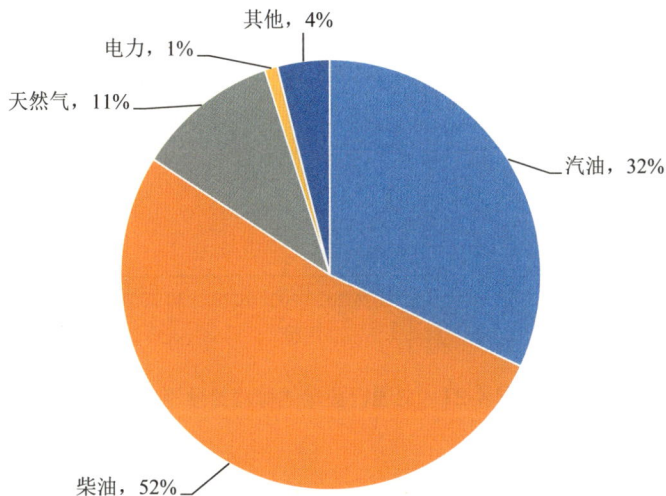

图 4-20　乌海市 2017 年交通行业能源消费比例

2. 交通行业碳达峰路径分析

　　乌海市交通行业实现碳达峰主要采取能效提升和能源结构调整两方面措施。一方面，机动车提升能源效率从而降低能耗是未来交通行业技术进步的必由之路。2030—2035 年，乌海市交通行业的能效提升预计将达 5%～10%。另一方面，乌海市作为工业城市，货运是其交通行业柴油消费的主要来源。在碳达峰目标下，乌海市逐渐增加了对新能源产业的布局，旨在通过能源结构调整实现交通行业达峰。2020 年，内蒙古自治区和乌海市分别发布了《内蒙古自治区关于加快重点领域新能源车辆推广应用实施方案》（送审稿）和《乌海市氢能产业发展规划》。因此，基于自治区政策和城市产业规划的大背景，同时考虑居民对于交通出行需求的日益增加及各类机动车电气化技术突破和推广的时间成本，到 2025 年乌海市交通行业电力消费比重有望达到 7.5%，到 2030 年将达到约 24%。

　　综上所述，如果不采取任何措施，乌海市交通行业碳排放到 2035 年之后将依旧持续增长；在采取能效提升措施的背景下，乌海市交通行业有望在 2030 年实现碳达峰；如果在能效提升措施的基础上继续通过调整产业结构实现交通清洁化转型，则乌海市交通行业有望提前至 2024 年实现碳达峰，且峰值会进一步压低（图 4-21）。

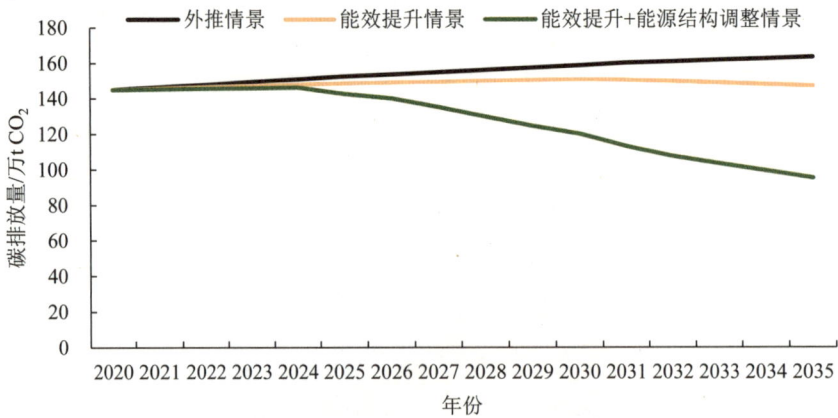

图 4-21　交通行业碳达峰趋势预测

（七）生活用能部门碳达峰路径分析

1. 生活用能部门人口数量

城市化率逐年提升，乡村人口逐渐减少。由《乌海市统计年鉴》可知，乌海市总人口从 2012 年的 54.84 万人增加到 2019 年的 56.61 万人（图 4-22）。其中，城镇人口增加了 2.06 万人，城市化率从 2012 年的 94.5%提升到 2019 年的 95.2%；乡村人口在 2012—2019 年约下降了 0.29 万人。

图 4-22　2012—2019 年生活用能部门人口数量

城镇居民用能以供热为主，乡村居民用能以煤炭为主。由 2019 年能源平衡表可知，乌海市 2019 年生活用能部门的能源消费共计 69.82 万 t 标准煤，其中城镇居民消费 64.26 万 t 标准煤，乡村居民消费 5.57 万 t 标准煤。对于城镇居民而言（图 4-23），供热消费占 57%，为主要能源消费类型；煤炭消费占 18%；供电、石油和天然气消费占比均小于 15%。对于乡村居民而言（图 4-24），主要能源消费类型为煤炭，占比 54%，石油和生物质消费分别占比 27% 和 17%。

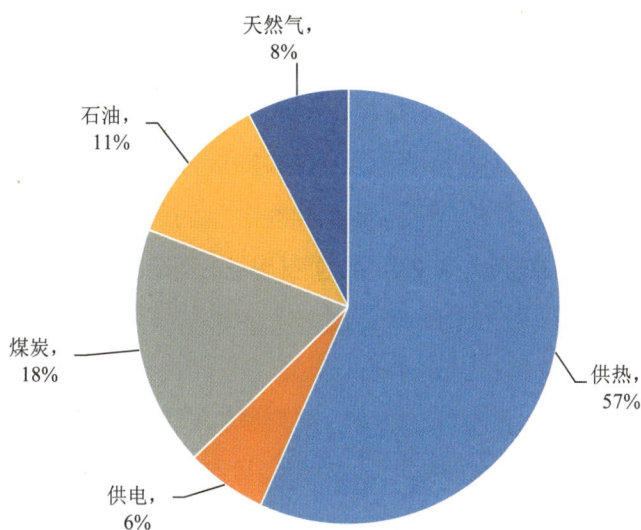

图 4-23　2019 年乌海市城镇居民用能结构

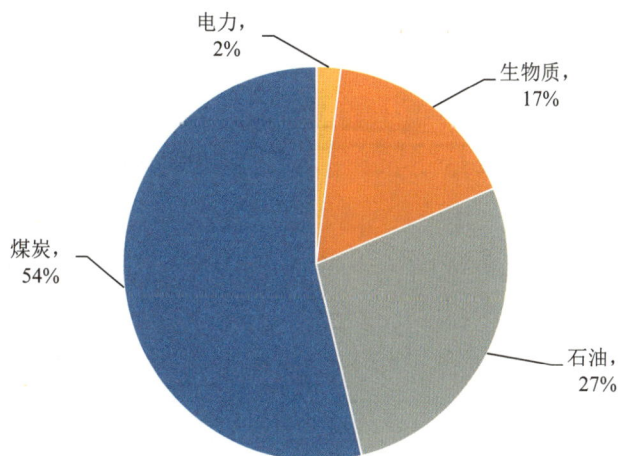

图 4-24　2019 年乌海市乡村居民用能结构

2. 生活用能部门碳达峰路径

乌海市生活用能部门实现碳达峰主要采取能效提升和能源结构调整两方面措施。一方面，生活用能部门能效提升主要体现在家用采暖炉、燃气具及空调等家用电器设备的更新换代和技术革新，从而使生活用能部门在同等生活需求下降低对能源的消耗。2025—2030 年，生活用能部门的能耗有望降低 2.5%～5%。另一方面，能源结构调整主要侧重于生活用能部门的电气化和清洁化转型。其中，城镇居民主要通过增加电力消费比例、降低煤炭和供热水平实现，乡村居民主要通过增加电力和生物质无污染燃料的运用来降低煤炭使用比例。对于城镇居民，其电力消费比重的提升速度明显快于乡村居民，到 2025 年有望提升到 17.8%；对于乡村居民，随着对秸秆、薪柴等高污染燃料的治理及其他无污染生物质颗粒燃料的应用，其使用生物质的比例有望进一步提升。同时，通过"煤改气"和"煤改电"等措施的实施，乡村将进一步减少散煤燃烧产生的高排放。预计到 2030 年，乡村居民的电力消费比重有望超过 5%。

综上所述，如果不采取任何措施，乌海市生活用能部门的碳排放到 2035 年之后依旧持续增长。根据图 4-25，在采取能效提升措施的背景下，乌海市生活用能部门有望在 2030 年实现碳达峰，而乌海市城镇居民碳排放到 2035 年仍持续增长；如果在采取能效提升措施的基础上继续调整产业结构，乌海市生活用能部门有望提前至2025 年实现碳达峰，且峰值会进一步压低。乌海市城镇居民在能效提升和能源结构调整的双重措施下，有望于 2028 年实现碳达峰（图 4-26）。另外，在城市化率提升的大背景下，乌海市乡村居民人口将逐渐减少，乡村居民的碳排放在 2020—2022 年平台期已经达峰，且在之后持续减少（图 4-27）。

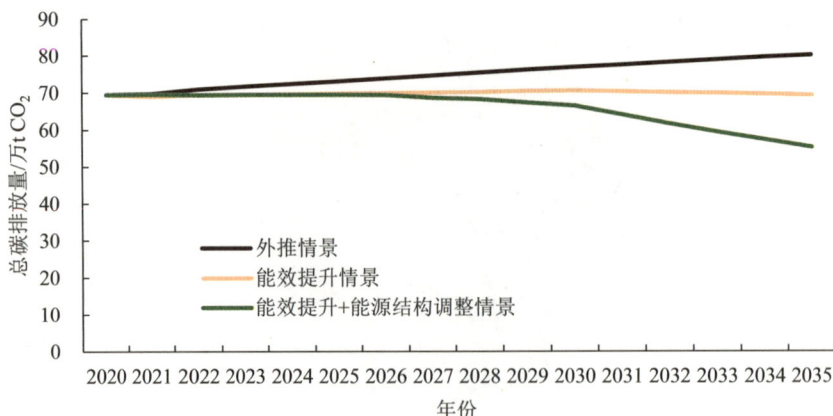

图 4-25　生活用能部门碳达峰总趋势预测

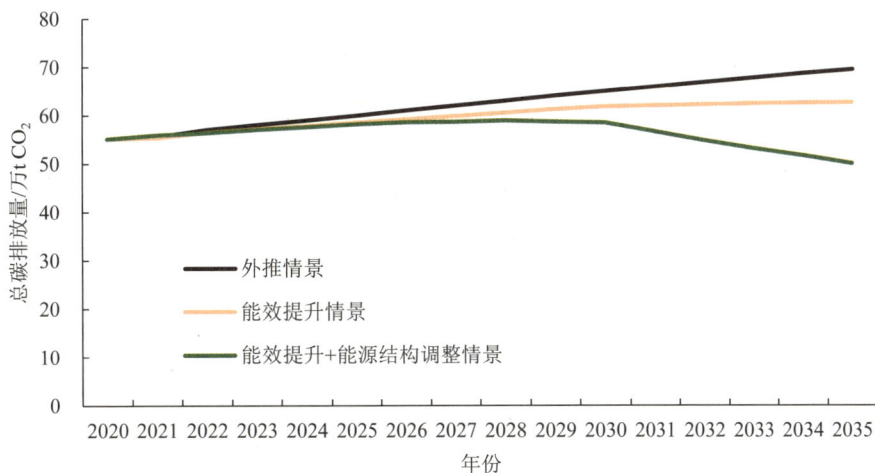

图 4-26　城镇居民部门碳达峰趋势预测

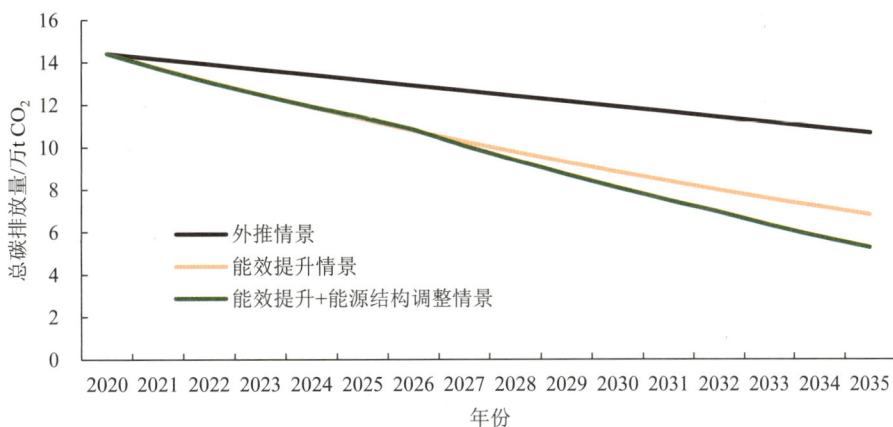

图 4-27　乡村居民部门碳达峰趋势预测

第五节　高碳城市碳达峰实施路径

乌海市积极通过产业结构调整平衡"双碳"目标下经济发展和碳减排之间的关系。作为以第二产业为主导的传统工业城市，乌海市在"双碳"目标下面临着较大的减排压力。而工业高耗能部门的减排压力在一定程度上增加了行业和企业成本，导致其经济发展速度放缓。因此，在"双碳"目标下，乌海市加快"新旧动能转换"

具有紧迫性和必要性，应通过在制造业中的非高耗能部门挖掘新增长点，实现该市第二产业的产业结构调整，从而促进工业实现低碳高质量发展。

坚持以焦为基、以化为主、以化领焦，坚定不移地推进焦化产业重组整合升级，鼓励引导企业关小上大、增量带动、合资合作，新建和改扩建焦炉高度全部达到6.25 m及以上，打造国家级绿色焦化产业基地。发挥头部经济、领军企业带动效应，推动焦炉煤气、粗苯、煤焦油等深加工链条向负极材料、特种炭黑等高附加值煤基新材料方向延伸，依托氯碱产业优势延伸发展下游高附加值产品，加快布局一批医药、农药、染料中间体等高端精细化工项目，构建关联紧密、耦合发展的高效循环经济产业链。推广运用新型反应、新型催化、中水回用等新技术，支持绿色产品、绿色工艺、污染物减排技术研发和科技成果转化。推动传统产业数字化改造，开展工业企业"上云用数赋智"行动，鼓励"5G+工业互联网"应用场景示范，推动煤矿矿井智能化选矸和矿井水处理，力促氯化等工艺配套装置实现自动化控制，建成一批智能工厂、智能车间。

装备制造业在"双碳"目标下应作为乌海市第二产业的"新动能"，推动其实现第二产业转型升级。创新招商方式，提升招商效率，聚焦产业链、产业集群精准招商，积极引进一批中国500强、民营500强企业，推动一批投入产出比高、带动作用大的产业转型项目落户乌海市。在"双碳"目标下，未来乌海市装备制造业应因地制宜加快发展专用设备制造业和汽车制造业。一方面，专用设备制造业以矿山机械、运输机械、能源机械等为重点开拓发展领域；另一方面，乌海市汽车制造业应积极融入乌海市氢能产业发展中。在龙头的带领下，加强与全国其他地区重点氢能企业的协同合作，掌握氢燃料电池的关键零部件、氢燃料电池汽车的电堆等核心零部件的生产技术，积极构建乌海市氢能产业集群。

乌海市第三产业目前总体发展较为缓慢。2020年，乌海市第三产业增加值为194.03亿元，同比下降4.2%，占地区生产总值的34.45%，而在新冠疫情影响下的内蒙古自治区第三产业增加值仅下降了0.9%。2019年，乌海市第三产业增加值为203.21亿元，同比增长3.1%，占地区生产总值的36.88%。"十三五"期间，乌海市的第三产业总量和比例均有所下降，且受新冠疫情影响相较内蒙古自治区总体而言更加严重。

乌海市对第三产业的发展进行了众多尝试。从总体来看，乌海市目前的金融行业发展较为缓慢，金融类存款逐年下降；旅游业缓慢上升，受新冠疫情影响较大；

快递业缓慢上升，这意味着居民购买力稳定上升；货运下降居多，增长困难。乌海市的证券交易在市内较受欢迎。

考虑到"十三五"期间乌海市快递量逐年增加，而第三产业总产值变动不大，乌海市要大力培育发展新业态、新模式，推动生产性服务业向专业化和价值链高端延伸、生活性服务业向高品质和多样化升级。积极发展空港物流和临港经济，举办通航嘉年华活动，探索构建通用航空短途运输航线网，推动通航和民航发展"两翼齐飞"。出台现代物流业高质量发展政策举措，建设现代智慧仓储物流和线上物流服务平台、智慧公路港，大力发展多式联运、"公转铁"，积极引导传统物流向"网络货运"转型，着力打造内蒙古自治区西部大宗商品物流枢纽。培育发展总部经济、数字经济、网店经济、会展经济。加快主城区商圈迭代升级，积极引进一批知名品牌，培育一批本土网店、网商，建设一批特色鲜明的旅游休闲街区、夜经济集聚区、商文旅综合体，构建"购物+美食+休闲"一体化复合型消费链条，持续打响"约惠乌海畅享生活"和"乌海有礼"公共品牌，着力打造内蒙古自治区西部区域消费集聚地。坚持全域全季、差异化高端化旅游发展定位，发挥"山、水、沙、城"独特景观优势，充分融入沿黄生态文化旅游廊道建设，培育特色葡萄酒庄等精品景区，推动乌海湖景区创建国家 5A 级景区、国家级旅游度假区。依托六五四"小三线"军工文化园等旅游资源，发展红色旅游、工业旅游，策划打造一批网红打卡地，创建旅游休闲城市和黄河流域旅游目的地城市。加强与周边地区资源共享和高水平战略合作，加快"航空+旅游""民宿+旅游"等特色旅游产品开发，推出文化旅游精品线路，持续打造"乌海十景"旅游品牌。强化旅游营销推介，推动文旅融合发展。

此外，乌海市的氢能等产业发展需吸引高质量人才，而高质量人才的涌入也将为乌海市的第三产业带来新机遇。通过大力发展平台经济、数字经济等新业态，促进生活性服务业提档升级，带动区域人流、物流、信息流、资金流集中集聚，乌海市第三产业将实现稳步增长。

、建设低碳能源体系

建设低碳能源体系是实现碳达峰的必由之路，需加快能源结构调整，坚持深化能源体制机制改革，着力提升能源绿色低碳发展水平，逐步从强度控制转变为实施碳排放总量和强度"双控"行动。

合理规划煤炭相关产业发展，严格控制煤炭总量，统筹煤电发展和保供调峰，新建机组煤耗标准需达到国际先进水平，着力淘汰相关产业中碳排放量大的落后产能和生产工艺。加快现役煤电机组节能升级和灵活性改造，稳步推进现役 60 万 kW 及以下煤电机组的灵活性改造。实施煤炭消费"双控"制度，合理规划燃煤发电规模和煤化工行业发展路径，严格控制新增用煤项目，压减散煤，禁止配套新（扩）建自备燃煤电站，探索存量自备电厂新能源替代发电，新建项目禁止配套建设直燃煤设施。整合发电机组，推行大容量、高效率、先进技术、低污染的煤电机组，率先淘汰低效高污染机组。

加快推进可再生能源替代，大力发展风能、太阳能、生物质能等可再生能源，构建多元互补、稳定高效的新能源供应体系。大力推进清洁供暖改造，采用清洁能源、可再生能源发电供暖等形式替代燃煤取暖。大力推动煤炭梯级利用，提高煤化工行业效率，改进洗选和炼焦工艺，争取将洗选和炼焦效率提高到国家平均值以上，做好燃煤兜底保障。持续推进工业电气化工程，推动热泵、电窑炉、氢能炼钢等新型用能方式，2030 年实现煤炭消费和排放量达峰。

合理规划油气利用。在石油方面，严格执行重型柴油车的能耗标准，鼓励柴油车转型；鼓励清洁交通，发展新能源汽车，减少石油使用。在天然气方面，重点发挥天然气向零碳能源系统的过渡作用，积极开拓分布式技术，通过开发冷、热、电三联供等方式实现能量的梯级利用，加速与天然气企业合作，加速布局液化天然气接收站、终端加气站等，打通天然气全产业链，构建成规模的天然气产业生态，共同促进产业健康稳定发展；加强储气站建设，敦促供气企业提高规模储气的能力。

大力推进光伏发电。推广实施"光伏+"综合利用模式，利用农田、公路及工业企业厂房、大型公共建筑、居民住房、学校、医院、车站等建筑屋顶可利用面积，分批建设分布式光伏发电系统。以乌海市"采煤沉陷区光伏领跑技术基地"为先进示范区，继续推进"光储氢充+矿山生态修复"，加强采煤沉陷区生态修复治理和光伏产业发展相结合。积极引入市场机制，配套优先用地审批、拓宽企业准入等激励保障政策。2035 年前基本建设完成新增光伏电站，2035 年后光伏建设布局基本稳定，新增规模来自老旧光伏电站的更新换代，至 2025 年新建集中开发式光伏发电 800 MW，新建分布式光伏发电 250 万 MW。

加快风电场建设。考虑到乌海市土地资源有限，应优先利用煤焦等产业所使用的土地资源，在采煤沉陷区、露天矿坑和排土场建设集中式风电站。在黄河海勃湾水利枢纽一带及乌海市其他具备条件的区域推广建设分散式风电站。至 2025 年，乌海市新建风电装机规模达到 200 MW。

推动抽水蓄能电站建设。到 2030 年，形成 120 万 kW 抽水蓄能规模，促进风电、太阳能发电的并网消纳，解决电网削峰填谷、新能源稳定并网问题，提高电力系统安全性、稳定性、可靠性、灵活性，为蒙西地区风电、光电大规模并网运行提供安全保障。

积极打造制氢品牌，大力推动氢能发展。立足自身工业基础，结合国家氢能发展政策，设计"制氢—储氢—运氢—用氢"的产业链，积极推进光伏制氢等制氢技术，实现可再生能源与氢能产业的协同发展。政府引导打造创新型制氢模式，以氢能为核心部署产业园区的能源供给。在技术方面，重点攻关耦合可再生能源电力高效低成本的氢储能技术，高压储/输氢设备轻量化技术，高效液氢制备与储存、输送技术，天然气掺氢技术等的应用。以能源行业为主线，以氢能源系统制造、配套服务为亮点，围绕制氢、储氢、加氢、用氢四个环节，增加技术储备，提升研发能力，配套基础设施，扶植制造企业，优化服务，打造氢能品牌。在重点工业区——海勃湾区推广氢能，为企业利用氢能提供配套支持。2025 年前，在海勃湾区打造产、储、加、用一体的完整产业链，实现内蒙古自治区领先的新能源制氢产能规模；2040 年，实现海勃湾区的能源自给。

配套大规模储能系统，建设智能电网体系。加快建设完成乌海抽水蓄能电站。试点进行电化学储能等其他储能方式。推进跨地区可再生能源资源调度，促进周边可再生能源发电量定向调入。推进电力智能化开采、输送及使用，构建多种资源组合、多能互补的智能电网体系，打造工业园区能源互联网。

二、推动重点工业行业转型升级

严控产能。深化供给侧结构性改革，严格执行国家能源及相关产业政策和调控措施，提高行业准入门槛，控制重污染企业新增规模，从源头入手降低能源发展对环境的影响，加大力度淘汰钢铁、水泥、化工等重点工业行业中的落后产能。

推动焦化副产品加工高端发展。坚持以焦为基、以化为主，以向高端产业延伸为方向完善产业链条，推动传统焦化产业产品结构从以焦炭为主向以化产为主转变。实施煤焦化工延链、补链、育链工程，推进焦炉煤气综合利用、煤焦油递进加工、粗苯深加工。坚持焦炉煤气作为原料而不作为普通燃料，建设焦炉煤气制甲醇、甲醚、氢气综合利用等项目，再向烷烃、烯烃等脂肪族化合物及氢能源领域延伸拓展，提升焦炉煤气高附加值利用水平。积极推广应用新一代甲醇增产技术。建设煤焦油递进加工项目，围绕煤焦油—针状焦—负极—碳纤维、煤焦油—酚油—粗酚、萘油—精萘—苯酐—二萘酚、洗油—炭黑油和动力油等产业链，推动实施锂电池负极材料、针状焦、碳纤维及制品一体化等下游延伸项目。加大焦化苯回收力度，推动氯苯、苯胺、苯酚等芳香族化合物关键节点产品向高附加值下游方向延伸，构建苯系精细化工产业链。到 2025 年，煤焦化副产品综合利用率力争达到 100%，化工产值比重显著提高，成为传统产业转型升级的重要支撑。

优化产业结构。深入推进传统工业行业提质增效，加快发展新材料、新能源、节能环保、新能源汽车、能源智慧化等新兴产业。充分发挥乌海市技术、产业及人才优势，依托乌海东晶新材料光伏产业链项目，积极引进先进光伏制造企业及技术，发展壮大上游硅料、硅片，中游电池片、电池组件，下游应用系统的光伏全产业链。

加快工业电气化及用能清洁化。提高工业生产的电气化水平，推进钢铁行业电炉钢、建材行业电窑炉等设施替代，以及工艺流程的电气化改造。在不能实现电气化或电气化成本过高的情况下，利用氢能或生物质能进行工业用能的清洁化替代。

超前部署 CCUS 技术。积极推动工业 CCUS 技术攻关，加快研发碳捕集先进材料、专用大型 CO_2 分离与换热装备、CO_2 资源化利用等关键核心技术。推动 CCUS 技术与钢铁、水泥等重点排放行业耦合集成，开展工业 CCUS 技术应用示范，为实现碳中和目标提前做好准备。

三、提高能源资源高效利用

提升重点领域能源利用效率。统筹产业政策和能耗、环保、质量、安全等工艺先进性指标，逐步淘汰火电、钢铁、铁合金、电石、焦炭、电解铝、石墨电极等行业中的落后产能和过剩产能，加快工业领域节能、超低排放等工艺革新，稳步推进现役燃煤发电机组节能升级与技术改造，积极发展短流程冶金。推动煤化工产业链延伸，加快向新材料方向发展。

加快减排技术的研发、示范与推广。为减排技术在重点行业的应用提供资金和政策支持，围绕建材、钢铁、化工等高排放重点工业减污降碳需求，着力推广高能效设备、核心工艺能源效率优化、低碳燃料与原料替代、过程智能调控、余热余能高效利用等措施，持续挖掘节能减排潜力，加快推进行业绿色转型。

全面推动重点用能单位节能降碳改造。控制能耗总量和能耗强度，完成国家和内蒙古自治区下达的能耗"双控"目标。推进电力行业在役火电机组设备改造和技术升级，提高机组效率。稳妥有序地推进现役燃煤发电机组节能改造，推动具备条件的纯凝机组开展热电联产改造，优化已投产热电联产机组运行，推动乌海市煤电机组平均供电煤耗持续下降。钢铁行业采取先进钢铁生产工艺、智能管理系统、余热回收利用技术，到2030年炼焦、烧结、球团、炼铁、转炉、轧钢等环节的能耗全部达到先进水平。煤焦行业采取先进的煤焦节能技术，包括高效电机设备、智能化升级改造、变频控制技术、高效的大型磨矿设备、干熄焦余热发电技术和炼焦煤调湿技术等，在"十四五"期间实现50%的产能达到先进值水平，2030年实现100%的产能达到先进值水平。水泥行业采取余热利用、粉磨新技术、高能效烧成系统等措施，到2030年水泥生产能耗达先进水平。电石行业采用全密闭电石炉、除尘灰焚烧利用、能源智能管控等措施，到2030年电石生产窑炉选择均采用低排放的先进工艺。组织实施区域、园区和企业节能示范工程，推广先进节能技术。

降低需求侧用能需求。逐级分解能耗目标，落实能耗目标责任主体，强化能耗目标考核。摸清重点行业、企业能源需求"家底"，强化节能诊断，充分开发节能潜力。健全重点用能单位能源管理体系，按周期组织开展重点用能单位能源审计，加强能耗在线监测系统应用，推动重点用能单位能源利用效率提升。开展工业领域电力需求侧管理专项行动，严格控制煤焦、钢铁、水泥、电石等领域新增用能。对于现有用能需求，减少化石能源用量，使用绿色燃料进行替代。优化交通行业能源消费结构。推广低碳交通工具，加快推进运输结构转型和出行方式转变。加快清洁能源在交通运输领域的推广和使用。严格执行老旧交通运输工具报废、更新制度。引导公众优先选择绿色低碳出行方式。

严格执行新建建筑节能强制性标准，持续推进既有居住建筑节能改造，开展被动式超低能耗建筑、近零能耗建筑、零碳建筑试点示范。加强绿色建材推广应用，推广节能电器，促进供暖方式清洁化和电气化。

在公共机构领域，开展公共机构绿色化改造行动。推行公共机构绿色办公，推广节能高效办公设备。新建数据中心须达到绿色数据中心建设标准，推动既有数据中心绿色节能改造。

四、加快交通低碳转型

完善交通体系，推动机动车节能降耗。大力推动技术升级，从而降低相同出行需求下的机动车单位周转量和能源消耗。对现有高耗能、高污染、高排放车辆进行淘汰或改造，同时通过分车型制定机动车清洁能源改造目标，引导企业对营运机动车进行升级改造。

推广低碳交通工具，优化交通行业能源消费结构。在公共交通方面，加快提升公共交通分担率和清洁化比例。完善公交线网，提升公共交通运营里程，增强公众公交出行的吸引力。同时，以公共交通 100%清洁化为目标，通过不断加大新能源公交车和出租车数量，提升公共交通清洁化比例。在私家车方面，采用经济激励型措施鼓励消费者购买新能源汽车，提升新能源汽车的私家车占比。与此同时，加快部署新能源汽车充电桩、充电站等新能源基础配套设施，提升新能源汽车的使用便利性。对于货运交通，一方面促进短途货车清洁化，另一方面逐步增加长距离铁路货运占比，以电力消费替代远距离公路货运的柴油消费。

加快完善乌海市城市公交系统，提升公共交通出行分担率和清洁化比例。加快新增公共交通线路并进行合理路线规划，消除公交线网的覆盖盲区，实现乌海市内出行公交全覆盖。同时，基于市民出行需求，进一步开辟公交专用道并增设快速公交线路，提高公共交通在城市中的出行效率，提升市民乘坐公共交通工具的出行意愿，进一步提升乌海市的公共交通分担率。积极构建清洁化的城市公共客运交通体系。一方面，保证新增公交车为新能源汽车，同时加快现有传统公交车的清洁化替代；另一方面，实现出租汽车由汽油车向混动汽车再到纯电动汽车的过渡。

加快新能源汽车的推广力度，完善充电桩配套设施建设。以市场导向和政府经济激励型政策相结合的方式完善新能源汽车的发展政策体系。一方面，推动城市环卫、物流、工业园区企业的车辆更换为新能源汽车；另一方面，采用经济激励型措施鼓励消费者购买新能源汽车，提升新能源汽车的私家车占比。同时，通过在居民区、公共停车场、购物中心、工业园区、单位内部停车场、旅游景区等位置加装电动汽车充电桩，加快城市充电桩的配套建设步伐，解决新能源汽车"充电难"的问题，提升新能源汽车的使用便利性，进一步增强市民购买新能源汽车的意愿。

完善货运交通运输结构，统筹推进多样化货运方式。一方面，推动长距离公路货运逐步转向铁路运输，提升铁路货运占比。基于铁路交通在运输成本和交通能耗方面的明显优势，加快构建长距离货运的绿色低碳交通系统。另一方面，促进短途货车的能效提升和清洁化水平。对现有高耗能、高污染、高排放车辆进行淘汰或改造，同时通过分车型制定货车清洁能源改造目标，引导企业对短途货车进行清洁化改造。

基于先进技术，构建智能化低碳交通管理体系。随着5G信息技术和北斗卫星导航系统的广泛应用，构建基于机动车行驶、电网交互、油耗监督等功能的交通实时排放管理体系，将有助于提升交通行业运营效率，并进一步助力乌海市交通行业"双碳"目标的实现。

五、推进生活用能领域低碳发展

提高能源利用效率，推进生活用能设施节能降耗。对既有建筑实施节能改造。为城镇住宅尤其是老旧小区更换高效保温墙体材料、节能门窗及暖气片，通过改善供暖设施在一定程度上降低乌海市冬季的供暖压力，提升供暖效率并降低能源消耗。同时，城镇新建建筑严格执行建筑节能强制性标准和绿色建筑标准，推广保温结构一体化墙板等绿色建材应用。另外，推广节能电器，进一步加大对低能耗家用电器的政策倾斜力度。通过加大对低能耗空调、炉灶、热水器等设备的补贴，使用价格信号引导消费者使用高效低能耗的生活用能设备。

优化能源消费结构，促进供暖方式的清洁化和电气化。因地制宜地推广应用空气源热泵、富氢天然气采暖炉、土壤源热泵等供暖新技术，以及依托内蒙古自治区的风能和太阳能发电的电采暖设备。对于乡村居民，加快散煤替代步伐，一方面积极部署屋顶分布式光伏，促进乡村居民实现"煤改电"，降低散煤消费，提升电气化比例；另一方面推广使用无污染的生物质颗粒燃料，以替代乡村部门使用的秸秆和薪柴。

实施建筑节能改造，提高建筑供暖效率。一方面，积极对既有建筑实施节能改造。分批次为城镇住宅尤其是老旧小区更换高效保温墙体材料、节能门窗，同时对用水器具、老旧管网及供暖设施进行维修，在一定程度上降低乌海市冬季的供暖压力、提升供暖效率并降低能源消耗。另一方面，对于新建建筑，应严格按照100%节能建筑的设计标准进行验收，其中包含施工过程低碳化，使用绿色建材、节能装修材料、高效保温材料，安装节能门窗等。

推广使用节能电器，提升家用设施能效。在家用电器方面，进一步加大对低能耗家用电器的政策倾斜力度。加大对低能耗空调、炉灶、热水器等设备的补贴，同时加快淘汰白炽灯等高能耗灯具并更换LED节能灯具，通过价格信号引导消费者使用高效低能耗的生活用能设备。

第五章 经济中心城市"双碳"路径规划情景分析

中国城市的特点各异，所处的发展阶段和资源禀赋不同，城市的能源结构、交通结构、产业结构等都不同，因此不同城市碳排放的特点及难点也各不相同。发达城市（如北京、深圳、广州等）第三产业的碳排放已经超过了第二产业，城市的人均碳排放比较低，相对更清洁。这类城市面临的挑战是，第三产业占地区生产总值的比重已经很高，产业继续优化升级的难度加大，能源对外依存度高，交通、建筑部门的碳减排工作做得比欠发达地区好。如何继续挖掘减排潜力，是这类发达城市在"双碳"路径规划过程中共同面临的问题，而这些问题涉及技术、经济、社会、政策等多个层面。

首先，这些城市第三产业的碳排放已经超过了第二产业，人均碳排放相对较低，但这并不意味着可以放松在碳减排方面的努力。相反，随着城市化进程的加速和人口的不断增长，这些城市仍需继续挖掘减排潜力。在交通和建筑部门，尽管已有一定的减排工作成果，但仍需进一步加强技术创新和能效提升，以实现更深层次的减排目标。

其次，能源的对外依存度高是这些发达城市面临的共同问题。由于城市能源需求量大，而本地可再生能源资源有限，因此需要依赖外部能源供应。这增加了能源供应的不确定性和风险，也制约了城市能源的转型。因此，如何在保障能源安全的前提下提高可再生能源的利用比例或者合理利用绿电，是这些城市需要重点考虑的问题。

最后，产业继续优化升级的难度也在加大。随着第三产业占地区生产总值比重的提高，进一步优化产业结构、提高产业能效的难度也在增加。这需要政府加强政策引导和市场机制建设，推动绿色低碳产业的发展，同时促进传统产业向绿色低碳方向转型。

技术、经济、社会、政策等多个层面问题的相互交织，使发达城市在"双碳"

路径规划的过程中面临复杂的挑战，因此这些城市需要综合考虑各方因素。政府、企业和社会各方需共同努力，加强技术创新、政策引导和市场机制建设，以实现更深层次的减排目标。

本章以北京市丰台区为研究对象，依托丰台区的产业结构、能源消费对其碳排放特征进行分析，搭建适宜丰台区碳排放预测分析的 LEAP 模型，针对不同情景下碳排放预测的分析研究，提出经济中心城市在"双碳"目标约束下实现高质量发展的路线图。

第一节　经济产业发展特点

北京市丰台区是北京市主城六区之一，位于北京市主城区南部，总面积 306 km²。近年来，丰台区在经济发展、科技创新、生态环境等方面取得了显著成就，其地区生产总值整体保持增长趋势，地区生产总值增长率于 2011 年、2018 年出现峰值，均超过北京市地区生产总值同期增长速度。丰台区的地区生产总值由 2010 年的 770.5 亿元上升至 2021 年的 2 009.7 亿元，2010—2021 年始终保持着超过 6%的增长速度。其中，2011 年、2015 年、2018 年地区生产总值的增长速度分别达到 19.4%、10.2%、19.8%，均超过同期北京市地区生产总值的增长速度。2021 年，丰台区的地区生产总值占北京市地区生产总值的 4.9%，位列北京市各地区第六，处于中上游位置。丰台区人均地区生产总值达到 10 万元，与北京市人均地区生产总值（18.4 万元）存在较大差距，人均地区生产总值在北京市各地区中排名第七，存在较大上升空间。

丰台区经济发展潜力突出，第二、第三产业优势明显。2021 年，丰台区第三产业占地区生产总值的比重最高，达到 83.6%，其次是第二产业，所占比重为 16.4%，而第一产业所占比重相对较小。丰台区的金融业、科学研究和技术服务业、房地产业所占地区生产总值的比重较高，2021 年分别达到 14.57%、13.45%和 11.37%。建筑业、租赁和商务服务业、批发和零售业及工业位列其次（表 5-1）。

表 5-1　2021 年丰台区各行业占地区生产总值的比重

行业	地区生产总值/亿元	占比/%
农、林、牧、渔业	0.7	0.03
工业	124.2	6.18

行业	地区生产总值/亿元	占比/%
建筑业	205.7	10.24
批发和零售业	164.1	8.17
交通运输、仓储和邮政业	70.2	3.49
住宿和餐饮业	31.1	1.55
信息传输、软件和信息技术服务业	109.5	5.45
金融业	292.9	14.57
房地产业	228.5	11.37
租赁和商务服务业	173.8	8.65
科学研究和技术服务业	270.4	13.45
水利、环境和公共设施管理业	19.2	0.96
居民服务、修理和其他服务业	20.5	1.02
教育	73.2	3.64
卫生和社会工作	89.4	4.45
文化、体育和娱乐业	32.4	1.61
公共管理、社会保障和社会组织	104.1	5.18

丰台区规模以上工业企业发展平稳，企业调整初见成效。根据丰台区统计年鉴，该地区规模以上工业企业的总产值由 2010 年的 426.1 亿元升至 2021 年的 545 亿元，在 2018 年出现短暂下滑，而后呈增长趋势。规模以上工业企业的数量由 2012 年的 222 家降至 2021 年的 136 家，这反映出该地区工业企业平均规模不断发展壮大，企业竞争力得到提高，工业企业调整初见成效。

2022 年以来，丰台区深入实施"1511"产业发展提质工程，培育引进上市企业 6 家、高质量外资企业 51 家、高成长性企业 122 家、规模税源企业 116 家，新设立注册资本 5 000 万元以上企业 386 家，新增规模以上企业 480 家，创历史新高。高精尖产业支撑有力，金融业、科学研究和技术服务业、租赁和商务服务业对全区生产总值增长的贡献率超过 80%。国家级高新企业总量突破 2 000 家，同比增长 10%；"专精特新"中小企业达到 344 家，同比增长 178%；累计建成国家级孵化器 11 家。其中，丰台区科学研究和技术服务业重点企业表现突出，新规模以上企业快速发展，产业链龙头企业加速落地，该行业已成为丰台区产业发展的重要引擎。中国华电科工集团、中铁工程设计咨询集团发挥了压舱石和稳定器作用,中铁投资集团等 29 家新规模以上企业快速发展,中国兵器工业集团中兵智能创新研究院有限公司、航天氢能科技有限公司等一批有影响力的产业链龙头企业落地丰台区,成为该区未来发展的新增长点。丰台区的"丰九条""独角兽"政策也促进地区高精尖产业创新引领作用的发挥。中关村丰台园、丽泽金融商务区等丰台区重点功能区实现了高精尖产业加速集聚,包括大象科技、铁科院(北京)工程咨询有限公司等轨交产业链上下游企业 10 余家,航天新长征医疗器械有限公司、曼恒数字应用场景展示中心、中关村・西南交通大学轨道交通科技产业创新中心等一批行业领军企业、高精尖示范项目。

第二节 能源消耗特征

一、能源消费总体情况

丰台区的能源消费在 2010—2021 年呈小幅上升趋势,但能源消费强度呈明显下降趋势(图 5-1)。根据丰台区 2010—2021 年能源品种终端消费量,并结合 2019 年北京市分品种能源终端消费折算标准煤系数,本章对丰台区能源消费进行折算,得到以标准煤为单位的综合能源消费量。结果显示,丰台区的能源消费总量在 2010—2021 年表现为缓慢上升趋势,由 2010 年的 360.7 万 t 标准煤增至 2021 年的 406.4 万 t 标准煤。其中,2015 年、2012 年能源消费增长率相对较高,分别达到 4.8%、4.3%,其他年份增长多在 1%上下波动,且近年出现了负增长,这反映出丰台区合理规划能源消费相关措施取得初步成效。从能源消费强度来看,丰台区整体表现为下降趋势,单位地区生产总值能耗从 2010 年的 0.47 t 标准煤/万元降至 2021 年的 0.20 t 标准煤/万元,年均下降率达到 7%。丰台区能源消费强度得到有效控制,有望实现碳排放与经济增长脱钩。

值得注意的是,2011—2021 年丰台区人均能源消费强度不降反升,增长率不断变化(图 5-2)。具体来看,丰台区人均能源消费量由 2010 年的 1.71 t 标准煤上升到 2021 年的 2.02 t 标准煤,2016 年、2019 年增长率相对较高,分别达到 4.3%、4.5%。近年来,丰台区人均能源消费强度增长率不断下降,甚至出现了负增长。丰台区人口规模的下降刺激了人均能源消费强度的上升,这也对丰台区合理控制能源消费提出了更高的要求。区政府不仅要实现能源消费总量、能源消费强度的目标，也要兼顾人均能源消费强度的变化，保证地区低碳经济发展。

图 5-1　2010—2021 年丰台区能源消费总体特征

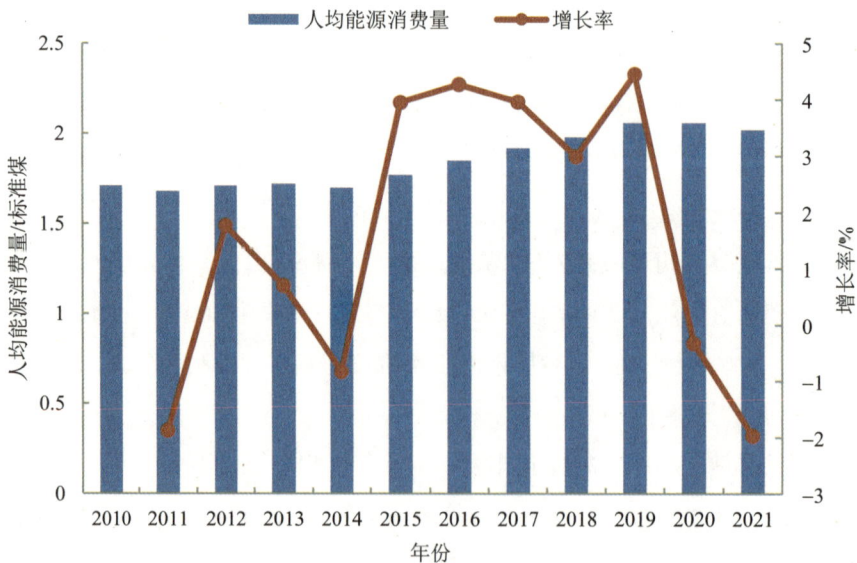

图 5-2　2010—2021 年丰台区人均能源消费强度

二、分品种能源消费情况

丰台区能源消费结构不断优化,新能源及可再生能源发展存在较大提升空间。2021 年,电力占能源消费总量的比例最高,达到 51.5%,其余依次为油品(20.6%),天然气、液化天然气和液化石油气(16.3%),热力(11.6%)。其中,电力消费占比由 2010 年的 38.76%增长到 2021 年的 51.5%,油品消费占比由 2010 年的 25.2%下降到 2021 年的 20.6%,原煤消费由 2010 年的 36.3 万 t 标准煤削减至 2021 年的无原煤消耗,而天然气等清洁能源所占比例的变化较为平稳,基本维持在 16%左右(图 5-3)。因而,丰台区减煤措施取得显著成效,未来减排压力聚焦在新能源和可再生能源发展上。以能源和可再生能源为主体的"净零排放"能源体系亟须构建,丰台区能源工作的重点将锁定在以下方面:①提升交通电气化水平,控制石油等化石燃料的消耗;②在建筑领域利用天然气等清洁能源、太阳能等可再生能源;③发展本地新能源和可再生能源,缩小与其他地区的差距,提高绿电使用规模。

图 5-3 2010—2021 年丰台区分品种能源消费量

三、分产业能源消费情况

2021 年,丰台区三次产业能源消费差距悬殊,第三产业能源消费占比最高(图 5-4)。2021 年,丰台区第三产业能源消费量达到 183 万 t 标准煤,占能源消费总量的比重最高（45.03%）；第二产业能源消费量达到 52.7 万 t 标准煤，占比达到 12.97%；第一产业能源消费量仅为 0.6 万 t 标准煤，所占比重相对较小。此外，居民生活导致的能源消费量也不容忽视，2021 年达到 170 万 t 标准煤，所占比重也相对较高，为 41.85%。

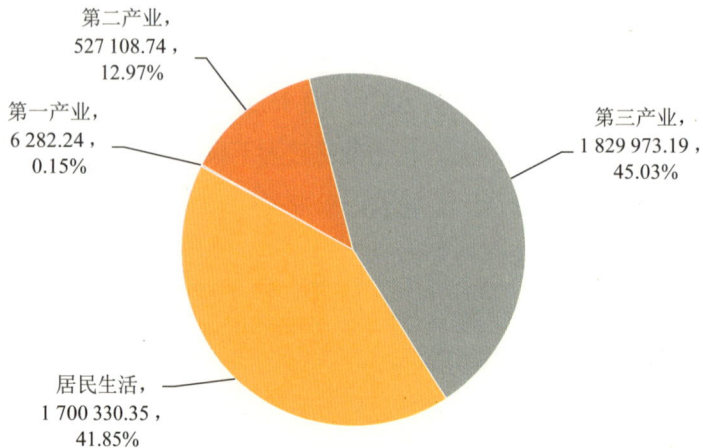

图 5-4 2021 年丰台区各产业及居民生活能源消耗占比（单位：t）

如图 5-5 所示，从变化趋势来看，居民生活能源消费呈上升趋势，第二产业、第三产业能源消费呈下降趋势。第三产业的能源消费在 2010—2019 年持续增长之后，2020 年及 2021 年出现小幅下降，其中 2021 年为 183.0 万 t 标准煤，较 2019 年的 229.9 万 t 标准煤下降了 20.4%。丰台区居民生活用能呈持续增长态势，预计未来还将随居民生活用能的增长而呈正增长趋势，2021 年为 170.0 万 t 标准煤，较 2010 年的 120.8 万 t 标准煤增长了 40.7%。丰台区的第一产业和第二产业能源消费均基本呈下降趋势，第一产业（农林牧渔业）和第二产业（包括工业和建筑业）相较 2010 年能耗分别下降了 77.6% 和 20.0%。综上所述，居民生活用能属于刚性耗能，随着居民用能和经济的增长，丰台区居民生活能耗仍然可能呈上升趋势；服务业有下降趋势，但总体可下降空间较为有限。因此，丰台区未来能源消费仍然可能呈增长态势。而"双碳"目标将会进一步加速产业结构升级的进程，因而也应该进一步重视输入电力的低碳化，并大力推广绿色低碳的消费模式。

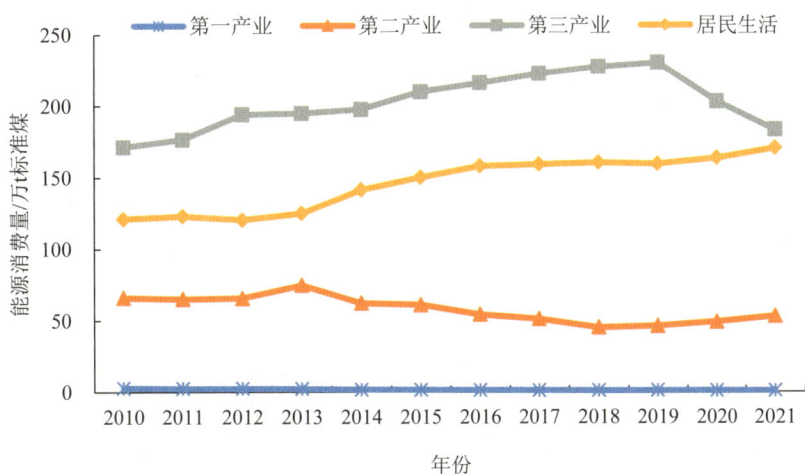

图 5-5 2010—2021 年丰台区分产业能源消费量

丰台区的能源消费总量处于北京市中等偏上水平，地区生产总值能耗水平需进一步控制。根据前述丰台区能源消费总量及地区生产总值能耗水平，结合《北京区域统计年鉴》，对丰台区能源消费情况与北京市其他区域进行比较分析，其结果如图 5-6 所示。2021 年，丰台区地区生产总值能耗水平达到 0.2 t 标准煤/万元，略高于北京市地区生产总值能耗水平（0.18 t 标准煤/万元），未来仍存在调控空间。从能源消费总量来看，丰台区 2021 年能源消费总量达到 406.4 万 t 标准煤，远低于顺义、朝阳、海淀、房山等地区，但要明显高于门头沟、延庆、怀柔等地区。从地区生产总值能耗来看，丰台区 2021 年的能耗水平要显著高于朝阳、海淀、西城等地区，但远低于房山、顺义、密云等地区。为加快落实地区"双碳"目标，丰台区需要合理管控能源消费总量，提高能源利用效率，降低地区生产总值能耗水平。

丰台区全社会用电量位于北京市前列，未来将面临较大的减排压力。根据《北京区域统计年鉴》，2021 年丰台区全社会用电量为 96.7 亿 kW·h，占北京市全社会用电量的 7.8%，居北京市第三名。朝阳区、海淀区占比分别为 16.5%、13.1%，分别居北京市第一名和第二名。顺义区、昌平区、房山区占比分别为 7.5%、7.1%、6.6%。从变化趋势来看，2010—2021 年丰台区全社会用电量整体呈上升趋势，2016 年、2021 年增长率相对较高，分别达到 6.7%、8.1%，但相对低于北京市 2016 年、2021 年的增长率（7.1%、14%）。可以看出，丰台区电力需求呈不断上涨趋势，如何合理配置电力资源、引导电力市场改革调整将是未来碳减排所需解决的关键问题。

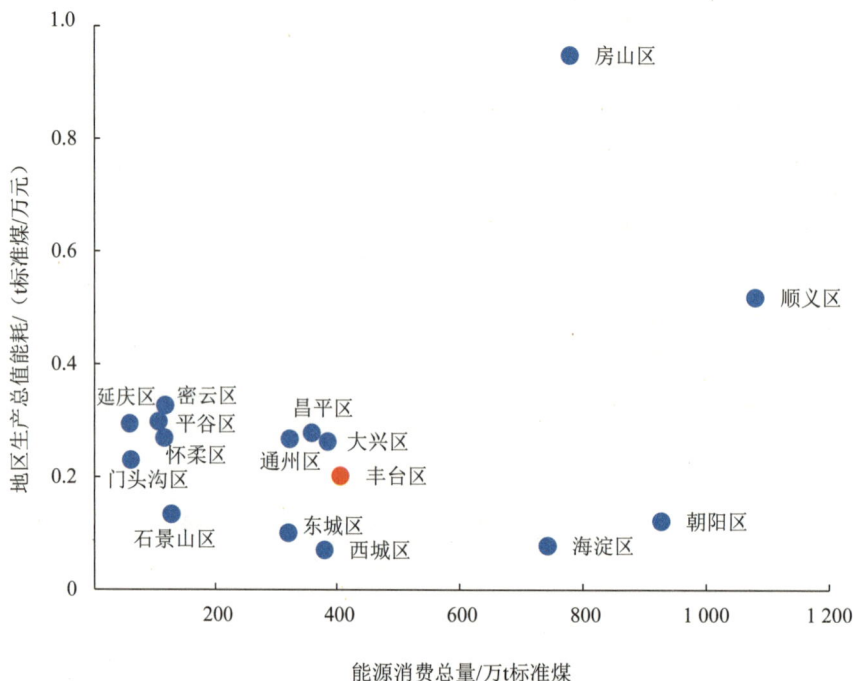

图 5-6　2021 年丰台区与北京市其他地区能源消费比较

第三节　碳排放情况

一、确定核算边界

丰台区温室气体排放核算的报告范围为丰台区,包括右安门街道、太平桥街道、西罗园街道、大红门街道、南苑街道、东高地街道、东铁匠营街道、六里桥街道、丰台街道、新村街道、长辛店街道、云岗街道、方庄街道、宛平街道、马家堡街道、和义街道、卢沟桥街道、花乡街道、成寿寺街道、石榴庄街道、玉泉营街道、看丹街道、五里店街道和青塔街道 24 个街道及北宫镇、王佐镇 2 个镇。

温室气体排放核算的年限为 2010—2021 年。以 2010 年为基准年,对丰台区 2010—2021 年温室气体排放总量、碳排放强度、人均碳排放量及重点区域、重点领域、重点企业的碳排放变化趋势进行深入分析,综合研判丰台区低碳发展现状及未来的低碳发展机会。

温室气体排放核算的温室气体种类包括国家发展改革委发布的《省级温室气体清单编制指南（试行）》中规定的 6 种温室气体，即 CO_2、CH_4、N_2O、氢氟碳化物（HFCs）、全氟化碳（PFCs）和六氟化硫（SF_6）。计算温室气体排放总量时，将以 CO_2 为基准，把其他温室气体换算成 CO_2 当量（CO_2e）。基于对调研能源消耗数据的摸排及分析，同时考虑丰台区边界内的温室气体排放活动类型有限，本次核算只涉及 CO_2、CH_4 和 N_2O 3 种温室气体。

丰台区温室气体排放核算的范围包括能源活动、农业、林业和土地利用变化、废弃物处理（图 5-7）。在能源活动的温室气体排放核算中，鉴于丰台区生物质燃烧、煤炭开采及矿后活动逃逸、石油和天然气系统逃逸情况较少，主要核算化石燃料（石油、天然气、煤炭等）燃烧产生的 CO_2、CH_4 及 N_2O；在农业的温室气体排放核算中，鉴于丰台区的农业生产以观光农业为主，农作物主要为玉米，且丰台已关停所有畜禽养殖场，主要核算农用地产生的 N_2O；在林业和土地利用变化的温室气体排放核算中，鉴于丰台区近年无"有林地转化为非林地"的森林破坏行为，主要核算森林和其他木质生物质生物量碳储量；在废弃物处理的温室气体排放核算中，鉴于丰台区的废弃物焚烧过程全部发生在行政边界范围外，主要核算废弃物填埋产生的 CH_4、生活污水处理产生的 CH_4、工业废水处理产生的 CH_4 及废水处理产生的 N_2O。

丰台区温室气体排放核算最主要的特点是跨边界活动及相关排放种类多。为了更好地区分排放源/吸收汇，避免重复计算，本书计算的是丰台区消费侧的温室气体排放。

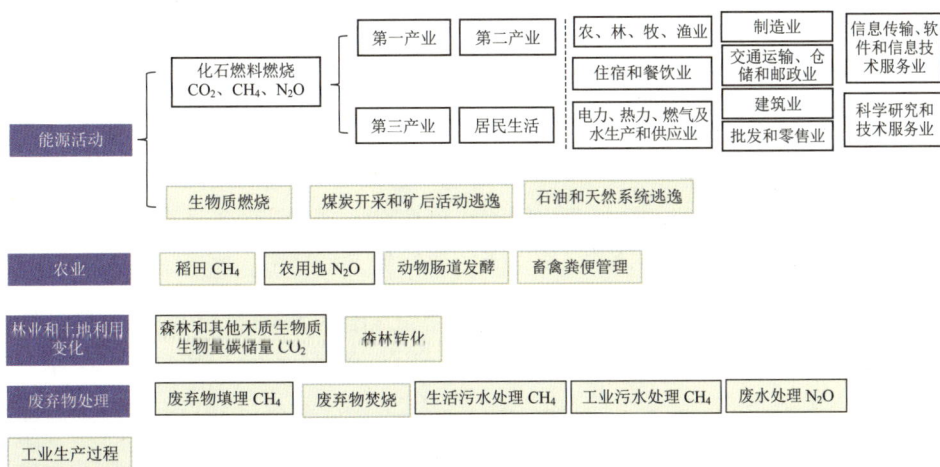

图 5-7 丰台区温室气体排放核算范围

注：*浅灰色框部分为不存在该类型排放或排放量极小，不纳入核算范围。

二、核算方法

根据世界资源研究所发布的《城市温室气体核算工具指南》及国家发展改革委发布的《省级温室气体清单编制指南（试行）》，丰台区温室气体排放核算采用 IPCC 排放因子法，即通过各排放源活动水平数据及相应的排放因子来计算排放量。

基本原理：温室气体排放量=活动水平数据×排放因子。其中，活动水平数据的量化造成丰台区温室气体排放的活动，如居民生活用电量等。排放因子是指每一单位活动水平（如 1 t 煤或 1 kW·h 电）所对应的温室气体排放量，如"t CO_2/t 原煤""tCO_2/（MW·h）电力"。

能源活动：主要包括化石燃料燃烧排放（CO_2、CH_4、N_2O）的计算。丰台区化石燃料燃烧温室气体排放量采用排放因子法，基于分部门、分燃料品种的燃料消费量等活动水平数据及相应的排放因子等参数，通过逐层累加综合计算得到总排放量。

农业：经过调研，识别出丰台区农业活动所产生的温室气体排放主要为农用地氮肥施用产生的 N_2O 排放及秸秆还田氮。根据区内农作物产量、氮肥施用量，以及清单编制指南中农作物经济系数、秸秆还田率、秸秆含氮率、根冠比，计算农业活动的温室气体排放量。

林业和土地利用变化：鉴于丰台区近年无"有林地转化为非林地"的森林破坏行为，本次核算不包括土地利用变化所产生的碳排放，主要考虑乔木林（林分）生物量生长碳吸收及散生木、"四旁"树、疏林生物量生长碳吸收。

废弃物处理：城市废弃物处理产生的排放包括两大来源——城市固体废物处理、生活污水和工业废水处理。丰台区焚烧的废弃物全部收集至区外处理，属于"范围三"排放，故不计算在本次核算范围内，废弃物处理主要核算填埋 CH_4 的排放量。生活污水和工业废水处理主要核算生活污水处理 CH_4 排放量、工业废水处理 CH_4 排放量、废水处理 N_2O 排放量。

本次核算采用默认排放因子（表 5-2），其中化石燃料燃烧的 CO_2、CH_4 和 N_2O 排放因子来自世界资源研究所《能源消耗引起的温室气体排放计算工具指南（2.1 版）》，CH_4 的排放因子还细分到行业，包括能源行业、制造业、商业、住宅和农林牧渔业。电力排放因子根据生态环境部公布的中国区域电网平均 CO_2 排放因子（华北电网：2012 年为 0.884 3）及北京市地方标准《二氧化碳排放核算和报告要求　电力生产业》（DB11/T 1781—2020），按照电网排放因子逐年不断下降设置。热力排放因子采用北京市地方标准《二氧化碳排放核算和报告要求　热力生产和供应业》(DB11/T 1784—2020) 提供的值，即 0.11 t CO_2/GJ。其他部门的默认排放因子来自《省级温室气体清单编制指南（试行）》。根据核算范围、边界及计算方法，明确数据需求，对接相关部门进行收集。

表 5-2　丰台区温室气体排放核算数据来源

核算部门	活动水平	活动水平数据来源	排放因子数据来源
能源活动	分行业、分品种化石燃料燃烧量	丰台区分行业、分品种能耗终端消费表，工业企业能源加工转换情况表	《能源消耗引起的温室气体排放计算工具指南（2.1 版）》(WRI)、《二氧化碳排放核算和报告要求　电力生产业》(DB11/T 1781—2020)
农业	氮肥施用量、作物籽粒产量	丰台区统计年鉴	《IPCC 国家温室气体清单指南》
林业和土地利用变化	乔木林（林分）、疏林、散生木、"四旁"树蓄积量	丰台区林业统计年报	《省级温室气体编制指南（试行）》
废弃物处理	废弃物填埋量、生活污水 BOD 排放量、工业废水 COD 排放量、人口数量	丰台区统计年鉴、丰台区残渣填埋场数据	《省级温室气体编制指南（试行）》

三、碳排放特征分析

（一）总量分析

丰台区2010—2021年温室气体排放总量总体呈先增后降的趋势（图5-8），2010—2013年逐年增加，2013年达到局部峰值，此后呈总体下降的趋势。这一表象背后暗含政策驱动因素。丰台区人民政府办公室于2013年12月印发《丰台区2013—2017年加快压减燃煤和清洁能源建设工作方案》，要求大幅压减燃煤总量，完成全区规模以上工业企业锅炉"煤改气"；2016年5月又印发《丰台区2016—2017年煤改电工程实施方案》，对全区范围内绝大部分平房开展煤改电工程。通过摒弃原煤、石油沥青、燃料油等化石能源，丰台区加速清洁能源推广使用，温室气体排放总量自2015年起呈逐年下降趋势。2021年，丰台区温室气体排放总量为938.50万 t CO_2e，较2010年降低7%，较2015年降低12%。其中，CO_2排放量为875.17万 t，较2010年降低6%，较2015年降低12%。

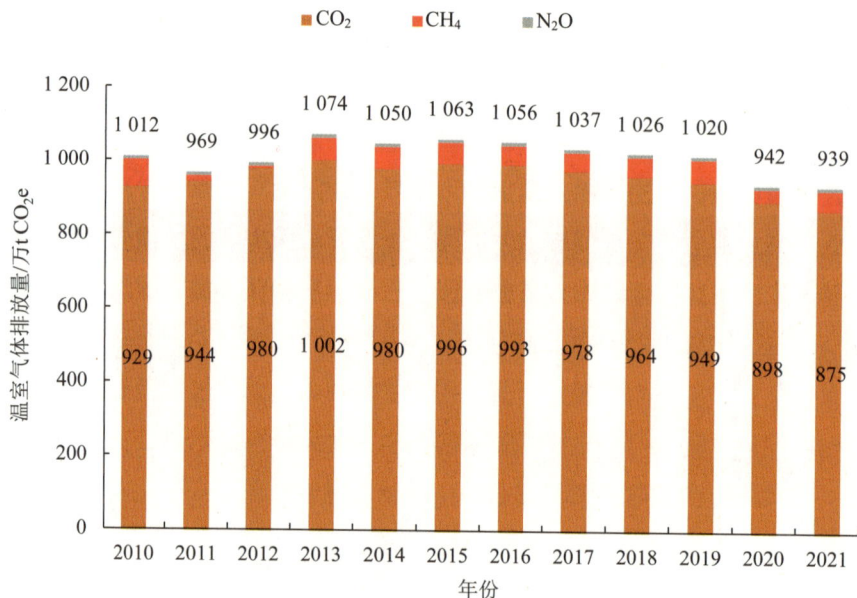

图 5-8　2010—2021 年丰台区温室气体排放总量

　　从温室气体种类来看，丰台区2013年至今各类温室气体排放占比基本保持稳定，排放量呈不同波动趋势。丰台区 CO_2主要来源于能源活动，CH_4主要来源于能源活动及废弃物活动，N_2O 主要来源于能源活动、废弃物活动及农业活动。如图5-9所示，丰台区 CH_4在温室气体总排放中的占比在2010—2013年出现波动，2013年至今占比稳定在约6%水平；CO_2占比约为93.5%，N_2O 占比约为0.5%。就各种类温室气体排放量而言，2010—2021年 CO_2排放整体呈先增后降的趋势，于2013年达到局部峰值，2021年的排放水平较2010年降低8%，较2015年降低12%；CH_4排放量整体呈下降趋势，2021年的排放较2010年降低27%，其间各年呈现一定波动性，2011年、2012年、2020年排放较少，2010年、2013年排放较多，其余年份基本保持在相近水平，为50万～60万 t CO_2e；N_2O 排放量整体稳定在8万～9万 t CO_2e。

CO₂ ■ CH₄ ■ N₂O

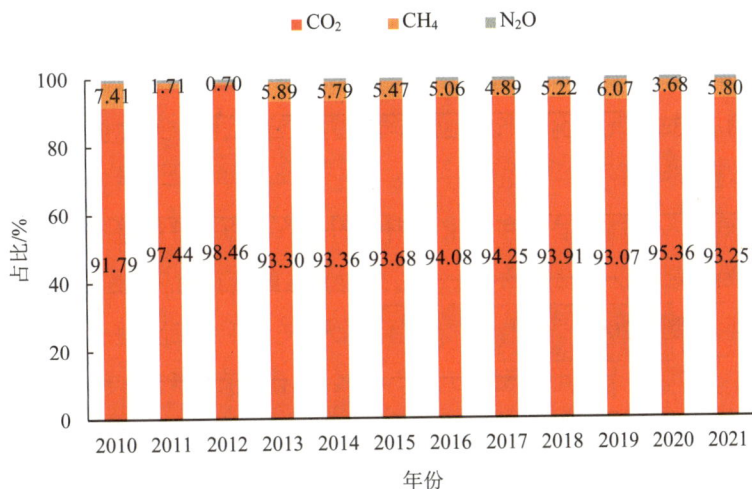

图 5-9　2010—2021 年丰台区温室气体种类排放结构

从排放来源看，能源活动是丰台区温室气体排放的最主要来源，其次为废弃物处理。能源活动主要包括煤、石油、天然气、电力、热力等化石能源的燃烧消费，2022年丰台区能源活动碳排放量为905.25万 tCO_2e。图5-10显示，不计碳储量的情况下，2010—2021年丰台区能源活动的温室气体排放在总排放中的占比稳定居于90%以上，其中2010—2013年能源活动的温室气体排放占比显著增加，最高达到99.08%，2013年开始基本稳定在95%左右，2020年略有波动，2021年占比为94.11%。废弃物处理方面，2021年的占比为5.89%（不计碳储量），这主要来源于垃圾填埋的 CH_4 排放。农业排放方面，其占比极小且呈逐年减少的趋势。

能源活动 ■ 废弃物处理 ■ 农业

图 5-10　2010—2021 年丰台区分来源温室气体排放结构（不计碳储量）

从碳汇资源来看，丰台区近年来碳汇潜力不断开发，增量显著，但整体碳汇资源有限。丰台区 2010—2021 年碳汇整体呈上升趋势。如图 5-11 所示，丰台区碳汇从 2010 年的 16.56 万 t CO_2 增长到 2021 年 33.67 万 t CO_2，增量显著。丰台区地带性植被为暖温带落叶阔叶林，低山丘陵多为次生林和人工林，以侧柏、油松、刺槐为主，自然植被多为荆条灌丛和散生有荆条的黄草、白羊草灌丛等；台地和平原区以人工植被为主，除少量农作物外，多为果树和绿化景观树种。"十三五"末期，丰台区林地面积达到 9 206.71 hm^2，林木绿化率为 34.4%；绿地面积达到 7 674.7 hm^2，绿地率达到 38.47%，人均绿地面积为 37.9 m^2；绿化覆盖面积为 9 485.74 hm^2，绿化覆盖率达到 47.54%；公园绿地面积达到 2 327.66 hm^2，人均公园面积达到 11.49 m^2。根据北京市规划和自然资源委员会丰台分局提供的数据，丰台区土地总面积为 30 552.83 hm^2，2019 年林地面积为 7 279.37 hm^2，草地面积为 73.53 hm^2，林草覆盖率为 24.07%；2020 年林地面积为 7 340.72 hm^2，草地面积为 82.98 hm^2，林草覆盖率为 24.30%。林草覆盖率达到"两山指数"目标值要求（平原区>18%）。

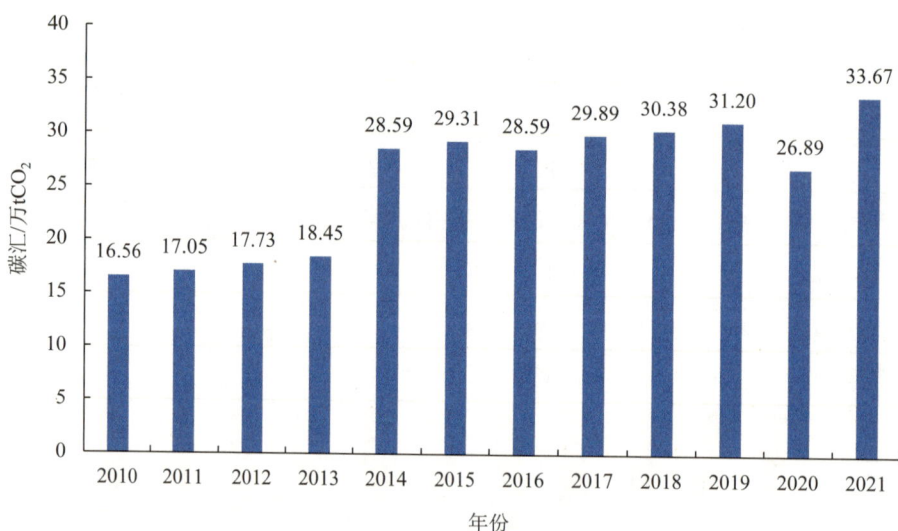

图 5-11　2010—2021 年丰台区碳汇资源

从能源种类来看，电力、热力排放是主要来源；从时间跨度来看，煤、油排放得以稳步削减，电力排放基本维持稳定，天然气与热力排放涨幅较大。如图 5-12 所示，丰台区 2022 年能源活动中电力活动排放量占比最高，达 54%，其次分别是热力（18%）、天然气（13%）、汽油（12%）和柴油（3%）。电力与热力的排放之和在总排放中的占比超过 70%。如表 5-3 所示，从时间跨度来看，原煤、液化石油气、石油沥青等排放在 2010—2022 年得到稳步压减，并于 2021 年实现原煤、煤油、燃料油及石油沥青等能源的零排放；电力排放先增后降，2022 年排放水平较 2010 年提高6%，整体来看得到了稳定控制；天然气与热力排放在 2010—2022 年逐年上升，其中天然气排放涨幅约为 20%，热力排放涨幅高达 69%。

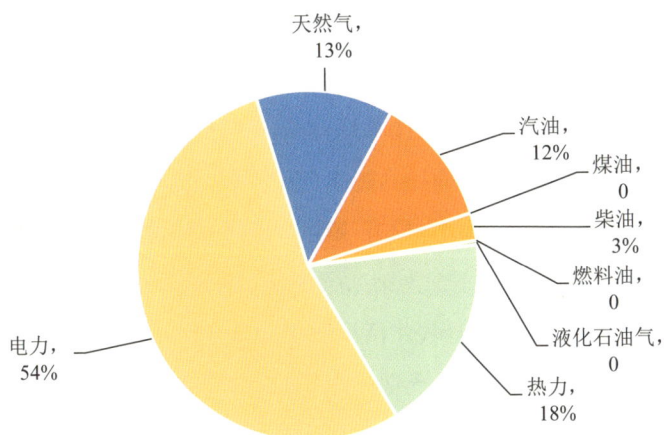

图 5-12　2022 年丰台区能源活动碳排放结构

表 5-3　2010—2022 年丰台区能源碳排放情况　　　　单位：万 t

年份	能源品种										
	原煤	天然气	汽油	煤油	柴油	燃料油	液化石油气	石油沥青	热力	电力	其他燃料
2010	90.60	97.60	114.81	24.62	30.51	6.89	12.82	8.44	97.83	459.28	1.89
2011	91.85	98.62	113.56	29.54	33.31	5.29	13.19	7.02	101.82	464.54	2.14
2012	74.78	121.36	116.63	37.75	28.65	3.64	11.78	6.53	108.59	486.66	1.54
2013	68.22	97.43	132.56	62.80	31.66	2.77	7.52	8.70	136.75	471.29	1.22
2014	62.33	90.46	137.34	70.42	35.69	4.82	10.41	0	122.53	474.18	0.31
2015	49.10	102.92	149.06	78.70	39.00	4.50	10.95	0	123.67	466.96	0.23
2016	26.80	109.51	151.81	77.55	36.38	3.31	10.93	0	122.04	483.13	0.20
2017	5.67	113.50	160.31	85.45	37.35	0.61	10.33	0	122.47	471.75	0.18
2018	1.44	117.08	146.33	88.62	30.56	0	5.14	0	139.17	465.54	0.09
2019	0.97	109.72	147.14	98.05	26.89	0	6.29	0	138.36	452.96	0.10
2020	0.05	110.83	124.88	78.61	21.93	0	3.72	0	151.89	433.26	0.10
2021	0	115.30	140.61	0	27.58	0	3.26	0	152.43	469.59	0.07
2022	0	117.60	108.96	0	22.94	0	3.33	0	165.02	487.40	0

（二）分产业碳排放特征分析

第三产业和居民生活部门是重点排放部门，且居民生活部门排放呈增长态势，未来需予以重点关注。如图 5-13 所示，2010—2021 年，丰台区第一产业碳排放量为 1.4 万～8.5 万 t，呈逐年下降趋势；第二产业碳排放量为 103.3 万～195.7 万 t，基本呈逐年下降趋势，2020 年、2021 年的碳排放量较 2019 年有小幅上升，与丰台区近年来开展的"疏整促"（疏解整治促提升）制造业升级转型行动有关；第三产业碳排放量为 411.2 万～521.5 万 t，2010—2018 年整体呈上升趋势，2019 年开始降低；居民生活部门碳排放量为 315.9 万～378.0 万 t，整体呈波动上升趋势。从碳排放结构来看，以 2021 年数据为例（图 5-14），第三产业碳排放量占比最高（45.24%），其次为居民生活部门（41.59%），接下来为第二产业（13.01%），第一产业最少（0.16%）。考虑到未来随着生活水平的提高，居民生活用能还将进一步提升，对服务业等第三产业的发展需求还有一定增长空间，第三产业和居民生活部门将是丰台区的重点减排部门。

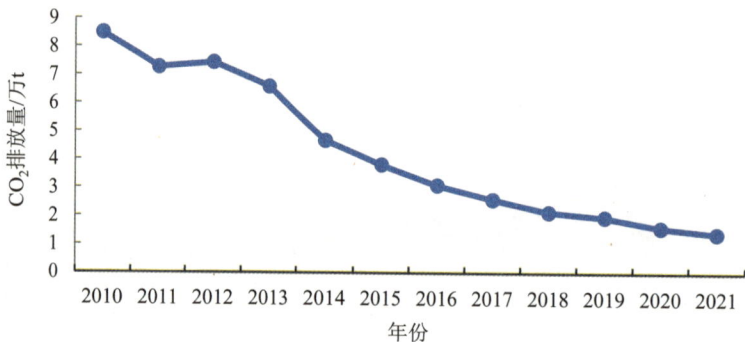

（a）第一产业

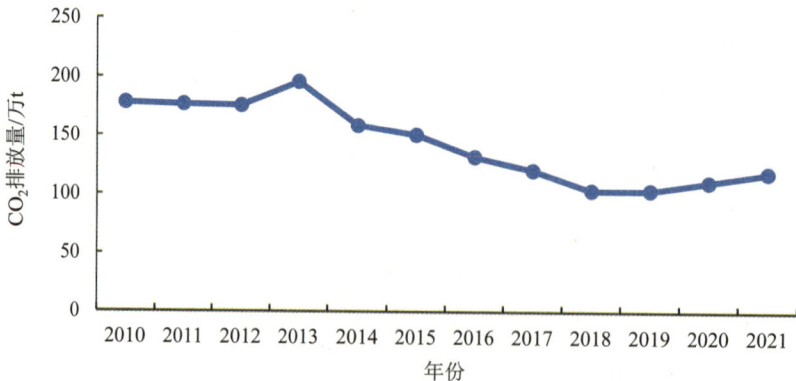

（b）第二产业

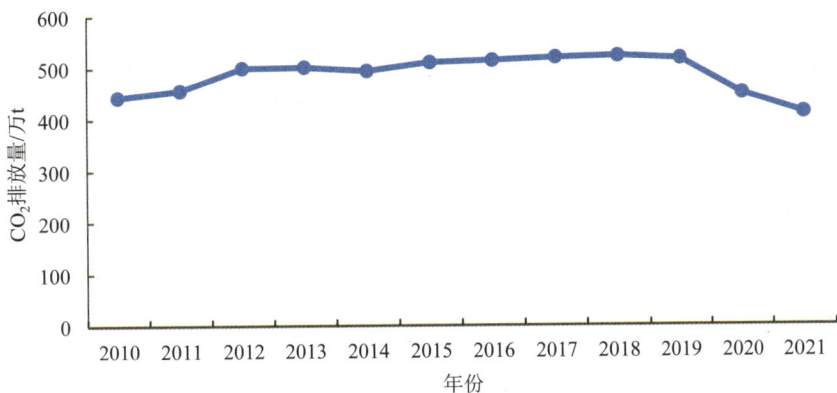

（c）第三产业

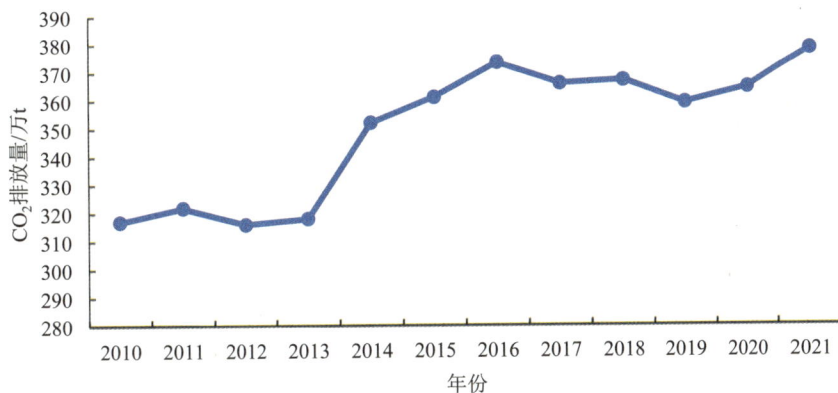

（d）居民生活

图 5-13　2010—2021 年丰台区分产业碳排放时间分布

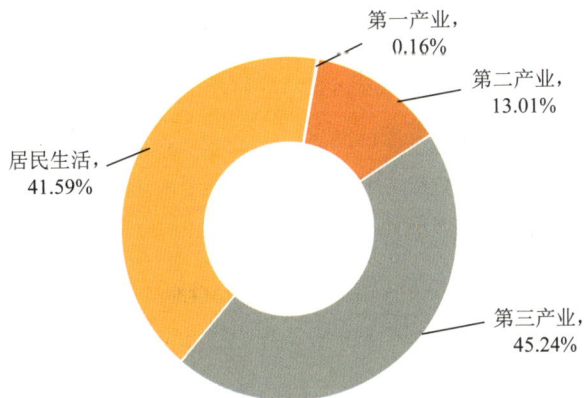

图 5-14　2021 年丰台区分产业碳排放结构

从能源使用层面来看，丰台区第二产业已实现去煤化，电力成为其主要使用的能源类型和排放来源，其次为天然气和热力。如图 5-15 所示，2021 年丰台区第二产业分能源种类碳排放量排名依次为电力（61.19%）、天然气（15.19%）、热力（15.05%）、柴油（5.89%）、汽油（2.68%）。从变化趋势来看，2010—2018 年各种能源使用和排放量呈较大幅度下降，反映出"疏整促"工作不断深入的成果。2019 年以后，电力、天然气和热力的使用量及排放量有所回升，这与产业结构调整和新企业引进有关。值得注意的是，丰台区第二产业已完成了部分能源升级和化石能源替代工作，石油沥青、燃料油和原煤的排放自 2014 年、2018 年和 2021 年起均为零，取得了较为喜人的阶段性成果。

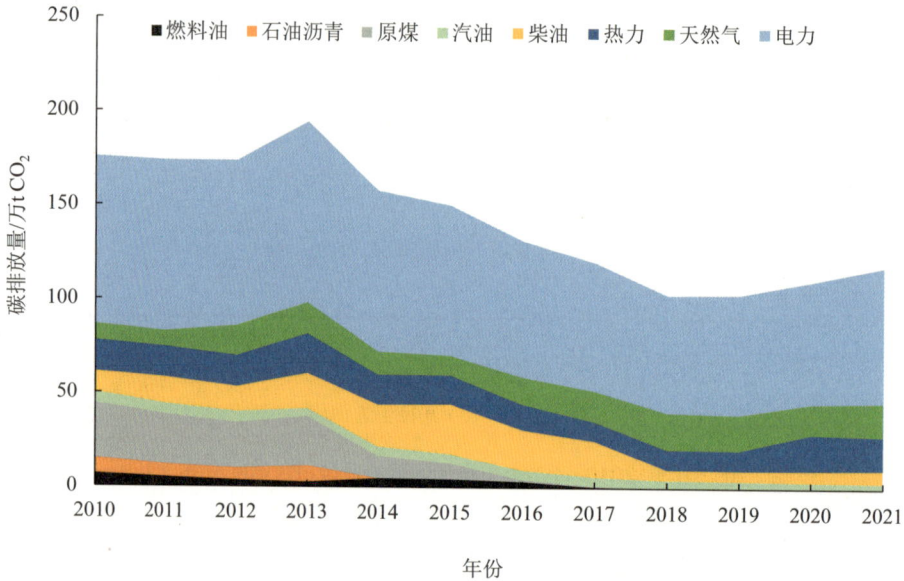

图 5-15 2010—2021 年丰台区第二产业分能源种类碳排放结构

丰台区第三产业能源结构与第二产业类似，其碳排放以电力碳排放为主，占比接近 60%，热力和天然气各占 15% 左右，集中应用于交通和建筑领域，且 2010—2021 年整体用能结构固定，降碳难度较大。如图 5-16 所示，2021 年丰台区第三产业分能源种类碳排放量排名依次为电力（58.56%）、热力（15.64%）、天然气（13.51%）、汽油（7.05%）、柴油（5.01%）、液化石油气。其中，电力主要应用于照明、供热、电动车辆等用电设施，热力主要应用于建筑供暖，天然气主要应用于燃气锅炉及燃气灶具，汽油主要应用于燃油车辆，柴油主要应用于燃油车辆及燃油锅炉。在化石能源淘汰方面,通过退煤行动的努力,丰台区第三产业原煤的使用和排放在 2017 年已实现清零;受中国联合航空有限公司迁出的影响,2021 年煤油碳排放量为 0;液化石油气碳排放量从 2010 年的 5.74 万 t 下降到 2021 年的 0.91 万 t。根据《北京市燃气管理条例》(2020 年版)、《北京市城市管理委员会关于印发〈北京市加快天然气、电力替代非居民用户液化石油气总体工作方案〉的通知》,丰台区被划定为非居民用户禁止使用瓶装液化石油气区域,预计 2023 年年底天然气和电力将彻底替代液化石油气。

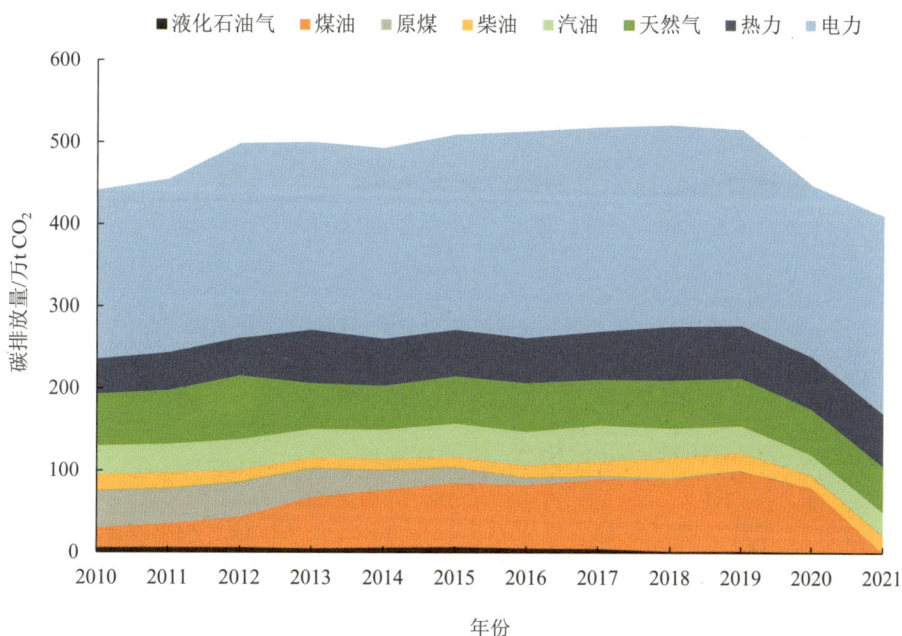

图 5-16 2010—2021 年丰台区第三产业分能源种类碳排放结构

丰台区居民生活部门的碳排放以电力碳排放为主,占比约为 40%,汽油占比约为 30%,热力占比约为 20%,天然气占比约为 10%,集中应用于交通和建筑领域,且 2010—2021 年整体用能结构固定,整体略有上升,降碳难度较大。如图 5-17 所示,2021 年丰台区居民生活部门分能源种类碳排放量排名依次为电力(41.05%)、汽油(28.69%)、热力(18.62%)、天然气(11.06%)、液化石油气。其中,电力、汽油、热力、天然气使用量和排放量总体均呈稳定或缓慢上升的趋势,反映出居民生活水平的提高;液化石油气使用量和碳排放量从 2010 年逐年下降,天然气管道建设和改造工程帮助大量居民家庭实现了液化石油气到燃气的转变;原煤使用量和碳排放量自 2018 年起为 0,显示出北京市和丰台区"减煤换煤、清洁空气"行动的切实成效,通过煤改电、棚户区改造等措施，2017 年居民的炊事、取暖等完全实现了无煤化 ①。

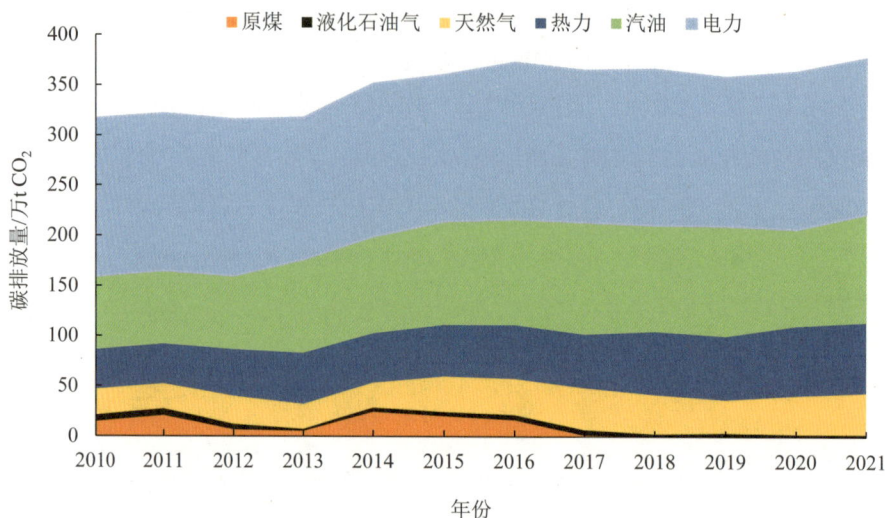

图 5-17　丰台区居民生活部门分能源种类碳排放结构

（三）分行业碳排放特征分析

　　从行业角度进一步对丰台区规模以上行业企业进行碳排放分析。如图 5-18 所示，交通运输、仓储和邮政业，制造业，建筑业和电力、热力、燃气及水生产和供应业是丰台区碳排放较集中的行业，受新冠疫情影响的排放下降趋势已开始扭转，可能于 2022 年或 2023 年恢复至正常水平。如图 5-19 所示，2021 年丰台区规模以上企业碳排放总量为 201.8 万 t，其中交通运输、仓储和邮政业占比最高（29%），其次为制造业（17%），建筑业（16%），电力、热力、燃气及水生产和供应业（14%），其他行业排放相对较少，分别为批发和零售业（8%），住宿和餐饮业（7%），科学研究和技术服务业（5%），信息传输、软件和信息技术服务业（4%）。从排放趋势来看，受统计口径变化的影响，2015—2016 年碳排放量偏小，排除其影响后，2010—2013 年各行业碳排放量有所上升，2013 年后开始缓慢下降，2020 年受新冠疫情影响出现大幅下降，2021 年除交通运输、仓储和邮政业外其余行业有所回升，但暂未恢复至新冠疫情前的排放水平。

① https://www.sohu.com/a/159721800_162522.

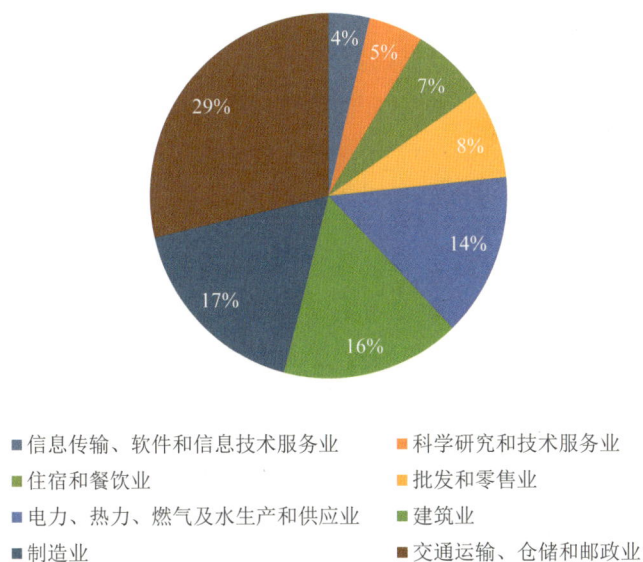

图 5-18 2021 年丰台区规模以上行业企业碳排放结构

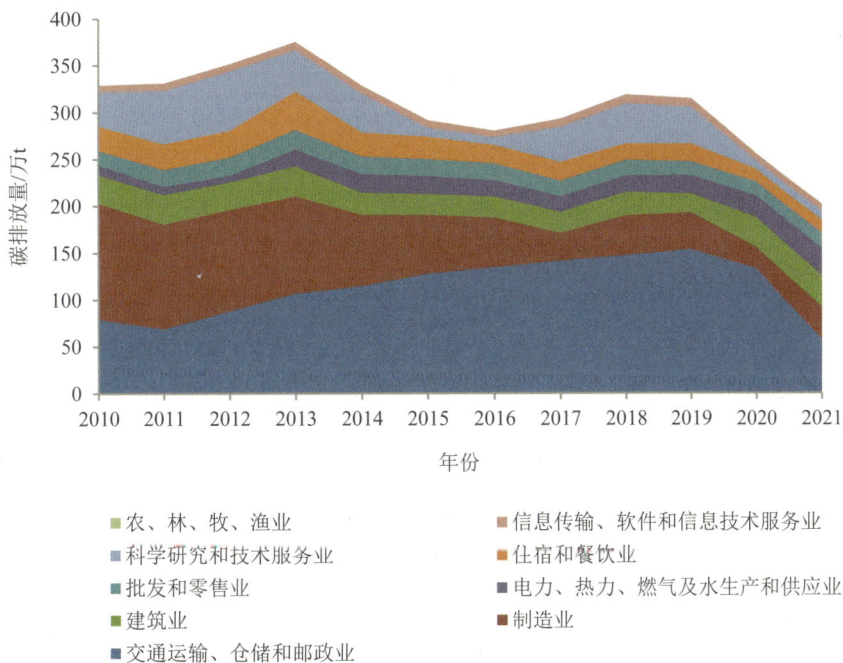

图 5-19 2010—2021 年丰台区规模以上行业企业碳排放趋势及结构

各行业能源结构基本呈现以电力为主要能源的特征，电力脱碳对于丰台区实现减排目标尤为关键，此外也应探索供电、供热行业中的天然气替代，以进一步减碳。其中，规模以上交通运输、仓储和邮政业的碳排放主要来自电力（67%）和汽油（19%）。自中国联合航空有限公司于 2021 年迁出后，丰台区原本排放最多的煤油排放量下降至零，公交、地铁等交通工具生产制造和运营使用过程的用能成为主要的排放来源，其中电力为主要能源种类。未来随着交通部门电气化程度进一步提高，电力排放占比可能还有增长空间，需结合绿电使用完成低碳转型。规模以上制造业的碳排放主要来自电力（40%）、天然气（34%）和热力（21%），整体呈下降趋势，近年来有所波动。原煤、汽油、柴油、燃料油及石油沥青已基本被淘汰或替代，体现了丰台区政府和企业逐步减少并停用化石能源的决心。考虑到丰台区三大支柱产业为铁路、船舶、航空航天和其他运输设备制造业，金属制品业及非金属矿物制品业，天然气有一定程度的难以替代性，未来可能面临电气化挑战。规模以上建筑业的碳排放主要来自电力（77%）和柴油（13%），建筑业中建材生产是造成碳排放的主要环节。未来一方面会推行低碳建材生产，改进生产工艺，降低生产环节碳排放；另一方面装配式建筑的推广也能够进一步降低建材需求和生产能耗，有望降低建筑业能耗强度。规模以上电力、热力、燃气及水生产和供应业的碳排放主要来自天然气，未来燃气机组是否新增是丰台区"双碳"规划的讨论重点。丰台区被列为重点排放单位的多家供热企业全部使用天然气作为热电联产燃料，虽然也有小部分外购电力，但其仅占总排放的 3%～10%。

第四节 "双碳"路径规划情景

一、碳排放分析模型构建

本节采用"自上而下"和"自下而上"相结合的方式进行分析，其中"自上而下"基于国家社会经济发展和能源需求，以及丰台区所处的发展阶段进行预测；"自下而上"基于丰台区未来重大项目建设、需求进行预测。方法如下："自上而下"方法是根据国家能源强度下降率和非化石能源占比，结合丰台区生产总值增速确定能源消费量，在丰台区能源消费现状的基础上，综合考虑社会发展、能源规划、新上项目等因素进行能源消费预测，根据国家最新发布的煤炭、油品、天然气的排放因子进行核算，进而得到全社会 CO_2 排放变化趋势；"自下而上"方法是基于重大项目建设、节能挖潜、分部门能源消费需求、产业和领域发展等进行预测，其中农业、交通运输、居民生活采用国际主流常用的 LEAP 模型开展分析预测。

由于 CO_2 为区域排放的主要温室气体，本节搭建的 LEAP 模型以 CO_2 排放作为主要预测对象，模型结构分为终端能源消费及能源转换两部分。本节分析的基础年份为 2021 年，分析时间跨度为 2022—2060 年，计算步长为 1 年。模型以区域能源平衡表数据作为主要输入，通过计算能源消耗量并结合各部门活动水平数据（建筑面积、部门产值、车辆保有量等）进行能源拆分，得到各部门的能源强度。

地区生产总值增长指标："十四五"时期至 2035 年是丰台区实现社会主义现代化的关键时期。根据《北京市丰台区国民经济和社会发展第十四个五年规划和二〇三五年远景目标纲要》，"十三五"期间，丰台区地区生产总值年均增长 5.2%，规模突破 1 800 亿元，人均地区生产总值突破 9 万元，一般公共预算收入规模突破 120 亿元，全社会固定资产投资、社会消费品零售额持续增长。"十四五"期间，主要经济指标平稳增长，综合经济实力和财力显著提高，地区生产总值年均增长 5%左右，成为北京市南部地区高质量发展的新引擎。基于此，结合丰台区各产业地区生产总值历史变化情况，判断丰台区第一产业、第二产业、第三产业未来地区生产总值增速如下：第一产业 2021—2035 年年均增速 1%，2035—2050 年年均增速 1.5%，2050—2060 年年均增速 1%；第二产业 2021—2035 年年均增速 5%，2035—2050 年年均增速 4.5%，2050—2060 年年均增速 4%；第三产业 2021—2035 年年均增速 7%，2035—2050 年年均增速 8%，2050—2060 年年均增速 8.5%。

汽车保有量增长指标：根据《2021 北京市交通发展年度报告》，自 2011 年小客车指标调控政策实施以来，北京市机动车保有量增长速度总体呈下降趋势。机动车增长率及私人机动车增长率分别为 3.2%及 4.2%。结合北京市交通历史变化趋势判断丰台区未来交通增速如下：机动车保有量 2021—2035 年年均增速 3.2%，2035—2050 年年均增速 2.5%，2050—2060 年年均增速 2%；私人机动车保有量 2021—2035 年年均增速 4.2%，2035—2050 年年均增速 3.5%，2050—2060 年年均增速 2.5%。

住宅建筑面积增长指标：根据历年丰台区统计年鉴，结合丰台区住宅建筑面积历史变化规律，判断丰台区未来住宅建筑面积增速如下：2021—2035 年年均增速 1.5%，2035—2050 年年均增速 1.8%，2050—2060 年年均增速 2%。

能耗强度下降率指标：以国家 "十四五"期间单位地区生产总值能源消耗累计

降低 13.5%的要求为基准，根据不同碳中和情景进行调整。

碳排放强度下降率指标：以国家"十四五"期间单位地区生产总值 CO_2 排放累计降低 18%的要求为基准，根据不同碳中和情景进行调整。

具体社会经济参数设置情况见图 5-20，参数以 2021 年数值为 1，反映相对变化程度。

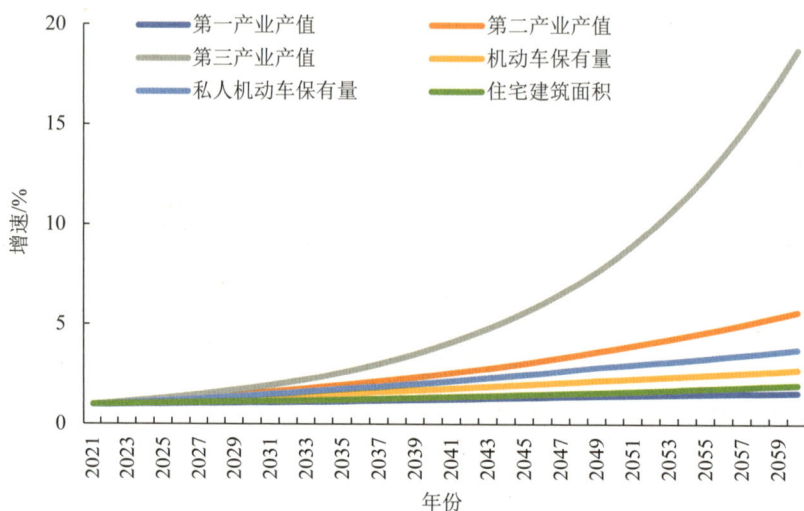

图 5-20　2021—2059 年社会经济参数设置

二、碳排放情景设置

碳排放达峰宏观上主要受经济增速、能耗强度和能源结构的影响。其中，经济增速基于《北京市丰台区国民经济和社会发展第十四个五年规划和二〇三五年远景目标纲要》发展情况确定；高耗能项目建设数量和规模对能耗强度下降幅度影响较大，高耗能项目建设数量和规模越大，能耗强度下降率越小，碳排放达峰及中和时间越晚；能源结构包括可再生能源发展和电气化水平两大方面，是区域能否实现碳中和的关键，非化石能源在能源结构中的占比越高，碳排放达峰及中和时间越早。

图 5-21 给出了丰台区碳排放 LEAP 模型搭建框架，主要根据电力、热力、交通、建筑等部门的未来碳排放趋势分析，基于丰台区产业结构与能源结构现状、历史能效变化及能源转型速度，以及"十四五"时期能耗强度和碳排放强度考核要求，围绕丰台区是否新增燃气机组、电气化提升速度、节能改造速度等因素的

不确定性，以各时期国家能耗强度、碳排放强度下降要求，最迟 2060 年实现碳中和为目标，设置技术创新型情景、可再生能源主导型情景、外调电力依赖型情景 3 种情景（表 5-4）。

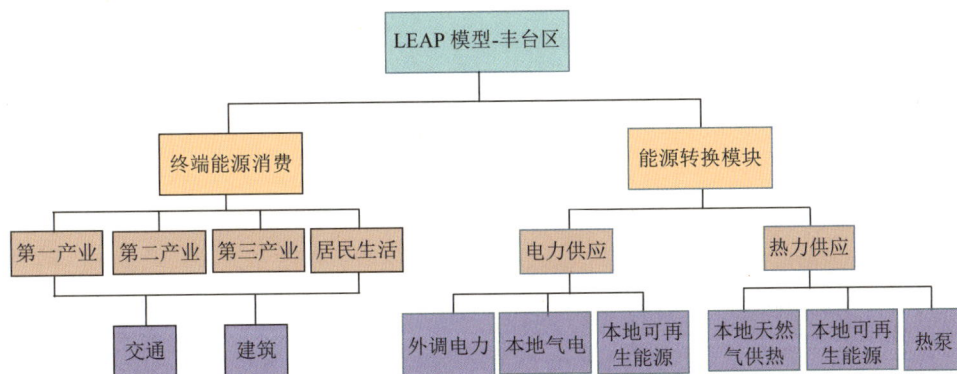

图 5-21　丰台区碳排放 LEAP 模型搭建框架

表 5-4　丰台区"双碳"情景设定依据

情景名称		参数设定情况	参数设定依据
技术创新型情景	能效提升参数	交通领域自2022年起能效年均提升1.5%，自2035年起能效年均提升2%，自2050年起能效年均提升1%	结合历史趋势及技术发展预判设定
		建筑领域中的公共建筑自2022年起能效年均提升3%，自2035年起能效年均提升4%，自2050年起能效年均提升2%；住宅建筑自2022年起能效年均提升2%，自2035年起能效年均提升3%，自2050年起能效年均提升1%	结合历史趋势及技术发展预判设定
	能源替代参数	2060 年实现交通领域 85%电气化	根据情景要求及未来区域预判，并结合《北京市"十四五"时期交通发展建设规划》设定，此情景下，2060 年交通领域氢能车辆占比15%
		2060 年实现建筑领域 100%电气化	根据未来发展趋势预判[25]
		2060 年实现热力部门热泵推行率达 35%	根据情景要求，结合《北京市"十四五"时期供热发展规划》《北京市"十四五"时期能源发展规划》《北京市丰台区国民经济和社会发展第十四个五年规划和二〇三五年远景目标纲要》设定，在保留燃气机组的情况下，2060年热泵推行率需达到 35%

情景名称		参数设定情况	参数设定依据
技术创新型情景	可再生能源参数	本地电力部门 2060 年实现 60% 的可再生能源供电	根据情景要求，结合《北京市"十四五"时期电力发展规划》[到 2025 年，北京本地发电装机容量达到 1 533 万 kW（含应急备用电源），可再生能源装机 435 万 kW，占总装机的 28% 左右；到 2025 年，外调绿色电量 300 亿 kW·h，占全社会用电量的 21.4% 左右] 设定
		本地热力部门 2060 年实现 30% 的可再生能源供热	根据情景要求，结合《北京市"十四五"时期供热发展规划》（到"十四五"末期，全市城镇地区基本实现清洁能源供热，供热结构不断优化，新能源和可再生能源耦合供热比例达到 10%）设定
		交通部门自 2030 年起发展氢能汽车，2060 年实现 15% 的氢能车辆渗透率	根据情景要求及未来区域预判，并结合《北京市"十四五"时期交通发展建设规划》设定，在此情景下，2060 年交通领域氢能车辆占比 15%
可再生能源主导型情景	能效提升参数	交通领域自 2022 年起能效年均提升 1.5%，自 2035 年起能效年均提升 2%，自 2050 年起能效年均提升 1%	结合历史趋势及技术发展预判设定
		建筑领域中的公共建筑自 2022 年起能效年均提升 3%，自 2035 年起能效年均提升 4%，自 2050 年起能效年均提升 2%；住宅建筑自 2022 年起能效年均提升 2% 自 2035 年起能效年均提升 3%，自 2050 年起能效年均提升 1%	结合历史趋势及技术发展预判设定
	能源替代参数	2060 年实现交通领域 85% 电气化	根据情景要求及未来区域预判，并结合《北京市"十四五"时期交通发展建设规划》设定，此情景下，2060 年交通领域氢能车辆占比 15%
		2060 年实现建筑领域 100% 电气化	根据未来发展趋势预判[25]
		2060 年实现热力部门热泵推行率 60%	根据情景要求，结合《北京市"十四五"时期供热发展规划》《北京市"十四五"时期能源发展规划》《北京市丰台区国民经济和社会发展第十四个五年规划和二〇三五年远景目标纲要》设定，在可再生能源发展情况下，2060 年热泵推行率需达到 60%

情景名称		参数设定情况	参数设定依据
可再生能源主导型情景	可再生能源参数	本地电力部门2035年实现50%的可再生能源供电，2040年实现100%的可再生能源供电	根据情景要求（2035年京丰燃气410 MW燃气机组退出，补充45 000万kW·h生物质热电联产项目，2040年京桥热电838 MW燃气机组退出，继续补充40 000万kW·h生物质热电联产项目），结合《北京市"十四五"时期电力发展规划》设定
		本地热力部门2060年实现40%的可再生能源供热	根据情景要求，结合《北京市"十四五"时期供热发展规划》《北京市"十四五"时期能源发展规划》《北京市丰台区国民经济和社会发展第十四个五年规划和二〇三五年远景目标纲要》设定
		交通部门自2030年起发展氢能汽车，2060年实现15%的氢能车辆渗透率	根据情景要求及未来区域预判，并结合《北京市"十四五"时期交通发展建设规划》设定，此情景下，2060年交通领域氢能车辆占比15%
外调电力依赖型情景	能效提升参数	交通领域自2022年起能效年均提升1.5%，自2035年起能效年均提升2%，自2050年起能效年均提升1%	结合历史趋势及技术发展预判设定
		建筑领域中的公共建筑自2022年起能效年均提升3%，自2035年起能效年均提升4%，自2050年起能效年均提升2%；住宅建筑自2022年起能效年均提升2%，自2035年起能效年均提升3%，自2050年起能效年均提升1%	结合历史趋势及技术发展预判设定
		2060年实现交通领域100%电气化	根据情景要求及未来区域预判，并结合《北京市"十四五"时期交通发展建设规划》设定
		2060年实现建筑领域100%电气化	根据未来发展趋势预判[25]
		2060年实现热力部门热泵推行率70%	根据情景要求，结合《北京市"十四五"时期供热发展规划》《北京市"十四五"时期能源发展规划》《北京市丰台区国民经济和社会发展第十四个五年规划和二〇三五年远景目标纲要》设定
	可再生能源参数	本地电力部门2035年实现45%的可再生能源供电，2040年实现100%的可再生能源供电	根据情景要求（2035年京丰燃气410 MW燃气机组服役到期，2040年京桥热电838 MW燃气机组服役到期），结合《北京市"十四五"时期电力发展规划》设定

情景名称	参数设定情况		参数设定依据
外调电力依赖型情景	可再生能源参数	本地热力部门2060年实现30%的可再生能源供热	根据情景要求，结合《北京市"十四五"时期热力发展规划》《北京市"十四五"时期能源发展规划》《北京市丰台区国民经济和社会发展第十四个五年规划和二〇三五年远景目标纲要》设定
	外调电力排放因子设置	2022—2025年以年均4%的速率下降，2025—2030年以年均5%的速率下降，2030—2040年以年均7%的速率下降，2040—2050年以8%的速率下降，2050—2060年以7%的速率下降	结合历史趋势及技术发展预判设定

　　根据3种情景下的能耗强度、碳排放强度给出不同发展时期的重点举措，实现丰台区"双碳"目标的多种排放路径。

　　技术创新型情景：丰台区未来实现碳中和需要积极部署CCUS、储能等零排放/负排放技术，在交通、建筑、电力等多领域支持技术创新，以提升能效。其中，对于电力及热力部门，该情景在综合考虑未来电力需求大幅增加的情况下，假定丰台区燃气机组在服役到期后仍会补充相应燃气机组。在此情景下，丰台区碳中和路径的实现需要将重点放在技术布局上，以实现燃气机组的零碳/负碳排放：①在电力部门布局CCUS、储能等低碳改造计划，从2030年开始大规模布局燃气发电CCUS及储能项目，将2030年的碳捕集能力设置为10万t/a，假设到2050年燃气电厂加装CCUS后碳捕集率可以达到99%，此后稳定在这一水平，同时推动储能技术助力光伏发电，假设到2045年储能技术发展成熟，2050年之后外调电力量稳定在约70亿kW·h；②在热力部门的集中式供暖燃气机组布局CCUS，或建立绿电锅炉等具有示范作用的零碳项目，并积极开展分散式供热系统改造/替代行动，推行热泵；③在交通部门积极推动氢能车辆发展，并提高交通领域电气化水平，加强技术创新提升能效；④在建筑部门考虑能耗强度及碳排放下降目标，加强技术创新以尽可能地提升能效水平，以满足区域要求；⑤加强技术创新，积极挖掘本地碳汇潜力。

　　可再生能源主导型情景：丰台区未来实现碳中和需要大力挖掘本地可再生能源。该情景在综合考虑未来电力需求大幅增加的情况下，假定丰台区燃气机组在服役到期后不会新增相应燃气机组，考虑到外调电力，丰台区将最大限度地开发本地可再生能源，推动本地可再生能源发电、供热。在此情景下，丰台区碳中和路径的实现需要将重点放在本地可再生能源的开发利用上：①在电力部门积极挖掘本地光伏潜力，尽可能布局光伏太阳板，同时积极布局生物质能发电项目，在原规划的循环经济产业园生物质能源中心项目的基础上增设生物质热电联产机组；②在热力部门积极挖掘本地地热能、生物质能资源（增设生物质热电联产机组），推动地热、生物质供暖项目，推行热泵，积极开展分散式供热系统改造/替代行动，推进绿电供热试点项目，打造低碳能源结构；③在交通部门积极推动氢能车辆发展，并提高交通领域电气化水平，提升能效；④在建筑部门考虑能耗强度及碳排放下降目标，尽可能提升能效水平以满足区域要求；⑤积极挖掘本地碳汇潜力，或通过碳汇购买的形式辅助实现区域碳中和目标。

外调电力依赖型情景：丰台区未来实现碳中和目标需要依赖外调电网零碳化。该情景假定丰台区燃气机组在服役到期后不会新增相应燃气机组，此时需要全面提高电气化水平，依靠大量外调电力来维持本地电力需求，依靠外调电力零碳化来实现区域碳中和目标。在此情景下，考虑到外调电力未来零碳化的不确定性，丰台区要实现碳中和路径需要做到以下 5 个方面：①在电力部门尽可能挖掘本地可再生能源应用，以防外调电力供应的不稳定性，同时尽可能提升能效水平，减少电力需求；②在热力部门全面淘汰燃气锅炉，挖掘本地可再生能源，推行热泵，提高热力部门电气化水平；③在交通部门全面淘汰燃油车辆，实现电力部门全电气化；④在建筑部门全面淘汰天然气厨房，实现建筑部门全电气化；⑤考虑到外调电力零碳化的不确定性，丰台区需要最大限度地挖掘本地碳汇资源，或者通过购买碳汇的形式实现碳中和，同时大力推进绿电进丰台项目。

表 5-5 列出了 3 种情景的优势、劣势及推进难点。其中，能效提升（如工业商业、交通、生活的能源利用效率）是能源利用的一般规律，在节能的同时也会带来一定的经济收益；能源替代，即大力推动能源消费电气化，主要是"双碳"目标政策要求下的产物，传统化石能源向可再生能源转变的过程中会遇到一定的阻力，需要经历一定的"阵痛"；大力发展可再生能源成为全球能源革命和应对气候变化的主导方向与一致行动，全球能源转型进程明显加快，以风电、光伏发电为代表的新能源呈现性能快速提高、经济性持续提升、应用规模加速扩张的态势，形成了加快替代传统化石能源的世界潮流。3 类低碳措施都是城市实现碳达峰碳中和的重要途径，本节依据各种情景的特点识别 3 类低碳措施下丰台区 3 种情景的未来碳排放趋势，为丰台区实现"双碳"目标提供参考。

表 5-5　3 种情景的优势、劣势及推进难点

情景	情景优势	情景劣势	情景推进难点
技术创新型情景	电力、热力系统稳定度高，供应得以保障	成本较高	全面技术改革可能受技术成熟度、资金等多方因素限制
可再生能源主导型情景	深度挖掘区域资源潜力，依赖自身资源条件助力区域零碳建设	成本较高，可再生能源开发潜力有限、稳定性相对较差，难以大幅覆盖全区	可再生能源应用潜力有限
外调电力依赖型情景	能够依赖外调电力，较为"轻松"地实现碳中和	未来外调电力的零碳属性不确定	不确定性较高

三、未来碳排放情景预测分析

基于技术创新型、可再生能源主导型、外调电力依赖型3种情景，充分考虑社会经济发展、丰台区2060年前实现碳中和等目标约束，构建丰台区重点部门/行业的碳中和路径。

根据丰台区碳达峰碳中和模拟情景，表 5-6 梳理了 2021—2060 年丰台区各阶段关键指标参数，并给出了不同情景下的碳中和排放路径、能耗管理及行业行动。

表 5-6　不同情景下丰台区能源消费和碳排放情况

年份	指标	技术创新型情景	可再生能源主导型情景	外调电力依赖型情景
2021 年	能源消费总量/万 t 标准煤	—	404.4	—
	碳排放量/万 tCO$_2$	—	648.8	—
"十四五"时期（2021—2025 年）	能源消费总量/万 t 标准煤	443.6	445.0	444.6
	碳排放量/万 tCO$_2$	629.0	628.6	627.7
	能源强度累计下降率/%	15.3	15.0	15.1
	碳排放强度累计下降率/%	25.1	25.2	25.3
"十五五"时期（2026—2030 年）	能源消费总量/万 t 标准煤	501.0	504.6	503.6
	碳排放量/万 tCO$_2$	637.1	649.6	650.1
	能源强度累计下降率/%	18.3	18.0	18.1
	碳排放强度累计下降率/%	26.8	25.3	25.1

年份	指标	技术创新型情景	可再生能源主导型情景	外调电力依赖型情景
"十六五"时期（2031—2035年）	能源消费总量/万t标准煤	566.4	569.7	570.9
	碳排放量/万tCO₂	620.5	617.9	634.7
	能源强度累计下降率/%	19.0	19.1	18.7
	碳排放强度累计下降率/%	30.2	31.8	30.0
"十七五"时期（2036—2040年）	能源消费总量/万t标准煤	631.2	634.0	637.6
	碳排放量/万tCO₂	547.7	560.3	576.0
	能源强度累计下降率/%	22.6	22.7	22.5
	碳排放强度累计下降率/%	38.7	37.0	37.0
"十八五"时期（2041—2045年）	能源消费总量/万t标准煤	710.9	713.1	719.4
	碳排放量/万tCO₂	505.4	407.8	426.6
	能源强度累计下降率/%	22.0	22.1	21.9
	碳排放强度累计下降率/%	36.1	49.6	48.7
"十九五"时期（2046—2050年）	能源消费总量/万t标准煤	826.0	827.6	837.0
	碳排放量/万tCO₂	185.3	318.2	333.8
	能源强度累计下降率/%	20.1	20.1	20.0
	碳排放强度累计下降率/%	74.8	46.3	46.2
"二十五"时期（2051—2055年）	能源消费总量/万t标准煤	1 058.7	1 059.6	1 072.5
	碳排放量/万tCO₂	118.0	248.8	263.3
	能源强度累计下降率/%	13.4	13.5	14.3
	碳排放强度累计下降率/%	57.0	47.2	46.7
"二十一五"时期（2056—2060年）	能源消费总量/万t标准煤	1 377.0	1 377.0	1 393.0
	碳排放量/万tCO₂	34.4	149.0	163.0
	能源强度累计下降率/%	12.4	12.4	12.4
	碳排放强度累计下降率/%	80.3	59.7	58.3

技术创新型情景：主要依赖丰台区部署燃气机组 CCUS 储能项目及光伏发电储能项目。在该情景下，CCUS 及储能技术的推进可助力丰台区率先实现碳中和。燃气机组 CCUS 储能项目能够逐步捕集燃气机组碳排放量，并将其储存起来加以利用。在 CCUS 技术发展成熟的情况下，丰台区能够继续补充燃气机组，在未来电力需求

激增的情况下实现本地电力系统的稳定性，减少对外调电力的依赖性。光伏发电储能项目能够在丰台区有限的可再生能源条件下最大限度地利用可再生能源，并实现自由调控，从而积极应对外调电网零碳属性的不确定性。图5-22～图5-24呈现了技术创新型情景的排放路径、能耗管理及行业行动。根据所设定的外调电力排放因子，在该情景下，丰台区2060年的碳排放量（扣除碳汇）为34万t，本地碳汇可以抵消这部分碳排放，各时期能耗强度、碳排放强度均能较为"轻松"地达到国家/北京市要求。依赖CCUS及储能技术，丰台区能够更加自主地把控碳中和时间，积极应对外调电力2060年零碳属性的不确定性。

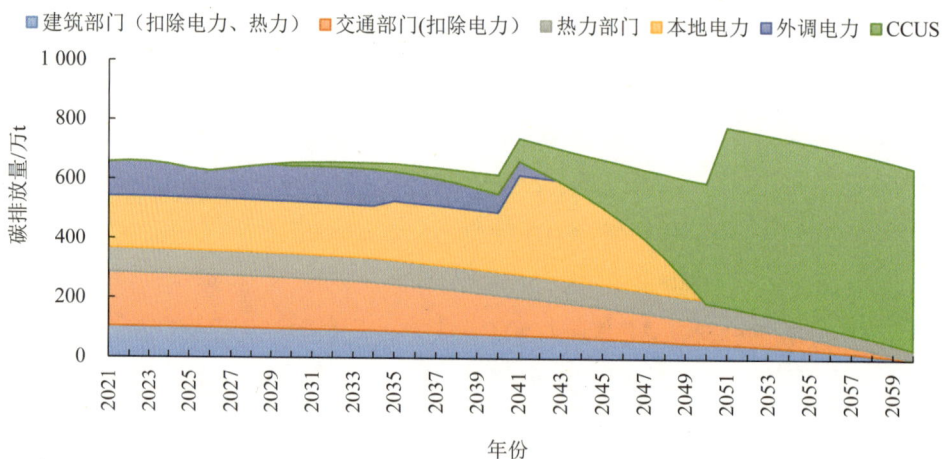

图 5-22　技术创新型情景排放路径

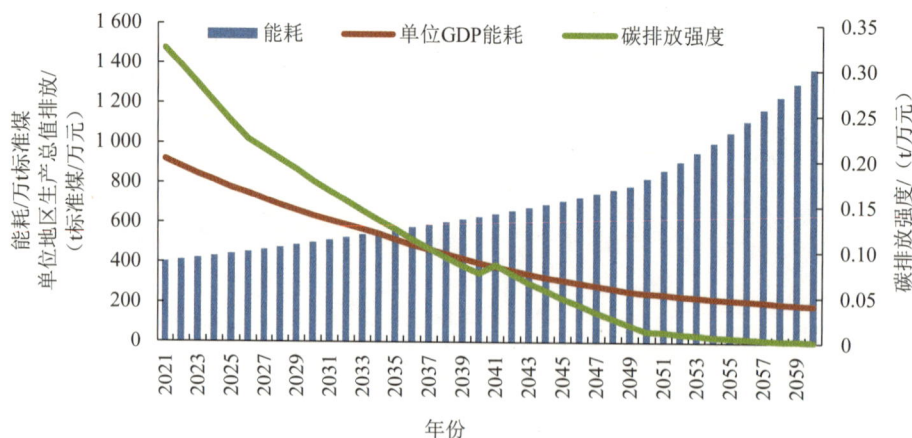

图 5-23　技术创新型情景能耗管理

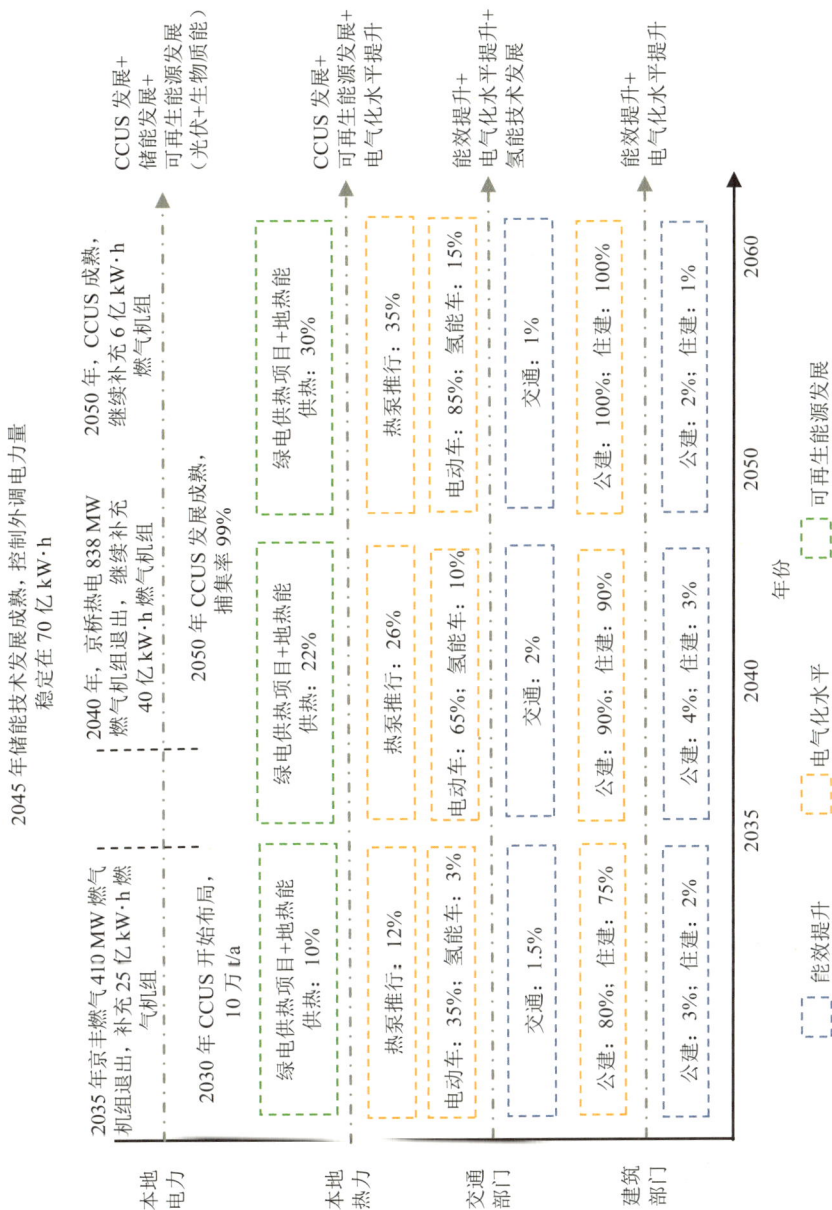

图 5-24 技术创新型情景行业行动

可再生能源主导型情景：主要依赖丰台区积极开发本地可再生能源，包括在电力部门推行光伏及生物质能，在热力部门推行地热能，在交通部门推行氢能等。在该情景下，可再生能源开发利用潜力有限，碳中和属性仍受外调电网不确定性的制约。生物质/固体废物热电联产机组是热电联产机组低碳改造的主要方向。当前丰台区正在积极建设循环经济产业园生物质能源中心项目，未来可以在此基础上加强垃圾焚烧发电机组设备建设，在已有燃气机组退役淘汰的情况下增强本地电力生产。丰台区河西地区潜藏的地热能资源通过开发利用能够助力本地热力生产。氢能车辆被视为交通领域能源转型的关键一环，交通运输行业中货运等大型交通运输产生了大量使用氢燃料的市场机会，其消费量足以产生规模效应。图5-25～图5-27呈现了可再生能源主导型情景的排放路径、能耗管理及行业行动。根据所设定的外调电力排放因子，在该情景下丰台区2060年的碳排放量（扣除碳汇）为149万t，除了依靠本地碳汇（约40万t）抵消，若不考虑未来全国CCUS项目的抵消作用，丰台区仍须购买约100万t的碳汇资源。在能耗管理方面，各时期能耗强度、碳排放强度均能较为"轻松"地达到国家/北京市要求。从丰台区整体来看，本地可再生能源禀赋不足，且部分小区老化严重，城市建设过于密集，光伏项目的应用程度有限。在此情景下，丰台区实现碳中和的时间及路径受外调电网的影响较大：其一，丰台区在开发本地可再生能源的同时，需要积极部署储能项目；其二，丰台区需要积极引进绿电项目，鼓励产业园区/企业推进绿电使用，并实施相应支持政策；其三，丰台区需要积极开发本地碳汇资源，并做好碳汇购买政策方案及行动路径，以积极应对外调电网零碳属性的不确定性。

外调电力依赖型情景：主要通过丰台区大幅提升电气化水平，依靠外调电网的零碳化实现碳中和。在该情景下，减少电力需求及挖掘碳汇潜力是调控外调电网不确定性的关键。图5-28～5-30呈现了外调电力依赖型情景的排放路径、能耗管理及行业行动。根据所设定的外调电力排放因子，在该情景下，丰台区2060年碳排放量（扣除碳汇）为163万t，除了依靠本地碳汇（约40万t）抵消，若不考虑未来全国CCUS项目的抵消作用，丰台区仍须购买约120万t的碳汇资源。在能耗管理方面，各时期能耗强度、碳排放强度均能较为"轻松"地达到国家/北京市要求。在此情景下，丰台区实现碳中和的时间及路径受外调电网的影响较大：一方面，丰台区需要积极引进绿电项目，鼓励产业园区/企业推进绿电使用，并实施相应的支持政策；另一方面，丰台区需要积极开发本地碳汇资源，并做好碳汇购买政策方案及行动路径，以积极应对外调电网零碳属性的不确定性。

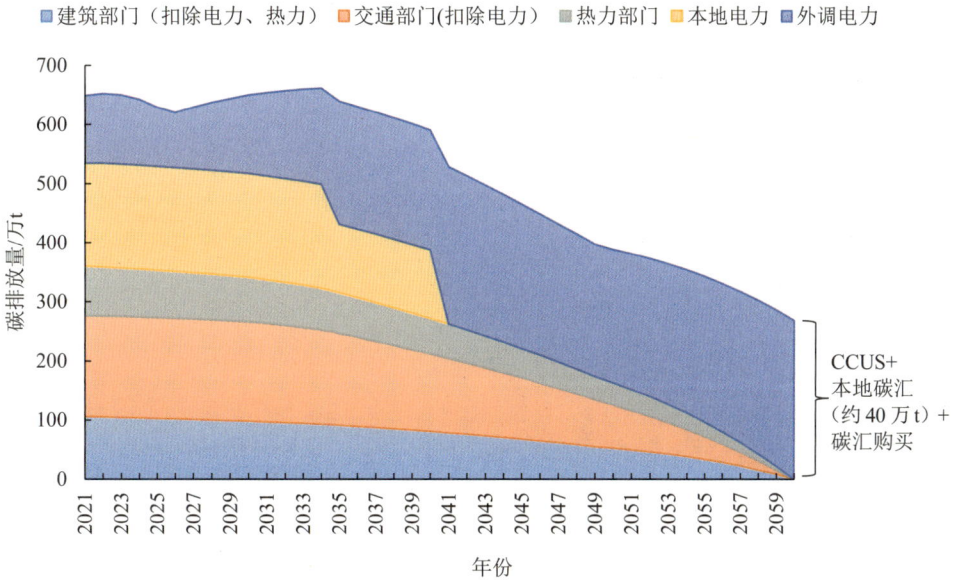

图例：■ 建筑部门（扣除电力、热力） ■ 交通部门(扣除电力) ■ 热力部门 ■ 本地电力 ■ 外调电力

图 5-25 可再生能源主导型情景排放路径

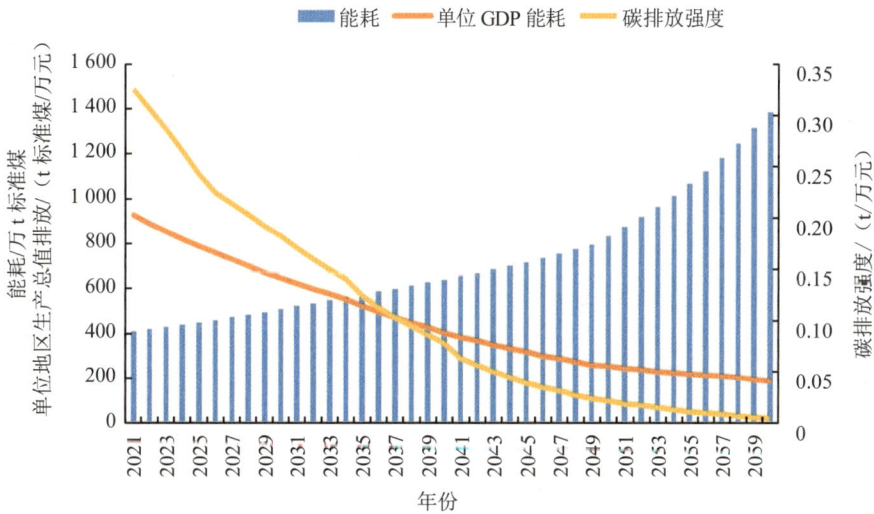

图例：■ 能耗 ■ 单位 GDP 能耗 ■ 碳排放强度

图 5-26 可再生能源主导型情景能耗管理

171

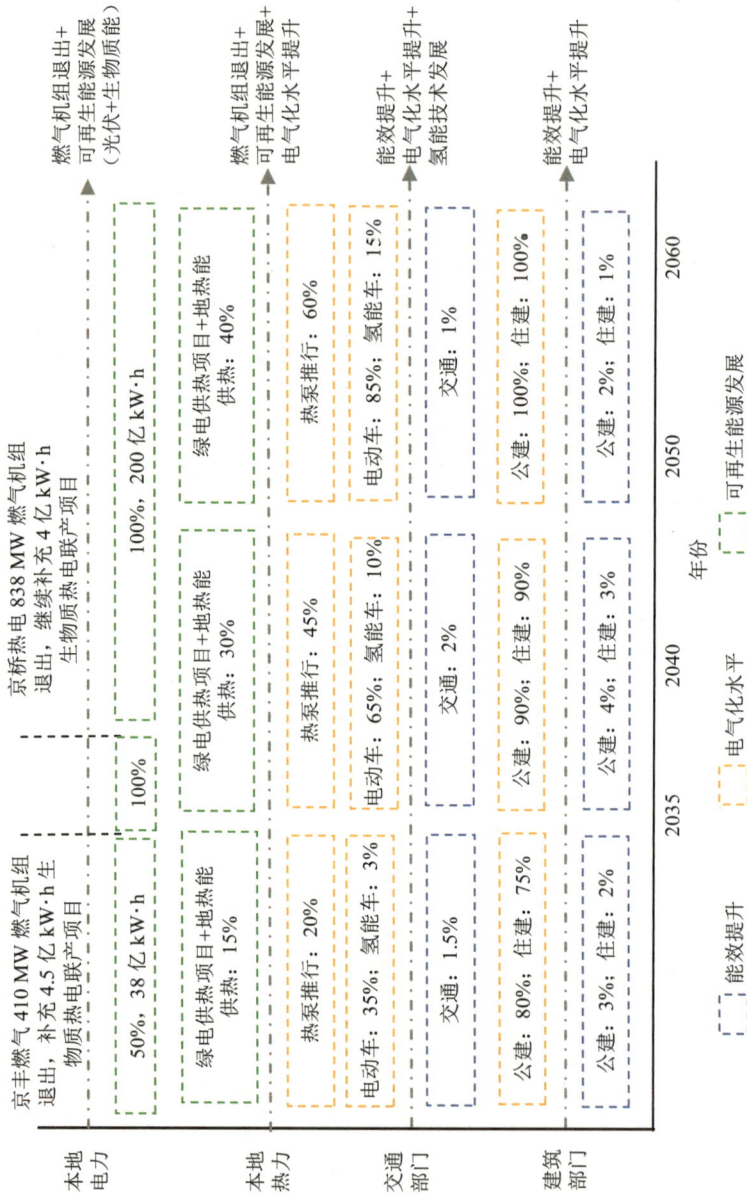

图 5-27　可再生能源主导型情景行业行动

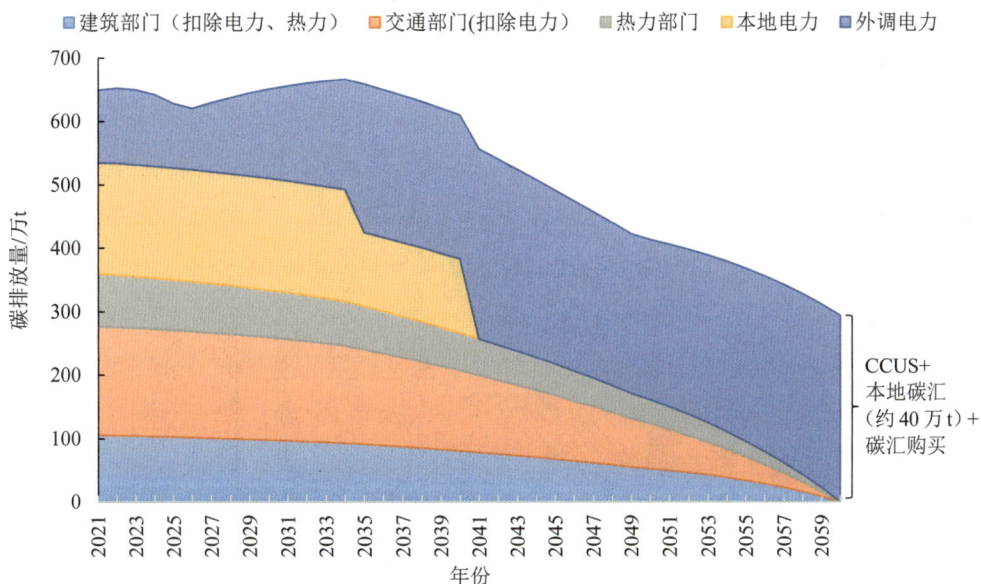

图 5-28　外调电力依赖型情景排放路径

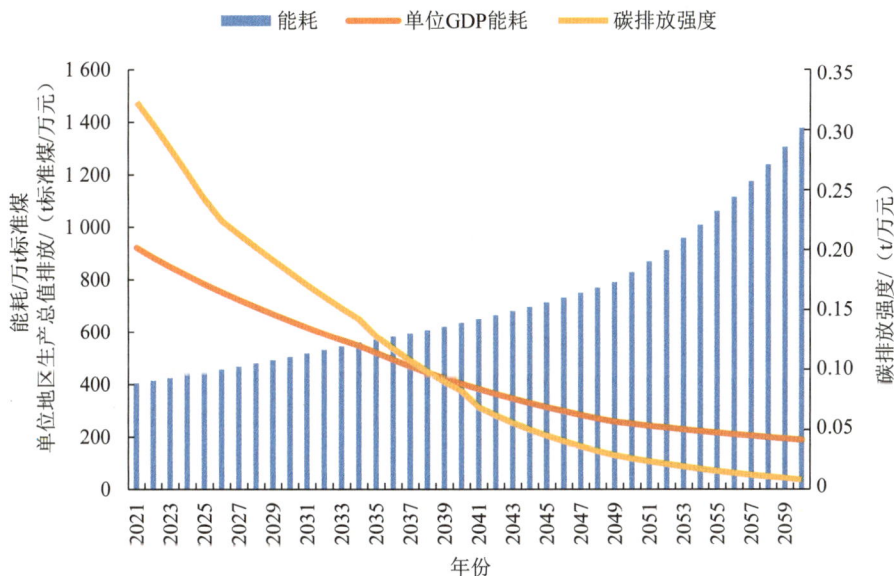

图 5-29　外调电力依赖型情景能耗管理

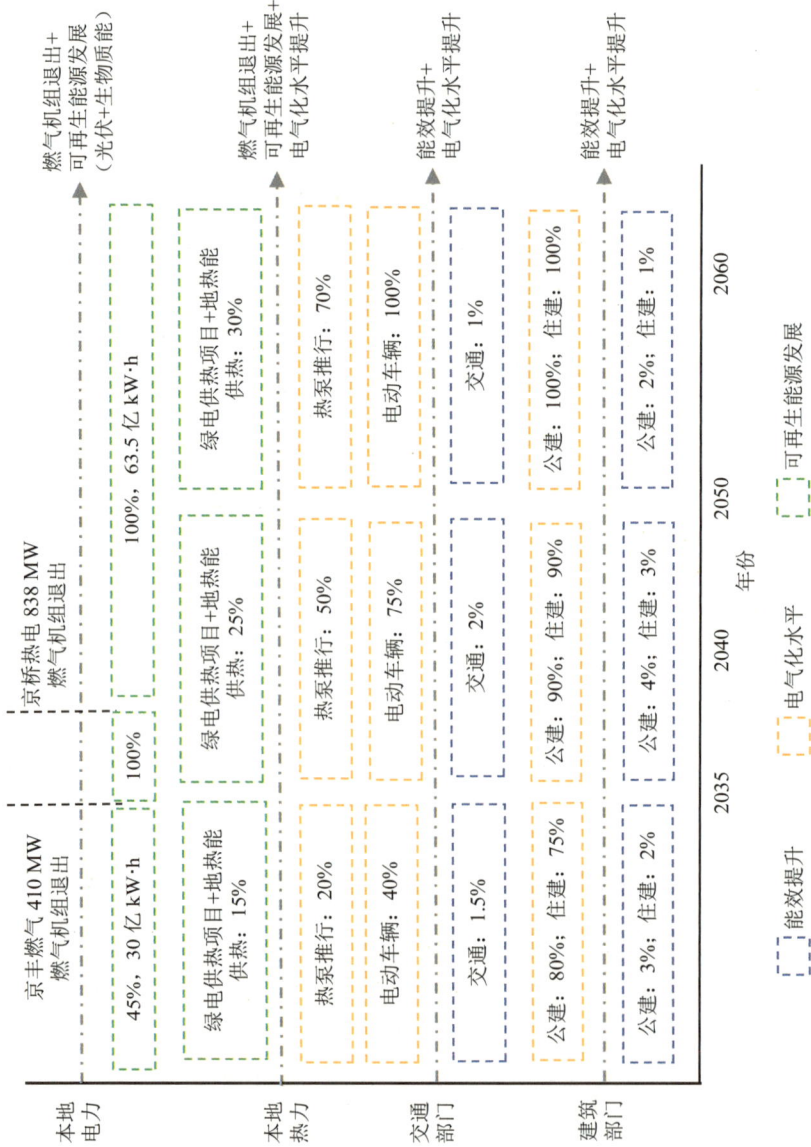

图 5-30 外调电力依赖型情景行业行动

基于以上情景结果，本书给出丰台区实现碳中和目标的 2 个主要方向：①保留本地燃气机组，积极部署 CCUS、储能等零碳/负碳技术，运用技术在保障本地电力、热力资源稳定供应的情况下实现低碳/零碳排放；②不再新增本地燃气机组，大幅提升电气化水平，依靠未来外调电网的零碳化实现碳中和，同时着力部署碳汇市场交易相关工作，以应对外调电网未来零碳属性的不确定性。

从具体行业行动（图 5-31）来看，电力部门是丰台区最重要的排放部门。丰台区本地主要依靠天然气机组发电，未来是否新增燃气机组是碳中和战略主要布局方向。随着丰台区未来电力需求的激增，若丰台区考虑到在当前燃气机组退役时新增燃气机组以保障区域能源安全，则需要着手布局 CCUS、储能等零碳/负碳技术，以助力区域碳中和目标的实现。值得指出的是，在 CCUS、储能等零碳/负碳技术发展成熟时，可助力区域率先实现碳中和目标，区域的碳中和"主动权"将更高。若丰台区在当前燃气机组退役时不再新增燃气机组或仅保留小部分燃气机组，则需要通过大规模引进绿电、积极参与碳汇交易机制来应对未来外调电网的不确定性。此外，发展本地光伏，推进生物质发电项目是丰台区电力部门减少 CO_2 排放潜力的有效措施，需要同步进行。

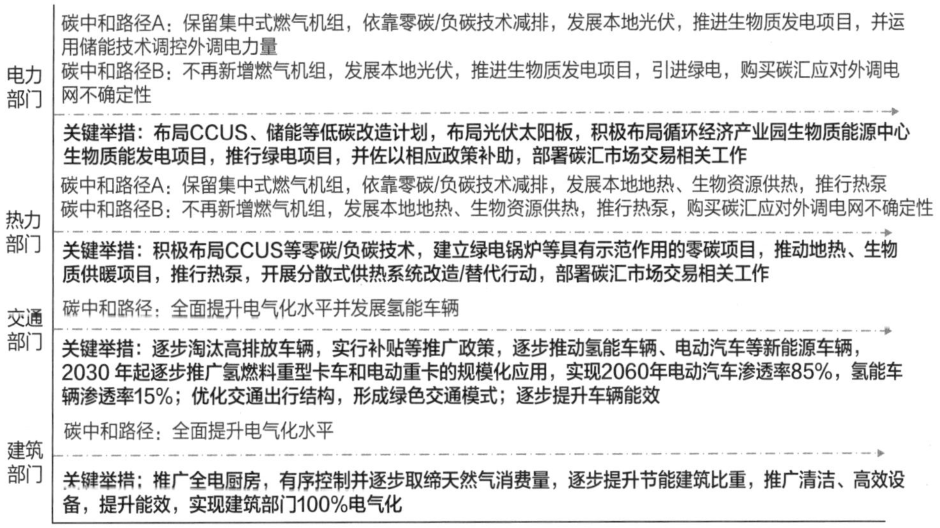

电力部门	碳中和路径A：保留集中式燃气机组，依靠零碳/负碳技术减排，发展本地光伏，推进生物质发电项目，并运用储能技术调控外调电力量 碳中和路径B：不再新增燃气机组，发展本地光伏，推进生物质发电项目，引进绿电，购买碳汇应对外调电网不确定性 **关键举措：布局CCUS、储能等低碳改造计划，布局光伏太阳板，积极布局循环经济产业园生物质能源中心生物质能发电项目，推行绿电项目，并佐以相应政策补助，部署碳汇市场交易相关工作**
热力部门	碳中和路径A：保留集中式燃气机组，依靠零碳/负碳技术减排，发展本地地热、生物资源供热，推行热泵 碳中和路径B：不再新增燃气机组，发展本地地热、生物资源供热，推行热泵，购买碳汇应对外调电网不确定性 **关键举措：积极布局CCUS等零碳/负碳技术，建立绿色锅炉等具有示范作用的零碳项目，推动地热、生物质供暖项目，推行热泵，开展分散式供热系统改造/替代行动，部署碳汇市场交易相关工作**
交通部门	碳中和路径：全面提升电气化水平并发展氢能车辆 **关键举措：逐步淘汰高排放车辆，实行补贴等推广政策，逐步推动氢能车辆、电动汽车等新能源车辆，2030 年起逐步推广氢燃料重型卡车和电动重卡的规模化应用，实现2060年电动汽车渗透率85%，氢能车辆渗透率15%；优化交通出行结构，形成绿色交通模式；逐步提升车辆能效**
建筑部门	碳中和路径：全面提升电气化水平 **关键举措：推广全电厨房，有序控制并逐步取缔天然气消费量，逐步提升节能建筑比重，推广清洁、高效设备，提升能效，实现建筑部门100%电气化**

图 5-31 丰台区碳中和路线

丰台区主要采用热电联产的形式发电供热，本地主要依靠天然气机组供热。在集中式供热系统方面，与电力部门相似，若丰台区考虑到在当前燃气机组退役时新增燃气机组，则需要着手布局 CCUS、储能等零碳/负碳技术，助力区域碳中和目标的实现；若丰台区在当前燃气机组退役时不再新增燃气机组，则需要通过大规模引进绿电（推行绿电锅炉等具有示范作用的零碳项目）、积极参与碳汇交易机制来应对未来外调电网的不确定性。在分散式供热系统方面，丰台区需要推进热泵使用，加速能源替代，有效控制并逐步降低天然气供热量。此外，提高地热能、生物质能供热量是丰台区热力部门减少 CO_2 排放潜力的有效措施，需要同步进行。

交通部门是丰台区重要的排放部门，当前北京市电动车辆比例较低（约 6.3%），碳中和路径下的交通部门减排主要由能效提升、结构转型和能源转型实现。提升运输工具能效、推广新能源交通工具和优化交通运输结构是交通部门减少 CO_2 排放潜力的关键措施。未来交通部门大规模的电气化水平是大势所趋，此外，氢能车辆的发展也是助力区域交通部门实现碳中和的关键一环。

建筑部门是丰台区重要的排放部门，当前丰台区建筑部门电气化程度相对较高（公共建筑 70%，住宅建筑 60%），碳中和路径下的建筑部门减排主要由能效提升、能源替代实现。控制新增建筑规模、实施既有建筑节能减排措施、推广光伏屋顶是建筑部门减少 CO_2 排放潜力的关键措施。厨房天然气取缔/改造方案是建筑部门碳中和路径的主要讨论方向。当前，丰台区全电厨房比重相对较低，未来还需要有效控制并逐步缩减天然气使用，推行全电厨房。

整体来看，技术及基于自然的解决方案是丰台区实现碳中和目标的关键。其中，技术是保证能源供应安全、减少能耗、推进可再生能源开发、助力区域率先实现碳中和目标的关键。基于自然的解决方案（包括积极挖掘本地碳汇资源、提升碳汇功能，以及积极探索、布局、参与碳汇交易机制）是应对外调电网不确定性、助力区域生态环境持续向好的关键。

第五节　经济中心城市"双碳"实施路径

碳达峰碳中和工作推进与生态文明建设一体两面、息息相关。在碳达峰碳中和行动相关的发展战略选择中，需充分发挥生态文明建设作用，构建气候友好型的绿色低碳发展整体格局，切实改善生态环境质量，共同打造良好城市环境。

根据丰台区长期碳排放预测分析结果，丰台区要实现碳中和目标，需要共同实施能效提升、能源替代、可再生能源发展三类措施。基于预测结果，丰台区实现碳中和目标的重点任务及关键措施体现在以下几个方面。

一、产业低碳转型，坚决遏制"两高"项目盲目发展

1. 遏制"两高"项目

坚决管控新增高耗能、高排放（"两高"）项目，明确遏制其盲目发展的限制要求，持续推动不符合首都功能定位的一般制造业疏解退出。强化绿色刚性约束作用，将碳排放总量和强度"双控"指标作为丰台区产业落地的约束条件，提出能耗、碳排放、水耗等方面项目的准入条件，建立并更新碳排放"双控"预警、限制、禁止清单，鼓励科技含量高、资源消耗低、碳排放少的产业发展。加大对高端新兴产业的碳排放总量和碳排放强度的准入审查和监管力度。结合《北京市新增产业的禁止和限制目录》的修订，及时调整丰台区新增产业的禁限要求。

推进现状产业转绿降碳，对重点企业实施绿色诊断，支持企业对标行业先进资源能源消耗水平和污染物排放水平等开展绿色化技术改造。在丽泽金融商务区、中关村丰台园、南中轴地区等园区围绕数字金融科技、前沿技术创新、国家级文化设施等新兴产业集聚区强化应用先进绿色节能环保技术，通过能源替代、节能提效、工艺改造等措施全面提升企业发展质量，打造企业绿色名片。

2. 提速绿色示范区域

在丽泽金融商务区、中关村丰台园、河西地区等重点区域，打造一批带动性强、示范性好的绿色科技示范项目与应用场景。以绿色创新引领产业发展，推进智慧园区建设，实现资源、能源、环境数字化管理，聚焦车路协同、智能安防、园区政务、智慧楼宇等应用场景，实现园区数字化、智能化发展。

打造新能源技术集成及设备制造、新能源智能汽车及燃料电池等具有国际竞争力的绿色产业集群，实现碳排放与经济发展、能源消费"双脱钩"。打造绿色低碳园区。制定丽泽金融商务区"双碳"路径规划，建设电、热、冷、气、可再生能源等多种能源协同互济的综合能源项目，推动形成园区内外部产业循环耦合，实现园区整体绿色低碳循环发展。

3. 鼓励引导绿色科技创新

开展碳中和关键技术、新能源开发利用、"互联网+低碳"等前沿技术的研发应用，推动实施一批丰台区低碳科技创新平台和应用示范项目。通过布局氢能、储能

等前瞻性、战略性、颠覆性科技攻关项目，鼓励企业参与财政资金支持、市场导向明确的绿色技术创新项目。鼓励发展低碳服务新业态。为低碳发展提供技术咨询、方案设计、项目运营等，实现低碳产业技术辐射和服务输出。

二、建设低碳能源体系

建设低碳能源体系是丰台区实现碳达峰的必由之路。当前地区能源消费结构对石油等化石燃料的依赖程度相对较高，亟须发展新能源和可再生能源，提升能源绿色低碳水平。碳排放总量和强度"双控"目标需要坚持深化能源体制机制改革，降低总能耗及人均能源消费水平，加快能源系统低碳转型。

1. 大力推进光伏发电，加强本地可再生电力开发利用

电力部门是丰台区最重要的排放部门，未来将面临较大减排压力，亟须发展可再生能源用于发电以满足地区电力需求。目前，北京丰台站屋顶光伏项目已投入使用，预计每年发电量可达 720 万 kW·h，减排 CO_2 5 200 t。丰台区应利用北京市得天独厚的科技优势和人才优势发展光伏设备制造行业，持续支持分布式光伏项目的发展，借鉴丰台站屋顶光伏项目经验，不断推进完善屋顶光伏发电系统，创新分布式光伏发电项目的补贴工作，如北京京桥热电有限责任公司将利用屋顶及停车场增加高架支架铺设光伏组件，建设总装机容量为 188.26 kW 的分布式光伏发电，预计年平均发电量为 190 MW·h/a，可减少 160.2 t 的 CO_2 排放。鼓励新建居住建筑、商业设施等建设分布式光伏发电系统，优先开展光伏建筑一体化应用；利用工业企业厂房、污水处理和再生水厂、大型公共建筑、居民住房、学校、医院、车站等建筑屋顶可利用面积建设分布式光伏，试点区域内在党政机关，学校、医院、村委会，工商业厂房和农户建筑屋顶安装光伏发电的总面积比例分别不低于 50%、40%、30% 和 20%。深入落实《北京市"十四五"时期能源发展规划》，积极引入市场机制，配套优先用地审批、拓宽企业准入等激励保障政策。简化光伏发电项目备案程序，减免发电业务许可、规划选址、土地预审、环境影响评价、节能评估及社会风险评估等支持性文件等。持续开展园区能源清洁化行动，包括丽泽综合能源互联网示范基地、多能互补集成优化示范项目等，提高可再生能源自给率。

优化配置绿电资源，深度挖掘本地光伏、生物质、地热等可再生能源发电潜力，加快推进北天堂 80 MW 垃圾焚烧发电厂的建设。推动再生水源热泵供暖应用，实施丽泽金融商务区智慧清洁能源供暖示范项目建设，试点再生水源热泵供暖与市政热

网融合应用。

2. 构建新型电力系统与智能电网体系

加快传统电网向能源互联网转型升级。升级丰台区电网，丰富地区 10 kV 电源点及管沟资源建设，10 kV 环网比例可由 22% 提升至 50%。10 kV 架空线路站间联络率达到 100%，以提升供电可靠性。实施重要用户用电改造，提升配网保障能力。确保绿色能源电网接入和消纳，提出更加有力的有效促进清洁能源消纳的措施，形成全社会促进清洁能源消纳的工作合力。支持分布式电源和微电网发展，为分布式电源提供一站式全流程免费服务，加强配电网互联互通和智能控制，满足分布式清洁能源并网和多元负荷用电需要。智慧规划绿色生态精细化管理，满足用户多样化用能需求的能源体系架构。通过集合电、气、冷、热等传统能源及充电桩、储能、光伏等新能源数据，实现综合能源数据的统一专业化管理。以东管头智能变电站为平台，高度融合"光、储、充、热"等绿色能源，发挥其在能源汇集传输和转换利用中的枢纽作用。探索变电站资源共享利用新模式，融合建设运营充电站、数据中心、5G 基站、充电站等，打造能源领域新型数字基础设施。系统梳理输配电各环节的节能减排，深入挖掘节能减排潜力。优化电网结构，推广节能导线和变压器，强化节能调度，提高电网的节能水平。进一步加强电网规划设计、建设运行、运维检修各环节绿色低碳技术研发，深化绿色低碳技术应用，为区域内上下游企业提供低碳能源技术和全套低碳能源解决方案，打造现代绿色能源体系。

3. 创建绿色供热体系

响应北京市政府和全球环境基金对供热系统效能提升的号召，丰台区参加了中国首家"工业供热系统和高耗能设备能效促进——节能技术产品示范项目"，旨在促进供热行业绿色低碳发展，构建清洁低碳高效的供热体系，这将有利于引导行业技术进步与装备升级，全面提升生产过程能源利用效率。《北京市"十四五"时期城市管理发展规划》提出重构绿色低碳供热保障体系，优化热电联产源网结构，充分利用余热资源。优化可再生能源供热，提升智能化供热水平。为此，丰台区可借助供热示范项目先行优势，继续完善"一站式"供热服务，开拓"供热管家""一键报修"等软件多样化功能，动态监测区域内天气变化，确保供热资源的合理配置和供热安全。继续鼓励支持试点工程，如京丰绿电供热试点工程，通过使用京能集团张家口120 万 kW 风电项目提供的清洁能源进行供热，可实现污染的"零排放"，为京津冀地区能源转型、协同发展提供支撑。积极推广可再生能源供热。结合旧城改造、城市更新、园区建设等发展契机，在具备条件的区域研究开展浅层地源、中深层地源、余热、再生水（污水）源热泵系统示范。推动可再生能源在农村地区的应用，配合建筑节能改造，鼓励采用多能耦合供热系统。

4．有序控制天然气消费量

丰台区在推进能源结构改革的同时，要切实保障"气足、电稳、热暖"，积极协调丰台电力公司、北京市燃气集团、北京市液化气公司等企业为保障全区电、气、热供应提供支撑。北京市"十四五"规划提出，北京市燃气事业要以高质量发展为目标，合理控制发展规模，持续提升安全与服务水平，到 2025 年要将天然气年消费量控制在 200 亿 m³ 以内，液化石油气年消费量控制在 15 万 t 以内。为此，丰台区政府应加大对燃气电厂的运行监管力度，在市级统筹下严控燃气机组燃气增量，最大限度地降低非采暖季期间生产负荷。积极寻找天然气替代资源，发展多方式、多能源相结合的安全供热体系，适度增加外部绿电调入规模，适度降低本地燃气机组发电占比。例如，京丰绿电供热试点工程项目建成后将成为北京市容量最大的电极锅炉项目，并将成为北京首个通过京津冀协同实现大容量绿电供热的案例，预计消纳绿电 9 867.19 万 kW·h/a，减少供热 CO_2 排放约 6 万 t，将在助力北京实现"双碳"目标的同时，为京津冀地区能源转型、加速京津冀地区协同发展和一体化进程提供案例支撑。充分挖掘电厂余热资源，积极推动电厂余热利用改造，研究开展热电解耦试点示范。控制燃气供热用气量，严格控制新增独立燃气供热系统，支持推进低能效燃气壁挂炉淘汰升级。

三、构建高水平城市交通枢纽

立足区域交通枢纽优势，完善公共交通体系，优化交通出行结构，推广清洁低碳的交通设施设备，加强交通设施节能管理，打造低碳化交通样板。

1．推广低碳交通工具，优化交通行业能源消费结构

《北京市"十四五"时期能源发展规划》中提到，要大力推动机动车"油换电"，推动氢燃料汽车规模化应用，到 2025 年全市新能源汽车累计保有量力争达到 200 万辆。新能源汽车的推广可先从公共领域做起，推进区内公交车（不含应急保障车辆、山区线路车辆等）、巡游出租汽车新增和更新基本为纯电动车或氢燃料电池车；新增包车客运和市内旅游班线车辆、更新市内包车客运和市内旅游班线车辆应为纯电动或氢燃料电池车。推进 4.5 t 以下环卫车新增和更新为纯电动车或氢燃料电池车。党

政机关的公务用车、物流配送车辆等也应优先更换为电动车或氢燃料电池汽车。加快提升公共交通分担率和清洁化比例。

以市场导向和政府经济激励型政策相结合的方式完善新能源汽车的发展政策体系。采用经济激励型措施鼓励消费者购买新能源汽车，通过补贴等手段鼓励居民使用电动车，提升新能源汽车的私家车占比。完善交通体系，推动机动车节能降耗。大力推动技术升级，从而降低相同出行需求下的机动车单位周转量和能源消耗。

2. 完善货运交通运输结构，统筹推进多样化货运方式

一是持续推进大宗生产生活物资运输"公转铁"，构建"铁路+新能源车"绿色物流运输新模式，实现铁路运输与城市配送有效衔接。基于铁路交通在运输成本和交通能耗方面的明显优势，加快构建长距离货运的绿色低碳交通系统。二是促进短途货车的能效提升和清洁化水平。对现有高耗能、高污染、高排放车辆进行淘汰或改造，同时通过分车型制定货车清洁能源改造目标引导企业对短途货车进行清洁化改造。加快推动城市燃油货运车辆清洁替代，发展绿色物流。推动建设京津冀燃料电池汽车货运示范专线。打造绿色低碳货物运输体系。以新发地等物流中心为重点，加快发展集约型、低能耗绿色物流，以"新能源车接驳"为目标，推进城市绿色接驳配送，推动驶入的外埠运输车辆采用新能源车，市内配送车辆基本采用新能源车。示范推广城市电动物流车运营模式，完善相关激励政策，基本实现辖区内绿色货运企业全覆盖。

3. 继续推进客运交通运输结构调整

对于旅游客运及省际客运行业，在近 5 年共取消 800 km 以上长途客运班线 86 条、客运车辆 230 辆的基础上，目前辖区已无 800 km 以上运营线路及卧铺客车。辖区应继续梳理运营线路，对各条线路的实际运营情况及发车班次的合理性进行审查，清理不合规线路，清退不合规车辆。引领省际客运班线逐渐向短途班线、定制客运班线及包车客运方向发展。继续发展省际和市内旅游客运班线、旅游包车、机场快线，更好地满足北京市城区与郊区景区之间、周边省（市）地区和景区之间的旅客出行需求。在已收到的企业线路发展规划书的基础上，持续鼓励并规范发展定制客运。定制客运班线更能够发挥道路客运机动、灵活、便捷的优势，实现与其他运输方式的资源互补、协调发展。重点发展龙头骨干企业，引领企业规模化、集约化经营。鼓励企业通过兼并重组扩大经营规模。推动行业进一步转型升级，并于 2023 年年底全部消除辖区小散客运企业。对于出租行业，继续按照《北京市交通委员会运输管理局关于进一步加强巡游出租汽车退出运营有关工作的通知》（京交运发〔2017〕366号）要求，出动执法人员，勘验退出营运车辆，勘验更新（新增）新能源出租车。对于省际客运站，在新成立客运站转型升级推进小组的基础上，继续深入一线开展调研，推进新发地客运站"运邮一体"建设，支持六里桥客运站"运游融合"探索，助力赵公口客运站"一站多点"尝试。充分结合企业需求及交通运输管理实际，积极总结模式经验在辖区各客运站全面推广，及时给予政策和信息支持，积极搭建平台，主动服务企业，为促进客运站转型升级、提升增值服务能力创造有利条件。继续采取地毯式核对方式对辖区各客运站班线、外埠进站车辆数据进行摸排，并按照排查要求对问题班线、车辆进行分类备注，形成本辖区外埠班线、车辆信息台账，将存在经营状况异常、"失管失控"风险的外埠车辆情况移送当地车籍地主管部门。同时，继续要求各站结合进站企业管理、教育工作，宣传引导企业落实安全主体责任，切实维护首都交通安全形势的持续平稳。

4. 完善充电桩配套设施建设

落实北京市"十四五"时期新能源汽车能源补给基础设施发展规划，按照"可建尽建、合理布局"的原则，加快基础设施建设。构建"以居住地、办公地充电为主，社会公用快速补电为辅"的充电设施网络。通过在居民区、公共停车场、购物中心、工业园区、单位内部停车场、旅游景区等位置加装电动汽车充电桩，加快城市充电桩的配套建设步伐，解决新能源汽车"充电难"的问题，提升新能源汽车的使用便利性，进一步增强市民购买新能源汽车的意愿。例如，丰台供电公司为新发地专门制定了绿色物流电气化充电站建设方案，建成投运电动汽车充电站。利用电动汽车可调负荷和移动储能的特性，通过有序调配和信息互通，实现车桩路网协同互动，增大电网灵活调节能力，提高配网管理效率，通过构建基于Power Go、融合终端等技术的设备应用平台，实现对分布式光伏、充电桩用电负荷的联合调控。

5. 优化交通出行结构

建设便捷高效、绿色舒适的综合交通体系，提升规划道路网密度，打造北京市中心城西南地区立体快速交通网络。坚持公交优先，加快融入全市轨道线网，构建以轨道交通为骨干、地面公交与轨道交通协同发展的城区公共交通体系。提升步行和自行车交通出行的环境品质，构建与城市环境相融合的慢行交通系统，逐步培育形成以"步行和自行车+公共交通+自行车和步行"为交通链的绿色交通模式，降低对小汽车出行的依赖，不断提高绿色出行比例。

6. 推动轨道交通低碳发展

2022 年 12 月，《北京轨道交通绿色低碳发展行动方案》正式发布，提出到 2025 年北京轨道交通将成为全国轨道交通绿色低碳发展的先行官，2030 年北京绿色轨道交通建设位居中国先进行列。推广复合交路套跑行车组织模式，开展列车运行等级优化项目，组织开展列车空调系统自动控制优化、增大列车电制动等项目，实现列车运行能耗的逐步降低。北京京港地铁有限公司通过对四号线及大兴线电客车提升电制动力改造，预计每年可节约电能 1 537 773 kW·h，折合降低综合能耗 189 t 标准煤（当量值），减排 CO_2 929 t，综合节约成本约 133 万元/a，以降低物料消耗的形式实现全生命周期碳排放降低。

7. 基于先进技术，构建智能化低碳交通管理体系

在旅游景点和工业园区开展自动驾驶与智能航运先导应用试点，随着5G 信息技术和北斗卫星导航系统的广泛应用，构建基于机动车行驶、电网交互、油耗监督等功能的交通实时排放管理体系，将有助于提升交通行业运营效率，并进一步助力丰台区交通行业"双碳"目标的实现。

四、大力发展节能低碳建筑

抓住城市更新建设契机，严格落实新建建筑能耗标准，大力发展绿色建筑和超低能耗建筑，加大存量建筑节能改造，使丰台区建筑节能水平明显提升。

1. 推进既有建筑节能改造

加强既有建筑节能改造鉴定评估，对具备节能改造价值和条件的既有居住建筑和公共建筑应改尽改，基本完成2000年前建成的需要改造的城镇老旧小区改造任务，推进公共建筑节能绿色化改造行动，努力实现单体建筑面积3 000 m² 及以上的公共建筑改造后达到至少15%的节能率。

在改造措施方面，首先应加快对老旧非节能建筑围护结构（外墙、门窗、屋面、楼地面等）的改造升级，采用先进节能技术（如高效采暖空调、节能 LED 灯具等）和用能系统推进用户侧能效提升，同时推动老旧供热管网等市政基础设施节能降碳改造，打造节能低碳社区和城区。更进一步地，可以充分利用强化建筑空调、照明、电梯等重点用能设备的智能化实现能耗的实时监测与管理，巩固节能改造成果。与此同时，在有条件的区域应充分利用建筑本体及周边空间，推进分布式光伏技术应用，将建筑从能源消耗者转变为能源生产者。在改造机制方面，建立既有建筑绿色

化改造长效工作机制，研究制定相关标准规范，完成一批绿色化改造示范工程。鼓励已完成改造的项目申报绿色建筑评价标识。

在居住建筑节能改造方面，丰台区已积累了大量老旧小区节能改造经验，如莲花池西里 6 号院 ①、五里店北里小区、青塔东里 7 号楼 ②等项目，通过外墙保温、门窗改造、暖气管线改造、照明设施更新等实现了建筑节能宜居改造的目标，既提升了居民生活品质，又降低了建筑能耗与排放。2022 年既有建筑节能改造完工项目涉及幸福路 6 号院、南方庄小区二期、西宏苑一期、益丰园、洋桥 71 号院和芳星园二区（甲 3 号院）共 5 个项目 6 个小区 28 栋楼，共 23.8 万 m²，涉及居民 2 888 户。未来可充分借鉴已有案例的经验，进一步完成剩余老旧小区的改造工作，因地制宜采用先进技术，实现生态友好的城市更新目标。

在公共建筑节能改造方面，丰台区颁布的《关于推进丰台区公共建筑节能绿色化改造相关工作的实施方案》已为公共建筑节能改造提供了充足的资金、技术和机制保障，未来可结合北京市2022年颁布的《既有公共建筑节能绿色化改造技术规程》，按照"改造诊断—改造判定—改造实施"的步骤开展改造工作。具体指标与措施可见表5-7。

表 5-7　公共建筑节能改造流程与技术指南

	改造诊断	改造判定	改造实施
围护结构	外围护结构热工性能，如传热系数、热工缺陷及热桥部门内表面温度等	传热系数或太阳得热系数过高、透光部位面积比例过高等	使用高性能保温材料加强外墙外保温、屋面保温，或加设内保温，使用双层中空玻璃等保温性能好的玻璃材料进行透明幕墙和窗户节能改造，采取更换变色玻璃、增设百叶等遮阳设施
供暖通风与空气调节系统	冷热源系统，如锅炉运行效率等；输配系统，如水系统回水温度一致性等；末端系统，如新风系统运行情况等；排油烟系统，如油烟去除效率等	冷水机组或热泵机组实际性能系数（COP）过低、空气调节机组冷能效比（EER）过低等	冷水（热泵）机组可视情况增加蓄冷系统、选用蒸发冷却式等，锅炉系统增加自动控制模块、余热回收装置等，冷热水循环水系统可视情况加装水泵变速控制装置等，通风空调风系统可视情况增设风机变速控制装置等，供暖系统可视情况加装自动排气阀等，空调系统应增设回风热回收装置等

---

① 案例展示：老旧小区综合改造——北京市丰台区莲花池西里 6 号院加梯综合整治工程, https://house.focus.cn/zixun/39a6b229e8e39308.html.

② https://baijiahao.baidu.com/s？id=1729802961096742188&wfr=spider&for=pc.

	改造诊断	改造判定	改造实施
给水、排水及生活热水系统	给水系统，如各给水系统供水方式等；排水系统，如排水系统形式等；节水设施，如节水器具用水效率等级等；热源系统应根据系统设置情况，如热源形式等；输配系统，如循环方式等；末端系统，如节水型器具使用情况等	供水加压泵效率过低、给水系统管网漏损率过高等	给水、排水系统方面，末端用水系统可改造为分质供水系统，用水计量装置可按照不同用途、付费或管理单元设置等；生活热水系统方面，可采用变速控制供水泵，更短的分配支管长度等
供配电、照明及电梯系统诊断	供配电系统，如供配电系统容量及结构等；照明系统，如灯具功率密度值等；电梯系统，如电梯能效等级等	变压器平均负载率长期过低、断路器寿命过长或平均负载率长期过低等	供配电系统可采用节能变压器并设置通风散热装置等，照明系统可采用高效灯具、传感器和智能控制系统，电梯系统可选用具有智能群控管理系统与远程监测维护功能的电梯等
运维管理系统	供暖通风空调及生活热水供应系统，如冷、热量瞬时值和累计值等；供配电、照明及电梯系统，如三相电压和电流不平衡度等；维护管理系统，如能源管理状况等	冷源或热源入口处未设置冷量或热量计量装置，主要供暖和空调区域的室温不具备自动调控手段等	安装分类和分项能源计量装置进行能耗在线监测、动态分析、智能诊断等，并通过接口进行自动控制
可再生能源系统	太阳能光伏发电系统，如光电转换效率等；太阳能热利用系统，如集热系统效率等；热泵机组性能	太阳能光伏发电系统光伏组件效率过低、屋顶无光伏且空余面积过大时	安装双向电量计量装置、高效太阳能热水系统、高效热泵机组和高效光伏发电系统

2. 推行新建建筑全面绿色化

持续开展绿色建筑创建行动，提升建筑能效标准，一方面采用"强制+自愿"模式，提高政府投资公益性建筑、大型公共建筑及绿色生态城区、重点功能区内新建建筑中星级绿色建筑比例，新建政府投资的公益性建筑及大型公共建筑须达到绿色建筑二星级及以上标准；另一方面，实施民用建筑能效提升行动，更新提升居住建筑节能标准，到2025年实现新建建筑全面执行绿色建筑标准。

积极推广新型建筑技术，梯次推进超低能耗建筑、近零能耗建筑、零碳建筑、零能耗建筑和产能型建筑建设，居住建筑率先实施 80%节能设计标准。为实现超低能耗建筑或更高的节能标准，需在建筑设计时充分考虑建筑所在地区的气候特点、场地条件、居民生活方式等，综合运用被动式节能技术、主动式节能技术、可再生能源技术和智能运行技术实现最大限度的节能。被动式节能技术包括合理采光、通风和围护结构设计，顺应和利用自然环境降低建筑冷热负荷，减少建筑用能需求；主动式节能技术包括高效照明器具、电气设备、暖通空调系统，以高效的机械设备调节建筑环境，降低建筑能耗；可再生能源技术包括热泵、太阳能光热和光伏系统及相应的储能、直流配电、柔性用电技术，通过场地能源生产降低建筑对电网来电的需求；智能运行技术包括实时监测、计量、自动控制系统，并实现空调、照明、遮阳等功能的整体集成和优化，在充分满足人体舒适要求的前提下实现最大限度的节能。

北京市作为率先在国内实施居住建筑节能 80%设计标准的建筑节能先驱城市，未来将大力推广超低能耗建筑，丰台区可在重点区域率先推动绿色建筑和超低能耗建筑建设，丽泽金融商务区等重点区域需按照绿色生态指标体系，保障商务区新建建筑 100%为绿色建筑，其中二星级及以上星级占比达到 80%，同时也可继续申报和探索超低能耗建筑示范项目。

3. 大力促进重点技术应用

一是推动可再生能源应用。根据太阳能资源条件、建筑利用条件和用能需求，统筹太阳能光伏和太阳能光热系统建筑应用，宜电则电，宜热则热。开展以智能光伏系统为核心，以储能、建筑电力需求响应等新技术为载体的区域级光伏分布式应用示范。考虑丰台区目前有较多医院、学校等，可在这些具有稳定热水需求的公共建筑中积极推广太阳能光热技术。而在农村地区，可积极推广被动式太阳能房等适宜技术。此外，丰台区河西地区具有地热资源开发潜力，可在未来进行探索与利用。

二是实施建筑电气化工程。充分发挥电力在建筑终端消费的清洁性、可获得性、便利性等优势，建立以电力消费为核心的建筑能源消费体系。开展新建公共建筑全电气化设计试点示范。在城市大型商场、办公楼、酒店等建筑中推广应用热泵、电蓄冷空调、蓄热电锅炉。引导生活热水、炊事用能向电气化发展，促进高效电气化技术与设备研发应用。鼓励建设以"光储直柔"为特征的新型建筑电力系统，发展柔性用电建筑。

　　三是强化建筑运行能耗管理，建立健全相应制度。全面实行公共机构建筑能耗限额管理，依照《北京市民用建筑节能管理办法》实行公共建筑电耗信息采集与考核，按期进行公共建筑能耗公示，政府机关办公建筑率先实行能耗公示。落实建筑运行节能主体责任，建立以建筑运行能耗为控制目标的建筑节能管理体系，分类加强民用建筑、公共建筑和农村住宅用能管理。推广可视化、智能化的建筑能耗监测管理系统，对空调、采暖、电梯、照明等建筑耗能不同系统和不同场所实施分项、分区计量控制。推动供热锅炉和供热管网智能化运行管理，新建建筑全部建立供热计量系统，实行供热计量收费。

五、构建低碳示范园区

1. 调整园区能源结构，减少化石燃料比例

　　在建筑领域逐步淘汰燃气锅炉，在建筑供暖上提高清洁电力采暖比例，并视园区实际情况探索可再生能源采暖的可能性；降低建筑施工阶段化石能源的使用，提升运输过程的电气化比例。交通领域以提升机动车（私家车、出租车、网约车）中混合动力汽车、电动车比例为重点，加强充电桩等基础设施建设。鼓励发展光伏发电项目，逐年提升外调电力中的绿电比例，并大力发展垃圾焚烧发电，在推动固体废物处理减排的同时实现电力生产。优化产业链能源结构，力争各环节实现绿色、低碳发展。

　　具体而言，丽泽金融商务区的主要排放集中于服务业与电力间接排放，应着力调整产业能源结构；鉴于其排放全部为外调电力，应逐步提高其中绿电的比例。丽泽金融商务区可加快高可靠性智能电网建设，建设丽泽 220 kV 变电站、丰益 110 kV 变电站、三路居 110 kV 变电站和东局 110 kV 变电站，确保金融企业用电安全，构建清洁低碳、安全高效的能源体系，建设南区 1 号能源站、北区 1 号和 2 号能源站、F06 地块换热首站。

　　丰台科技园建筑规划三期电气化率仍较低，可通过实行改造项目进一步提升电气化率，实现清洁发展。当前丰台科技园东区可再生能源利用项目较少，在西区未来规划设计中应加大可再生能源利用比重，推进太阳能光伏系统发展。丰台科技园区的创新中心三联供能源中心工程及园区能源管理平台建设工程都将为清洁能源利用、能源结构调整提供支持。

2．降低园区能耗，实现绿色节能发展

在建筑领域推进既有建筑节能改造，大力促进绿色建筑发展；电采暖地块建筑应通过采取节能设施等方式逐渐降低电力使用，防止建筑能耗过高；推进建设集中供热、供冷系统，严格落实绿色建筑标准。鼓励出行通勤采取公共交通、共享出行方式，提高居民工作、生活平衡比例，改善慢行出行环境，减少通勤能源消耗。提升企业生产能源效率，减少产业链能源消耗。提高固体废物资源利用率，实现"变废为宝"。

对于丰台科技园而言，一期、二期，尤其是 2005 年的建筑节能改造有着巨大潜力，绿色建筑比例也较低。与此相关的改造项目将为降低园区能耗提供支持，有助于园区绿色建筑的发展与建筑节能改造，具体包括西区绿色建筑专项规划、1516-53 地块绿色建筑三星级等项目，对于丽泽金融商务区而言，在建筑方面，新建建筑应继续执行《绿色建筑评价标准》，实现绿色发展；在交通方面，以 TOD 开发模式实践绿色交通出行；产业方面，应提升服务业能源利用效率，实现产业绿色发展。

3．注重城市绿化，发展生态碳汇

在城市规划中进一步提升绿地比例，根据园区实际情况探索建筑中绿植种植、花园规划建设的可能性；提高植被中乔木的比例，选择固碳量高的本地植物品种；与此同时，还可通过购买其他地区生态碳汇的方式提高园区碳汇量。

具体而言，丽泽金融商务区规划的绿地面积约为 2 800 亩，规划生态空间占比约 32%。依托三环及丰草河健康生活带、金中都城遗迹文化带、莲花河滨水活力带，拟建设五大城市公园群，塑造大尺度绿化与城市建设交相辉映的特色景观，营造生态水系景观，提供滨水活力、亲水休闲活动空间，使丽泽金融商务区能够开窗见绿、下楼进绿，使人与自然和谐共生、自然生态与休闲活力兼备。规划长约 68 km 的生态慢行步道，从任何一栋写字楼出来，300 m 内可到达生态绿地。

丰台科技园目前已推进一批与绿化及城市规划建设相关的项目，如东区三期中央绿轴慢行空间生态提升项目、马草河低冲击开发工程、马草河水资源优化配置工程等，可为推进城市绿化、提升城市生态功能、增加碳汇提供支持。丽泽金融商务区也开展了大量公园建设及城市绿化项目，包括城市运动休闲公园、滨水文化公园、核心区（南区）绿地景观公园、丰草河通水方案等，目前正处于规划及建设阶段，建成后可为园区绿化及生态碳汇功能提供坚实的支持。

4．严格环境准入，保证园区生态环境质量

严格执行《北京市新增产业的禁止和限制目录》，引导新建和改扩建项目采用国内先进工艺，严格 CO_2、VOC 排放重点行业项目环评审批。加强园区绿化建设、生态建设，进一步提升园区生态功能。促进海绵技术在城市规划中的应用，推进"海绵园区"建设。

具体而言，丰台科技园的西Ⅰ区绿色化道路实施项目、环境监测云平台、道路系统改造成雨水渗排一体化（东区）、垃圾收集与处理工程等项目都能为园区生态环境建设提供支持。丽泽金融商务区现推进了大量公园绿地建设项目，可为提升园区生态环境质量提供支撑。以丰草河生态公园生态修复为例，该区域将加强雨洪调蓄，可被塑造成为生态修复调节的典范。

5．持续推动非首都功能疏解，推进重点产业发展、园区功能规划及智慧园区建设

严格执行《北京市工业污染行业生产工艺调整退出及设备淘汰目录》，巩固区域性专业市场疏解成效，不符合首都功能定位的一般制造业企业、区域性批发市场实现动态清零。以南中轴、南苑—大红门等地区为重点，深化"疏整促"工作，加快区域转型升级。统筹利用疏解腾退空间，多措并举推动南苑—大红门地区"腾笼换鸟"，打造一批腾退空间利用的成功案例和样板区域。以创新为驱动、以开放为引领、以转型为突破，聚焦金融、科技、文化、商务四个领域，大力发展高精尖产业。构建以南中轴为统领，丽泽金融商务区、中关村丰台园区为驱动，永定河文化带为内涵的产业空间发展新格局。推进智慧园区建设，实现资源能源环境数字化管理，聚焦车路协同、智能安防、园区政务、智慧楼宇等应用场景，实现园区数字化、智能化发展。

对于中关村丰台园区，需加快完成东区三期开发建设，西区聚焦发展轨道交通和航空航天产业，规划建设北京园博数字经济产业园区，推动建设服务全国和"一带一路"沿线国家的产业创新中心和集成服务中心。在产业发展和智慧园区建设上，科技创新平台、前沿应用场景建设等项目将提供坚实的支持。对于丽泽金融商务区而言，需推动其积极承接金融街金融产业溢出，创新招商方式，做好重点企业服务，打造数字金融示范区。丽泽城市航站楼建设、丽泽北区一体化综合开发、金都苑小区改造提升等项目在园区招商引资、提升城市活力、塑造商务区高品质形象等方面起着重要作用。零碳园区构建路径如图 5-32 所示。

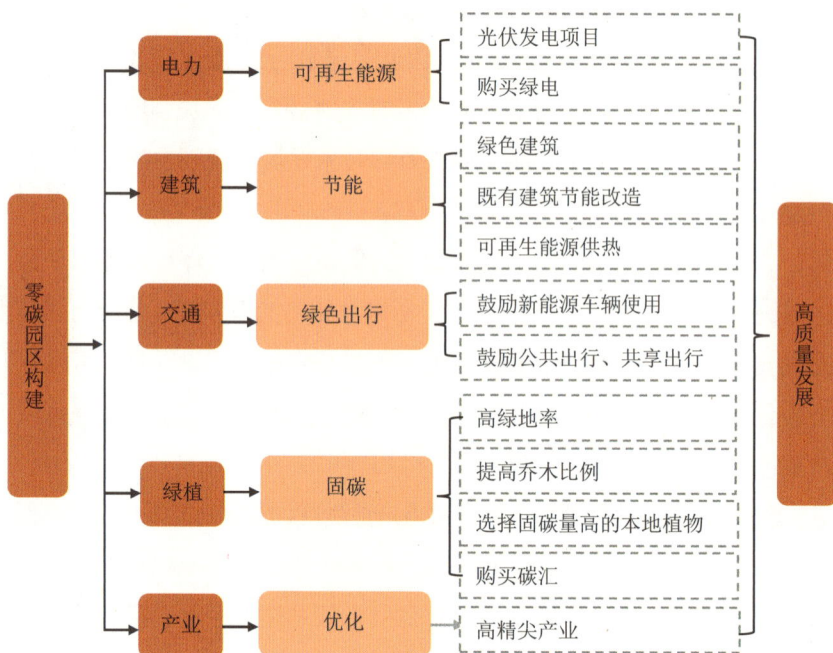

图 5-32　零碳园区构建路径

六、巩固提升生态系统碳汇能力

统筹推动建设空间减量和生态空间增量，继续实施重要生态系统保护和修复重大工程，全域森林、湿地生态质量不断提高，绿色空间格局与网络化建设进一步完善，推进林地、绿地增汇。加强林业生态系统管护，研究建立适合本地生态系统的高碳汇、低 VOC 排放树种库。进一步建设城乡公园体系，绿道串联。加强湿地保护，建成南苑森林湿地公园等全球知名、全国示范的重大园林绿化精品项目，逐步提升湿地碳汇功能。在规划管控、公园运营、精细化管理、智慧建设、资源管护等方面，实现园林绿化建设、管护与治理体系升级的多点突破。建立生态高效的耕作制度，开展耕地资源保护，加强土壤培肥，增加土壤有机碳储量，提升农田土壤碳汇能力。加强水生态系统保护修复，健全完善河流湖泊保护修复制度。《"十四五"时期丰台区园林绿化发展规划》提出，至 2025 年，森林覆盖率达到 28.4%，城市绿化覆盖率达到 48.0%，人均公园绿地面积达到 12.2 m²，公园绿地 500 m 服务半径覆盖率达到 90%。

七、推进减污降碳协同增效

严格落实节约优先方针，完善能源消费强度和总量"双控"制度，合理控制能源消费总量，推动能源消费革命，建设能源节约型社会。

1. 建立用能预算管理制度，制定预算方案和年度用能台账

强化固定资产投资项目节能审查，对项目用能和碳排放情况进行综合评价，从源头推进减污降碳。提高节能管理信息化水平，完善重点用能单位能耗在线监测系统，推动高耗能企业建设能源管理中心，建立区域性、行业性节能技术推广服务平台。加强节能监察能力建设，持续完善节能监察体系，建立健全跨部门联动节能监察工作机制，综合运用行政处罚、信用监管、绿色电价等手段，增强节能监察约束力。加大资金投入，加强人才队伍和技术能力建设，形成一支高水平的减污降碳监察队伍。

2. 实施减污降碳重点工程

开展建筑、交通、照明、供热等基础设施节能升级改造，推行绿色社区试点，推进先进绿色建筑技术示范应用，推动综合能效提升。实施园区减污降碳工程，推动能源系统优化和梯级利用，鼓励开发区建设分布式能源项目，打造一批低碳、零碳园区。实施重点行业节能降碳工程，推进重点行业强制性清洁生产审核和改造，推广应用新技术、新工艺、新装备和新材料，推动工业企业开展节能降碳改造，提升能源资源利用效率。实施重大减污降碳技术示范工程，推动绿色低碳关键技术和重大研发成果开展产业化示范应用。

3. 推进重点用能设备减污降碳

以电机、风机、泵、压缩机、变压器、换热器、工业锅炉、民用锅炉、电梯等设备为重点，全力推进能效相关标准实施。建立以能效为导向的激励约束机制，综合运用税收、价格、补贴等多种手段，推广先进高效产品设备，加快淘汰落后低效设备。加强重点用能设备节能监管，强化生产、经营、销售、使用、报废全链条管理，严厉打击违法违规行为，确保能效标准和节能要求全面落实。引导工业、交通、建筑等终端用户优先选用清洁能源，大力推广新能源汽车、热泵、电窑炉等新型设备，推动清洁能源取代化石能源。

4. 加强新型基础设施减污降碳

优化新型基础设施空间布局，统筹谋划、科学配置数据中心等高耗能新型基础

设施，避免低水平重复建设。优化布局以 5G、人工智能、工业互联网、物联网等为代表的新型数字基础设施，统筹谋划、科学配置数据中心等新型基础设施，避免低水平重复建设。优化新型基础设施用能结构，因地制宜采用自然冷源、直流供电、"光伏+储能" 5G 基站、氢燃料电池备用电源等技术，建立多样化的能源供应模式，推进中卫国家一体化算力网络国家枢纽节点绿电应用试点建设，提高非化石能源利用比重。对标国际先进水平，加快完善通信、运算、存储、传输等设备的能效标准，提升准入门槛，淘汰落后设备和技术。加强新型基础设施用能管理，将年综合能耗超过 1 万 t 标准煤的数据中心纳入重点用能单位能耗在线监测系统，开展能源计量审查。推动既有新型基础设施绿色低碳升级改造，推广使用高效制冷、先进通风、余热利用、智能化用能控制等绿色技术和能耗管理平台，提高设施能效水平。

第六章 沿海小城市低碳发展路径规划情景分析

小城市是我国城市化进程中的重要组成部分。改革开放以来,我国小城市建设的迅猛发展为人口集聚、资源统筹、产业分布带来新的机遇和挑战,小城市的低碳化发展已提上议程且势在必行。2009 年,沿海开发上升为国家战略,在规划的指引下,促进沿海地区小城市的低碳化发展将会对沿海大开发甚至其他重要城市的建设起到示范性、引导性作用。

本章以山东省长岛海洋生态文明综合试验区为案例研究对象,根据其产业结构、能源消费,对其碳排放特征进行分析,同时搭建了适宜该区碳排放预测分析的 LEAP 模型,针对不同情景下的碳排放预测分析提出沿海小城市低碳发展行动路线图。

第一节 经济产业发展特点

长岛海洋生态文明综合试验区(以下简称长岛)地处山东省烟台市,位于胶东、辽东半岛之间,黄渤海交汇处,地处环渤海经济圈的连接带,东临韩国、日本,南距蓬莱 7 km,北距旅顺 42 km。长岛包含 151 个岛屿和所属海域,其中有居民岛 10 个,岛陆面积 59.26 km²,海域面积 3 242.74 km²,海岸线长 187.64 km;辖 8 个乡(镇、街道)40 个行政村(居委会)。2021 年年末,全区总人口 40 127 人,其中城镇人口 21 456 人,城市化率约为 53.7%,地区生产总值为 78.5 亿元。

在山东省推进海洋强省和美丽山东建设的过程中,长岛具有重要的区位、生态与资源优势。首先,长岛是山东唯一的海岛,位于黄渤海交汇处,地处环渤海经济圈的连接带,区位优势独特。其次,长岛的自然环境优越,具有独特的海洋生态系统,森林覆盖率达 60%,拥有国家一级质量的大气环境和一类水质海域,是全国唯一的海岛型国家大气背景监测站和海岛型国家地质公园。区内有多处国家自然保护区、风景名胜区、森林公园、海洋文明生态示范区和国家海洋公园。最后,长岛拥有丰富的旅游资源、渔业资源、生物多样性资源、风能资源和航运资源，具有强劲的蓝色经济建设潜力。长岛是国家级 4A 级旅游景区、中国十大最美海岛和首批中国旅游强县之一，盛产贝藻鱼类海珍品 217 种，是刺参、皱纹盘鲍、栉孔扇贝、光棘球海胆等海珍品的原产地，被称为"中国鲍鱼之乡""中国扇贝之乡""中国海带之乡"；年途经候鸟 320 多种 120 多万只，种类占全国的 24%，年栖息太平洋斑海豹近 400 只，是国家级自然保护区和省级海豹自然保护区。长岛的风能和航运资源丰富，是西伯利亚和内蒙古季风南下的通道，年平均风速 6.86 m/s，有效风速 8 279 h，风功率密度比陆地高 20%~40%，是我国三大风场之一；周边海域有 14 条水道，其中 3 条国际航道，日过往大型客货船舶 300 余艘，拥有天然深水良港，是环渤海渔商船只的避风锚地。

为推进海洋产业升级转型，长岛在"十三五"时期编制了产业准入负面清单，100%禁止新上工业和一般性加工项目进岛落户，并在此基础上加速发展生态渔业和生态旅游业。渔业加快由近岸养殖向深远海拓展、传统模式向现代模式转型、粗放经营向集约发展升级。科学制定海洋渔业发展规划和海洋牧场建设规划，与生态保护、海域使用、港口建设等专项规划有效衔接，以高水平规划引领生态渔业高质量发展。旅游业坚持蓬长一体、整体谋划，推动长岛生态旅游全产业提升、全资源整合、全景式打造、全区域管理。深度挖掘"山、海、岛"元素，建成投用南北长山环岛慢行旅游服务系统，推出海上环游、妈祖香缘、梦寻仙山、渔号之夜等海岛特色旅游产品，以及马拉松比赛、海钓邀请赛、音乐节、海鲜节等品牌赛事节庆活动。

"十三五"时期，长岛重点推动供暖领域的能源替代工作，完成城区114万 m² 电代煤集中供暖改造，替换空气源、地热源等新能源供热站22个，年减少燃煤使用3.89万 t，集中供暖全部实现清洁能源替代，供暖能力超过100万 m²。长岛加速去煤化进程，拆除岸线育保苗场86万 m²，取缔小、散、乱育（保）苗厂近1 200家，取缔燃煤锅炉561个，实现煤炭燃烧减量约8.6万 t。此外，长岛加快清洁能源供给保障，完善了南北长山岛燃气管网，实施"送气下乡"工程，保障城乡居民用气需求。

"十三五"时期，长岛推进车辆去油化、船舶清洁能源替代，配套清洁能源供应和服务保障设施，逐步实现岛内交通工具清洁能源替代。全面开展机动车辆"双控"工作，100%禁止岛外旅游车辆进入，岛内禁止新上燃油机动车。建立岛内清洁化旅游交通体系，做好岛外旅游车辆进岛分流和控制，购置新能源旅游公交车 50 辆，年减少燃油使用 1 000 t，在山东省率先实现全域旅游公交车辆新能源替代。此外，推动海运交通低碳发展，100%实现港口岸电设施改造，推动港口绿色发展。

在城乡建设方面，长岛在"十三五"时期实现城乡污水处理设施全覆盖，新建城乡地埋式分布污水处理站 42 座，总处理能力达 1.4 万 t/d，年减少生活污水直排入海 300 余万 t。按照海绵城市标准，长岛综合改造管网 29 km，首次实现各类管网一次下地、雨污分流和路面雨水集蓄。率先推行全域生活垃圾分类，启动偏远岛屿存量垃圾外运，实现全域垃圾无害化处置，通过 100%实现城乡生活垃圾分类处理、100%实现城乡污水无害化处理，加速废弃物减量、循环、再生，推动无废海岛建设。

"十三五"时期，长岛全面实施"山水林海城"系统保育修复。补植造林 8 750 亩，退化林改造 3 000 亩，治理裸露山体 31 万 m²，新增绿化面积 750 亩，完成水土流失综合治理面积 1.1 万亩。完成近海养殖腾退 1.77 万亩，拆除岸线育（保）苗厂、圈养池 86 万 m²，减少入海排污口 1 038 处，整治修复岸线 89 km，自然岸线和旅游岸线占比由 38%提升到 85%。通过持续的生态治理修复，长岛生态环境质量得到有效改善。2020 年，全区空气质量优良天数比例达到 93.3%，PM$_{2.5}$ 质量浓度下降到 32 μg/m³，岛屿周边近岸海域水质全部达到功能区标准，多年未见的大叶藻、鼠尾藻等藻类在海岸丛生，白江豚、鲸鱼等高级海洋生物频频出现，斑海豹数量增多，鲍鱼等野生海珍品、渤海刀鱼等传统鱼类资源有不同程度的恢复，东方白鹳、黄嘴白鹭、苍鹰等迁徙鸟类数量明显增多。

第二节　碳排放情况

一、确定核算边界

本章主要采用国家发展改革委发布的《省级温室气体清单编制指南（试行）》提供的方法和思路对长岛 2016—2021 年的温室气体排放进行核算，由于长岛边界内的温室气体排放活动类型有限，包括能源活动、农业、废弃物处理 3 个部分，因此本次核算只涉及 CO_2、CH_4 和 N_2O 这 3 种温室气体，统一以 CO_2 当量为基本单位进行统计。

（一）时间边界

本次核算选择 2016—2021 年为基准年，主要考虑以下几方面因素。首先，2016—2021 年的数据可得性较好。2010—2015 年的数据虽也在本章的预调研范围内，但存在诸多活动水平缺失数据，故未统计在内。其次，2016—2021 年涵盖了"十三五"周期，可以较好地统计长岛在一个完整的五年周期内的温室气体排放情况。最后，长岛海洋生态文明综合试验区于 2018 年建立，以 2016—2021 年为基准年可以较好地反映长岛在由县转区过程中的温室气体排放变化。

（二）范围边界

本次核算覆盖了长岛的"范围一"和"范围二"排放。依据 WRI 等机构发布的《城市温室气体核算国际标准》，根据温室气体产生过程与被核算边界之间的关系，可以将该地区的温室气体排放分为两个范围。"范围一"排放为直接温室气体排放，指的是直接发生在该地区内，由该地区所拥有或控制的排放源，如燃煤锅炉、居民使用的生物质燃烧炉和燃气灶、岛内行驶的车辆和岛陆或岛际间行驶的轮船等产生的化石能源燃烧排放都将被计入该范围。"范围二"排放为外购电力与热力产生的间接温室气体排放，指的是温室气体产生在被核算区域之外，但其产品为区域内所消费的温室气体排放，通常指该地区所消耗的外购电力、热力或蒸汽产生的温室气体排放。因长岛不存在外购热力或蒸汽的需求，且没有自主电源，因此本章中的"范围二"排放指的是长岛全社会电力消费产生的间接排放。

（三）排放源的确定

从排放部门来看，本次核算主要涉及 4 个一级部门和 9 个二级部门。其中，4 个一级部门分别为固定能源部门、交通部门、农业部门和废弃物部门。因长岛本地没有钢铁、水泥等高污染、高排放的重工业部门，故工业过程排放源未计算在内。

固定能源部门包括热力供应部门、工业商业部门和居民生活部门 3 个二级部门。由于长岛本地没有电力生产活动，热力供应部门指的是集中供暖、居民冬季取暖、公共浴池热水供应方面的热力生产活动。在工商业生产和居民生活过程中产生的直接能源燃烧和外购电力间接排放被分别计入工业商业部门和居民生活部门。但受数据可得性的限制，工商业生产和居民生活中由空调制冷剂逸散导致的温室气体排放未计算在内。另外，社会生产生活中的生物质燃料燃烧产生的温室气体排放也未计算在内。为避免表述不清，农业生产过程中产生的直接能源燃烧和外部电力间接排放也未计入固定能源部门，而是计入农业部门。

交通部门包括道路交通和水运交通 2 个二级部门。道路交通排放主要指的是长

第三篇　案例应用

岛注册车辆在行驶过程中产生的温室气体排放。其中，车辆在岛内行驶时的排放属于"范围一"排放。水运交通排放主要指的是往返于蓬长航线和北五岛航线的客货船排放，以及海上游船只的排放情况。渔业生产过程中的渔船排放未计入该部门，而是计入农业部门中的渔业部门。受数据可得性的限制，叉车、吊车等非道路移动机械的温室气体排放未计算在内。

农业部门包括渔业、畜牧业、种植业 3 个二级部门。渔业部门排放主要包括渔船行驶过程中的温室气体排放，以及其他渔业生产环节中的能源消耗排放。畜牧业和种植业部门排放既包括因秸秆还田、氮肥施用、动物肠道发酵等导致的非碳温室气体排放，也包括生产过程中的能源消耗排放。

废弃物部门包括生活污水部门和生活垃圾部门。岛内的废水以生活污水为主，且均在岛内处理，故该部分排放属于"范围一"排放；岛内的固体废物等生活垃圾均委托外部处理，故下文并不进行深入分析。详细的核算类别、边界与范围类型如表 6-1 所示。

表 6-1　长岛温室气体排放的核算类别、边界与范围类型

一级部门	二级部门	部门边界	范围 1	范围 2
固定能源	热力供应	岛内在集中供暖、居民冬季取暖、公共浴池热水供应方面因燃料燃烧或外购电力消耗而产生的温室气体排放	√	√
	工业商业	工商业部门在生产及经营过程中消耗外购电力产生的温室气体排放		√
	居民生活	家庭单位消耗的外购电力及生活用煤、用气产生的温室气体排放	√	√
交通	道路交通	岛内注册车辆在岛内与岛外行驶时产生的温室气体排放	√	
	水运交通	往返于蓬长航线和北五岛航线的客货船排放	√	
农业	渔业	渔船产生的温室气体排放，以及其他渔业生产环节中的能源消费排放	√	√
	畜牧业	动物肠道发酵及与动物粪便排放相关的 CH_4 排放与 N_2O 排放	√	√
	种植业	农用地主要农作物稻谷、小麦及蔬菜类种植地土壤施用氮肥产生的 N_2O 排放	√	√
废弃物	生活垃圾	主要是固体废物的垃圾焚烧量		
	生活污水	生活污水处理产生的 CH_4 和 N_2O 排放	√	

二、核算方法

本章以《省级温室气体清单编制指南（试行）》提供的方法和思路为主，进行长岛核算边界内的温室气体排放核算，同时通过参考其他相关文献和核算指南，获得最新最适用于长岛地区的核算参数。以下将简要介绍各类排放部门的核算逻辑、主要变量与参数。

（一）固定能源部门

固定能源部门的温室气体排放为各类能源消费活动水平与其排放因子的乘积之和。其中，能源消费活动水平为各类燃料/电力的消费量和平均低位发热量的乘积；排放因子为各类燃料的单位热值含碳量、碳氧化率和 CO_2 与碳的相对分子量之比的乘积，以及各区域电网的电力生产平均排放因子估算值。在本章中，各类燃料/电力的消费量数据主要通过调研长岛海洋生态文明综合试验区经济发展局（以下简称经发局）、长岛电供应公司（以下简称供电公司）获得，其他相关参数主要参考《省级温室气体清单编制指南（试行）》、《中国温室气体清单研究》（2007 年）、《中国能源统计年鉴 2019》，具体见表 6-2。

表 6-2 固定能源部门温室气体排放核算的主要变量与数据来源

二级部门	燃料消费量	数据来源	核算参数	参考资料
热力供应	无烟煤	经发局	平均低位发热值、单位热值燃料含碳量、碳氧化率	《中国温室气体清单研究》（2007 年）、《省级温室气体清单编制指南（试行）》、《中国能源统计年鉴 2019》
	烟煤	经发局		
	电力：集中供暖	供电公司		
工业商业	电力：大工业	供电公司	山东电网估算排放因子	国家电投山东电力工程咨询院测算数据
	电力：一般工商业	供电公司		
居民生活	液化天然气	经发局	平均低位发热值、单位热值燃料含碳量、碳氧化率	《中国温室气体清单研究》（2007 年）、《省级温室气体清单编制指南（试行）》、《中国能源统计年鉴 2019》
	液化石油气	经发局		
	电力：居民	供电公司	山东电网估算排放因子	国家电投山东电力工程咨询院测算数据

（二）交通部门

交通部门的温室气体排放为各类移动源的燃料消费活动水平与其排放因子的乘积之和。其中，燃料消费活动水平为各类燃料的消费量和平均低位发热量的乘积，道路交通的燃料消费量由不同类型的机动车保有量、平均运行的里程和每百公里油耗的乘积求出；排放因子为各类燃料的单位热值含碳量、碳氧化率和 CO_2 与碳的相对分子量之比的乘积。在陆运部门，还利用不同机动车类型的总运行里程数估算了对应的 CH_4 及 N_2O 排放的 CO_2 当量，计算方式是不同类型机动车里程数乘以每千米对应的 CH_4 及 N_2O 因子。在本章中，机动车保有量数据和客货船柴油消耗量主要通过调研长岛车辆管理所与交通住建局获得，其他相关参数主要参考《我国机动车碳排放及国六标准下温室气体协同减排效应的初步分析》、《省级温室气体清单编制指南（试行）》、《中国温室气体清单研究》（2007 年）、《中国能源统计年鉴 2019》，具体见表 6-3。

表 6-3　交通部门温室气体排放核算的主要变量与数据来源

二级部门	移动源信息	数据来源	核算参数	参考资料
道路交通	客车保有量	车辆管理所	机动车年运行里程、机动车百公里油耗、平均低位发热值、单位热值燃料含碳量、碳氧化率、每千米对应的 CH_4 及 N_2O 排放因子	《我国机动车碳排放及国六标准下温室气体协同减排效应的初步分析》、《中国温室气体清单研究》（2007 年）、《省级温室气体清单编制指南（试行）》、《中国能源统计年鉴 2019》、《中国陆上交通运输企业温室气体排放核算方法与报告指南（试行）》、长岛交通部门调研数据
	货车保有量			
	其他类别汽车保有量			
水运交通	客船年度耗柴油消耗量	交通住建局	平均低位发热值、单位热值燃料含碳量、碳氧化率	《中国温室气体清单研究》（2007 年）、《省级温室气体清单编制指南（试行）》、《中国能源统计年鉴 2019》

（三）农业部门

农业部门的温室气体排放为各类农业活动水平与其排放因子的乘积之和。渔业部门排放活动包括渔业生产使用外购电力和渔船及养殖锅炉的燃料燃烧。其中，渔船的柴油燃烧活动水平有两种估算方法：一种是渔船总功率、年均作业时长、国际通用中高速柴油机单位时间耗油量和平均低位发热量的乘积，另一种是当地加油站数据。由于长岛当地的渔船耗油量估算数据缺失，故直接使用当地柴油加油站数据。

燃料及电力消耗对应的排放因子计算与固定能源部门一致。畜牧业部门的排放主要涉及动物肠道发酵 CH_4 排放和动物粪便管理中的 CH_4 和 N_2O 排放，其温室气体排放总量由各类动物的存栏量乘以对应的温室气体排放因子及增温潜势求得。种植业的排放量为农用地 N_2O 排放量乘以 N_2O 增温潜势。农用地的 N_2O 直接排放量等于农作物的氮输入总量乘以其相应的 N_2O 排放因子，而氮输入总量需通过经济系数、秸秆还田率、秸秆含氮率、根冠比这一系列系数转化求得。本章中，电力的消费量数据主要通过供电公司获得，渔船功率数据通过调研渔业局获得，加油站数据通过经发局获得，煤炭使用量、农作物产量及养殖动物存栏量通过调研经发局的农业管理部门获得，其他相关参数主要参考《国内机动渔船油价补助拥有量测算参考标准》、《省级温室气体清单编制指南（试行）》、《中国温室气体清单研究》（2007 年）、《中国能源统计年鉴 2019》，具体见表 6-4。

表 6-4　农业部门温室气体排放核算的主要变量与数据来源

二级部门	活动水平	数据来源	核算参数	参考资料
渔业	渔船柴油消耗量	经发局	平均低位发热值、单位热值燃料含碳量、碳氧化率	《中国温室气体清单研究》（2007 年）、《省级温室气体清单编制指南（试行）》、《中国能源统计年鉴 2019》
	煤炭：育保苗厂锅炉	经发局	平均低位发热值、单位热值燃料含碳量、碳氧化率	《中国温室气体清单研究》（2007 年）、《省级温室气体清单编制指南（试行）》、《中国能源统计年鉴 2019》
	渔业用电	供电公司	山东电网估算排放因子	国家电投山东电力工程咨询院测算数据
畜牧业	猪存栏量	自然资源局	单位动物每年的肠道发酵对应的 CH_4 排放因子、单位动物每年的粪便管理对应的 CH_4 排放因子、单位动物每年的粪便管理对应的 N_2O 排放因子、CH_4 增温潜势、N_2O 增温潜势	《省级温室气体清单编制指南（试行）》
	羊存栏量	自然资源局		
	家禽存栏量	自然资源局		
	畜牧业用电	供电公司	山东电网估算排放因子	国家电投山东电力工程咨询院测算数据
种植业	小麦	自然资源局	经济系数、秸秆还田率、秸秆含氮率、根冠比、N_2O 排放因子、N_2O 增温潜势	《省级温室气体清单编制指南（试行）》
	玉米	自然资源局		
	种植业用电	供电公司	山东电网估算排放因子	国家电投山东电力工程咨询院测算数据

（四）废弃物部门

废弃物部门的温室气体排放为生活垃圾与生活污水处理的活动水平与其排放因子的乘积之和。生活垃圾处理的活动水平为固体废物焚烧量，其对应的排放因子由废弃物碳含量比例、废弃物中矿物碳在碳总量中的比例、废弃物焚烧炉的燃烧效率和碳与 CO_2 的转换系数的乘积求得。生活污水处理的活动水平数据为废水总量乘以废水中的可降解有机物浓度，其对应的排放因子为 CH_4 最大生产能力（Bo）、CH_4 修正因子（MCF）和 CH_4 增温潜势的乘积。在本章中，各类废弃物的排放量数据主要通过调研垃圾中转站和交通住建局获得，其他相关参数主要参考《省级温室气体清单编制指南（试行）》，具体见表6-5。

表6-5　废弃物部门温室气体排放核算的主要变量与数据来源

二级部门	排污量	数据来源	核算参数	参考资料
生活垃圾	固体废物垃圾焚烧量	垃圾中转站	废弃物碳含量比例、废弃物中矿物碳在碳总量中的比例、废弃物焚烧炉的燃烧效率、碳与 CO_2 的转换系数	《中国温室气体清单研究》（2007年）、《省级温室气体清单编制指南（试行）》
生活污水	废水总量、废水的可降解有机物浓度	交通住建局	CH_4 最大生产能力（Bo）、CH_4 修正因子（MCF）、CH_4 增温潜势	《省级温室气体清单编制指南（试行）》

三、碳排放特征分析

（一）总量分析

随着长岛建设工作的推进，其温室气体排放总量在2016—2021年呈下降趋势，从2016年的32.02万t下降到2021年的14.19万t，降幅约为55.68%。其中，长岛本地的温室气体直接排放，即"范围一"排放，在2016—2021年明显下降，从2016年的25.73万t下降到2021年的3.60万t，降幅约为86.00%。其中，集中供暖电代煤工程的降碳贡献率最高。2018年之前，长岛地区供暖能源以烟煤为主，年均产生7.8万t温室气体排放量。随着长岛集中供暖电代煤工程的推进，煤炭消费量的减少使长岛热力供应部门的温室气体直接排放减少为原有水平的16.03%。

但是，2018年以来长岛电力消费量的节节攀升导致长岛的"范围二"间接排放量迅速上升。用电量增长主要发生在大工业部门和一般工商业部门。服务行业的快速发展导致服务活动的电力消耗也大幅增加。从2016—2021年的总体趋势来看，长岛的"范围二"温室气体排放从2016年的6.28万 t 增长到2021年的10.59万 t，上升幅度为68.72%。"范围二"温室气体排放占长岛总排放的比例也从2016年的19.14%增长到2021年的74.62%。因此，电力部门的节能降碳和清洁化转型对长岛实现"双碳"目标尤为重要。

除总量外，长岛的温室气体排放强度也在 2016—2021 年明显下降（图 6-1）。单位地区生产总值温室气体排放量由 2016 年的 0.54 万 t 下降到 2021 年的 0.18 万 t，降幅为 66.28%；人均温室气体排放量由 2016 年的 7.62 万 t 下降到 2021 年的 3.42 万 t，降幅为 55.12%。

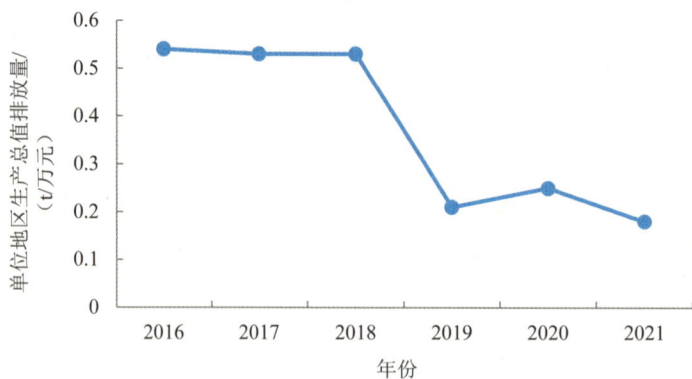

（a）单位地区生产总值排放量

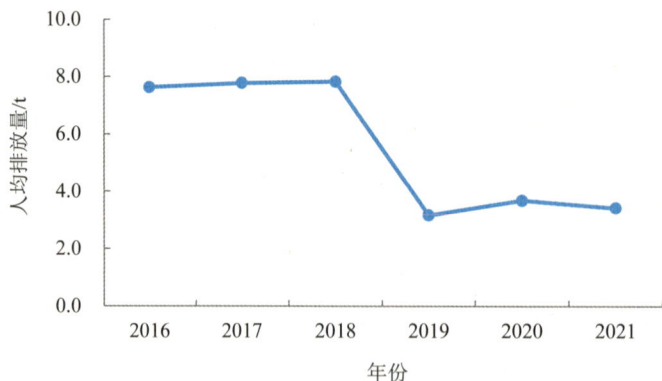

（b）人均排放量

图 6-1　长岛 2016—2021 年温室气体排放强度

　　长岛 2016—2021 年的温室气体排放主要来自固定能源部门（图 6-2）。固定能源部门排放占长岛总排放的比例为 55.28%，且该部门排放占比在 2016—2021 年中不断提高，从 2016 年的 43.14%增长到 2021 年的 80.87%。农业部门的排放占比为 37.63%，是长岛 2016—2021 年中的第二大排放来源。但从年际变化趋势来看，随着渔业育保苗场燃煤锅炉的逐步取缔，农业部门排放占比在 2016—2021 年逐步降低，从 2016 年的 52.56%逐步下降到 2021 年的 7.11%。

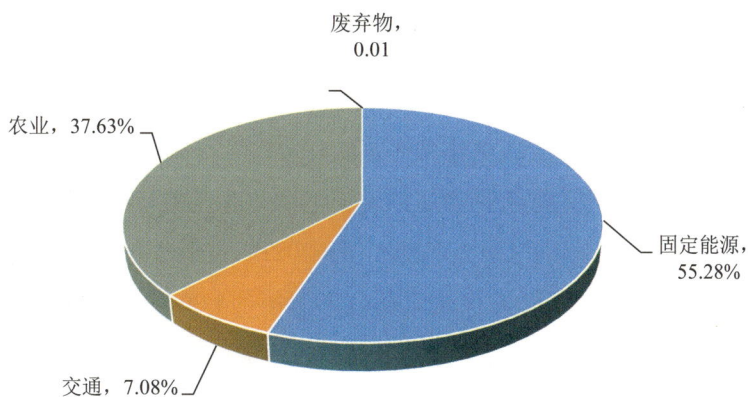

（a）总体结构

（b）年际结构（一级部门）

图 6-2　2016—2021 年长岛温室气体排放情况

从分部门来看，长岛温室气体排放主要来自渔业部门和工业商业部门，分别占比 37.42% 和 23.65%。但随着长岛去煤行动的推进，渔业部门的排放占比迅速下降，从 2016 年的 52.36% 下降到 2021 年的 6.76%。热力供应部门的排放占比也从 2016 年的 24.56% 下降到 2021 年的 8.39%。工业商业部门成为现阶段长岛最主要的排放部门，排放占比从 2016 年的 10.55% 上升到 2021 年的 50.96%。居民生活部门的排放占比次之，从 2016 年的 8.04% 上升到 2021 年的 21.51%。

（二）分部门温室气体排放情况

1．热力供应部门

热力供应部门排放指的是岛内在集中供暖、居民冬季取暖、公共浴池热水供应方面因燃料燃烧或外购电力消耗而产生的温室气体排放。随着长岛集中供暖电代煤工作的推进，热力供应部门的能源结构在 2016—2021 年完成了从煤到电的巨大转变，煤炭消费量从 2016 年的 45 000 t 快速下降到 2021 年的 4 000 t，下降幅度为 91.11%（表 6-6）。与此同时，电力供热产生了较大规模的耗电量。据统计，2019 年长岛恒烨热力有限公司和长岛海知城新能源科技有限公司共耗电 170.42 万 kW·h，其中长三所、砣矶所和大钦所分别耗电 46.28 万 kW·h、38.41 万 kW·h 和 85.73 万 kW·h，且供热用电的消耗量在 2019—2021 年不断上升。

表 6-6　2016—2021 年长岛热力供应部门能源消耗量

年份	烟煤/t	无烟煤/t	电力/MW·h
2016	45 000	0	0
2017	45 000	1 260.2	0
2018	40 400	2 390	0
2019	0	1 936	1 704.22
2020	0	2 132	2 479.42
2021	0	4 000	2 661.22

通过摒弃高碳排放的煤炭燃烧，转而采用碳排放效率较高的电力作为主要的供热能源，长岛热力供应部门的温室气体排放量呈明显下降趋势，从 2016 年的 7.86 万 t 快速下降到 2021 年的 1.19 万 t，下降幅度为 84.86%。

2．工业商业部门

工业商业部门排放指的是岛内工商业部门在生产及经营过程中消耗的外购电力产生的温室气体排放。工业商业部门的用电量包括大工业部门和一般工商业部门的用电量（表 6-7）。其中，大工业部门的用电量包括长岛自来水厂，污水处理及其再生利用、食品加工等制造业企业的用电量；一般工商业部门的用电量包括机关、部队、商店、医院等单位，以及电信、广播、仓库、码头、车站、加油站、打气站、充电站、下水道等基础设施的电力用电。值得说明的是，从电力统计的角度来看，供热、供暖、换热站及电锅炉用电量也应属于工业商业部门用电量。但在本次核算工作中，这部分用电量被计入热力供应部门，相关温室气体排放也计入热力供应部门。

表 6-7　2016—2021 年长岛工业商业部门用电量

年份	大工业部门		一般工商业部门	
	用电量/（MW·h）	占比/%	用电量/（MW·h）	占比/%
2016	4 563.16	9.12	45 467.23	90.88
2017	6 145.96	11.57	46 974.81	88.43
2018	4 869.97	8.52	52 293.80	91.48
2019	6 157.93	6.32	91 311.41	93.68
2020	5 726.99	4.67	116 937.71	95.33
2021	8 159.37	7.61	99 042.31	92.39

长岛工业商业部门的用电量自 2019 年起骤增，从 2018 年的 57 163.79 MW·h 快速增长到 2019 年的 97 469.34 MW·h。电力增长主要发生在一般工商业部门。随着长岛地区产业结构的调整，一般工商业部门的主要耗电行业也发生了变化，由起初的渔业过渡到服务业及电力、热力生产和供应业。服务活动的电力消费在 2019 年大幅增加，与 2018 年相比翻了六番。电力、热力生产和供应活动的电力消费从 2019 年起逐年上升，2021 年上升到 3 446.02 万 kW·h，是 2019 年的 11 倍。

受用电量快速增长的影响，2016—2021 年长岛工业商业部门的温室气体排放量总体呈上升趋势，从 2016 年的 4.61 万 t 上升到 2021 年的 7.24 万 t，上升幅度为57.02%。

3．居民生活部门

居民生活部门排放指的是家庭生活用电活动和用气活动（液化天然气和液化石油气）中产生的温室气体排放量。2016—2021 年，长岛居民生活的用电量和用气量总体均随人口变动而略有增长，但变化幅度不大（表 6-8）。

表 6-8　2016—2021 年长岛居民生活部门能源消耗量

年份	电力/MW·h	液化天然气/t	液化石油气/t
2016	33 212.03	60	1 014
2017	35 487.17	65	1 070
2018	40 241.79	80	1 097.5
2019	41 138.34	100	1 125
2020	41 731.91	105	1 130
2021	39 552.28	110	1 140

2016—2021 年，长岛居民生活部门的年均温室气体排放量约为 2.97 万 t，且该部门温室气体排放总量呈小幅上升趋势，从 2016 年的 2.5 万 t 上升到 2021 年的 3.05 万 t，上升幅度为 22.00%。居民生活部门的温室气体排放主要来自电力供热，其排放约占部门总排放的 87.41%。

4．道路交通部门

道路交通部门排放指的是岛内注册车辆在岛内与岛外行驶时的温室气体排放。如表 6-9 所示，长岛 2021 年机动车保有量为 9 209 辆，人均机动车保有量为 0.22 辆。其中，大型汽车 306 辆，包括新能源客车 101 辆，以往返于南、北长山岛之间的公交车与其他营运型客车为主；小型汽车 6 167 辆，其中新能源汽车 142 辆。

表 6-9　2016—2021 年长岛机动车保有量　　　　　　　单位：辆

车型		2016 年	2017 年	2018 年	2019 年	2020 年	2021 年
大型汽车	燃油车	396	321	321	273	245	205
	新能源车	0	90	90	90	90	101
小型汽车	燃油车	4 668	5 264	5 607	5 828	5 912	6 025
	新能源车	110	124	132	137	139	142
其他汽车		1 987	1 972	1 782	1 677	2 244	2 736
合计		7 161	7 771	7 932	8 005	8 630	9 209

由于长岛不直接与大陆相连，机动车需通过乘坐轮渡的方式出岛，除部分需进行货物冷藏运输的货车外，岛内车辆多在岛内行驶。基于该现状，长岛 2016—2021 年道路交通部门年均温室气体排放量为 0.63 万 t。在此期间，道路交通部门的温室气体排放量逐年上升，从 2016 年的 0.56 万 t 上升到 2021 年的 0.70 万 t，上升幅度为 25%。该部门排放的温室气体以 CO_2 为主，并伴随少量的 CH_4 和 N_2O 产生。其中，主要的温室气体排放来源于客车化石能源的燃烧，其占据道路交通部门温室气体排放总量的 68.47%。

5. 水运交通部门

水运交通部门排放指的是往返于蓬长航线和北五岛航线的客货船排放。据统计，2016—2021年长岛的在运客货船虽有个别更替，但总体数量与结构较为稳定。以2021年为例，长岛共有在运客货船34艘，消耗柴油3 234.79 t。其中，大型客货船12艘，消耗柴油2 224.59 t；小型客船8艘，消耗柴油822.93 t；海上游客船14艘，消耗柴油187.27 t。值得说明的是，长岛还设有一处军港、若干军船，由当地军队直接管辖。该部分水上运输产生的温室气体排放未计算在内。

表 6-10　2016—2021 年长岛客货船舶运行数量

船型	统计信息	2016 年	2017 年	2018 年	2019 年	2020 年	2021 年
大型客货船	数量/艘	12	15	13	13	14	12
	耗油量/t	1 790.45	1 910.75	2 444.08	2 186.08	2 013.64	2 224.59
小型客船	数量/艘	7	9	7	8	8	8
	耗油量/t	554.3	758.42	1 027.15	1 259.72	1 163.37	822.93
海上游客船	数量/艘	14	14	14	14	14	14
	耗油量/t	309.88	383.86	284.92	255.75	142.6	187.27
合计	数量/艘	33	38	34	35	36	34
	耗油量/t	2 654.63	3 053.03	3 756.15	3 701.55	3 319.61	3 234.79

据核算，2016—2021 年，长岛水上运输部门的年均温室气体排放量为 1.02 万 t。在此期间，水上运输部门的温室气体排放量总体呈上升趋势，从 2016 年的 0.82 万 t 上升到 2021 年的 1.00 万 t。上升幅度为 21.95%。值得注意的是，水上运输部门的温室气体排放量在 2019 年出现拐点。该部门在 2019 年的温室气体排放量为 1.15 万 t，

与 2018 年相比下降了 1.45%。这主要是由于新冠疫情出现后，岛内海上游数量大幅下降，从而带来温室气体排放量的逐年递减。

6．渔业部门

渔业部门排放包括渔船行驶过程中的温室气体排放，以及其他渔业生产环节中的能源消费排放。根据长岛自然资源局提供的数据，长岛 2021 年有在册渔船 4 269 只，渔船总功率为 94.12 MW（表 6-11）。其中，从渔船类型来看，养殖渔船的数量最多、功率数最大，分别占渔船总数和总功率的 84.75%和 80.87%；捕捞渔船的数量和功率数次之，分别占渔船总数和总功率的 14.85%和 8.97%；辅助渔船最少。从年际变化来看，捕捞渔船和养殖渔船的数量总体呈增加趋势，增加幅度分别为 34.32%和 50.31%；辅助渔船的数量总体呈减少趋势，减少幅度为 19.05%。

表 6-11　2016—2021 年长岛渔船数量与功率情况

类型	统计信息	2016 年	2017 年	2018 年	2019 年	2020 年	2021 年
捕捞渔船	数量/只	472	470	489	503	668	634
	功率/kW	8 562.7	9 103	9 106	7 124.1	9 107.8	8 442.8
养殖渔船	数量/只	2 407	2 425	2 385	2 576	3 728	3 618
	功率/kW	31 864.6	33 048.8	32 871.7	34 469.9	71 246.3	76 112.6
辅助渔船	数量/只	21	19	18	21	17	17
	功率/kW	9 772.8	9 500.8	9 364.8	9 364.8	9 566.8	9 566.8
合计	数量/只	2 900	2 914	2 892	3 100	4 413	4 269
	功率/kW	50 200.1	51 652.6	51 342.5	50 958.8	89 920.9	94 122.2

渔船是长岛岛内主要的柴油消耗源。虽然往返于蓬长航线和北五岛航线的客货船也需消耗大量的柴油，但其主要在岛外加油。因此，本章利用岛内柴油消费量扣除货车的柴油消费估算量来核算长岛渔船的温室气体排放量。

除渔船排放量外，长岛在进行渔业养殖、捕捞活动及对各种海产品进行初加工时的电力消费和化石能源燃烧也是长岛渔业部门的温室气体排放来源之一。基于长岛的煤炭消费统计数据和农业部门电力消费数据估算，长岛 2016—2021 年的渔业部门用电量和耗煤量如表 6-12 所示。电力消费总体呈下降趋势，从 2016 年的 8 839.42 MW·h 下降到 2021 年的 6 834.77 MW·h，下降幅度为 22.68%。在长岛取缔燃煤锅炉之前，渔业部门的煤炭消费量基本稳定在 8.6 万～8.8 万 t。

表 6-12 2016—2021 年长岛渔业部门用电量和耗煤量

能源消耗	2016 年	2017 年	2018 年	2019 年	2020 年	2021 年
电力/MW·h	8 839.42	7 144.82	5 859.92	5 500.07	7 378.73	6 834.77
煤炭/t	88 000	87 000	86 400	0	0	0

2016—2020 年长岛渔业部门的年平均温室气体排放量为 8.68 万 t。总体来看，由于渔业育保苗场燃煤锅炉的取缔，渔业部门的温室气体排放于 2019 年骤降，从 2018 年的 16.04 万 t 下降到 2019 年的 0.89 万 t，下降幅度为 94.46%。

7. 畜牧业部门

畜牧业部门的排放指的是岛内存栏的猪、羊、家禽肠道发酵和粪便管理的 CH_4 排放与 N_2O 排放。如表 6-13 所示，2016—2021 年长岛畜牧业部门养殖动物种类保持恒定，虽然数量和结构存在小幅变化，但总体较为稳定。其中，家禽的数量最多，占养殖动物总数量的 79.90%；猪的数量最少，略低于羊的数量，二者分别占养殖动物总数量的 9.77% 和 10.32%。

表 6-13 2016—2021 年长岛畜牧业部门动物种类和存栏量

存栏量	2016 年	2017 年	2018 年	2019 年	2020 年	2021 年
猪/头	121	139	121	83	174	265
羊/头	526	542	556	335	42	663
家禽/只	6 255	3 455	11 325	5 252	146	3 285

除了养殖动物肠道发酵和粪便管理产生的温室气体排放量，动物养殖及生产过程中的电力消耗也是长岛畜牧业部门的温室气体排放来源之一。基于长岛农业部门电力消费数据估算，长岛 2016—2021 年的畜牧业电力消费量基本稳定在 5.47～8.79 MW·h/a（表 6-14）。

表 6-14 2016—2021 年长岛畜牧业部门用电量　　　　　　　　单位：MW·h

年份	2016	2017	2018	2019	2020	2021
用电量	8.79	7.10	5.82	5.47	7.33	6.79

2016—2020 年长岛畜牧业部门的年平均温室气体排放量为 9.45 t。"十三五"时期，畜牧业部门的温室气体排放总体呈下降趋势，从 2016 年的 11.38 t 下降到 2020 年的 6.09 t，下降幅度为 46.49%。但随着羊的数量在 2021 年骤增，该部门的温室气体排放量也明显增加，排放量恢复到 2016 年的水平，较 2020 年增长 94.74%。

从温室气体排放种类结构来看，长岛畜牧业部门的温室气体排放主要由猪、羊、家禽肠道发酵与粪便管理的 CH_4 排放和生产活动过程中电力消耗的 CO_2 排放构成，分别占总排放的 49.68% 和 49.16%。从温室气体排放来源来看，该部门的温室气体排放主要来自羊的养殖和生产活动过程中的电力消耗，二者分别占总排放的 49.68% 和 43.03%。

8. 种植业部门

种植业部门的排放指的是岛内玉米和小麦生产秸秆还田产生的 N_2O 排放。如表 6-15 所示，2016—2021 年长岛种植业部门农作物种类未发生变化，但在产量上出现浮动，总体呈下降趋势，从 2016 年的 394.6 t 下降到 2021 年的 239.0 t，下降幅度为 39.43%。在此期间，小麦的总产量呈逐年递减的趋势，而玉米的产量出现了一个拐点，在 2020 年骤减到 38.6 t 之后，又于 2021 年上升到 135.0 t。总体来看，小麦的产量略高于玉米的产量，二者的产量分别占种植业部门总产量的 57.56% 和 42.44%。

表 6-15　2016—2021 年长岛种植业部门农作物种类及产量　　　　单位：t

农作物种类	2016 年	2017 年	2018 年	2019 年	2020 年	2021 年
小麦	237.3	171.2	164.1	158.5	109.8	104.0
玉米	157.3	135.6	133	121.1	38.6	135.0
总计	394.6	306.8	297.1	279.6	148.4	239.0

长岛种植业部门对于当地的氮输入量随着农作物产量的变化而变化，如表 6-16 所示。氮输入量总体呈逐年递减的趋势，从 2016 年的 6.10 t 降至 2021 年的 3.76 t，下降幅度为 38.36%。其中，小麦对本地的氮输入贡献略高于玉米。总氮输入量中，小麦和玉米的占比分别为 55.00% 和 45.00%。

表 6-16　2016—2021 年长岛种植业部门农作物氮输入量　　　　　单位：t

农作物种类	2016 年	2017 年	2018 年	2019 年	2020 年	2021 年
小麦	3.51	2.53	2.43	2.34	1.62	1.54
玉米	2.59	2.23	2.19	1.99	0.64	2.22
总计	6.10	4.76	4.62	4.34	2.26	3.76

2016—2021 年种植业部门年均温室气体排放量为 488.15 t，其中"范围一"排放占比 0.88%，"范围二"排放占比 99.12%。在此期间，种植业部门的温室气体排放总体呈下降趋势，从 2016 年的 623.58 t 下降到 2021 年的 481.21 t，下降幅度为 23.83%。该部门排放的温室气体以 CO_2 为主，并伴随少量的 N_2O。

9. 生活污水部门

生活污水部门的排放指的是岛内污水处理厂在处理生活污水时产生的 CH_4 排放。如表 6-17 所示，2016—2021 年长岛生活污水部门的污水排放量总体呈上升趋势，从 2016 年的 390 000 t 上升到 2021 年的 605 655 t，上升幅度为 55.30%。但随着岛内污水处理效率的提升，污水处理 COD 浓度的变化趋势与之相反，总体呈下降趋势，从 2016 年的 31 mg/L 下降到 2021 年的 19 mg/L，下降幅度为 38.71%。

表 6-17　2016—2021 年长岛生活污水部门污水排放量及 COD 浓度

	2016 年	2017 年	2018 年	2019 年	2020 年	2021 年
污水排放量/t	390 000	407 400	318 000	507 000	576 000	605 655
COD 浓度/（mg/L）	31	29	27	24.5	22	19

2016—2021 年，长岛生活污水部门的年均温室气体排放量为 7.20 t。在此期间，生活污水部门的温室气体排放量总体呈下降趋势，从 2016 年的 7.56 t 下降到 2021 年的 7.19 t，下降幅度为 4.89%。

在建设发展中，长岛从多方面开展并推进碳达峰碳中和工作进程，努力加快碳减排工作步伐，不断促进打造"国际零碳生态岛"目标的实现。在本章核算期间内，即 2016—2021 年，长岛的温室气体排放总体呈现不稳定的下降趋势，排放强度也在此期间内明显下降。

长岛海洋生态文明综合试验区于 2018 年建成，同年该地区的能源生产供热摆脱了对烟煤的依赖并为外购电力所取代，形成了以电力为主的能源结构。这使长岛的温室气体排放出现了大幅下降。除了供暖，大工业和一般工商业是长岛的主要用电部门，其电力消费占长岛总电力消费的 50.96%。这意味着电力部门的节能减排成为长岛实现碳达峰碳中和的关键。

长岛温室气体排放核算结构数据显示，CO_2 是该地区主要排放的温室气体，其主要产生于以外购电力为主的能源活动。固定能源部门中的工业商业和农业部门中的渔业是外购电力的主要消耗体，也是 CO_2 的主要排放体。随着长岛去煤行动的推进，渔业逐步取缔育保苗场的燃煤锅炉，该部门排放占比逐年降低。随之，工业商业部门取代该部门成为现阶段长岛最主要的二级排放部门。

综上所述，长岛地区应积极推进电力的低碳转型工作，激发海洋清洁能源的潜力，形成以清洁能源为主的低碳能源结构，早日实现岛内零碳经济模式。

第三节 "双碳" 路径规划情景

一、碳排放分析模型构建

根据长岛的产业特征和结构，本章搭建了适宜长岛碳排放分析的 LEAP 模型（图 6-3）。如前文所述，CO_2 是长岛地区主要排放的温室气体，其主要产生于以外购电力为主的能源活动，因此搭建的长岛碳排放 LEAP 模型以 CO_2 排放为主要预测对象，模型结构主要分为两大模块：终端能源消费与能源转换。终端能源消费包括工业商业部门（进一步细分为工业，建筑业，批发和零售业，交通运输、仓储和邮政业，住宿和餐饮业，金融业，房地产业，其他服务业）、道路交通部门、水运交通部门、渔业部门、种植业部门、畜牧业部门及居民生活部门。能源转换模块包括电力供应和热力供应。本节研究的基础年份设定为 2020 年，并将 2020 年长岛能源平衡表的数据作为主要输入，结合各个部门的统计数据获得活动水平数据（如人口、农业产量、工业商业的增加值、汽车保有量），以及各个部门的能源强度。研究的时间跨度为 2021—2060 年，计算步长为一年。

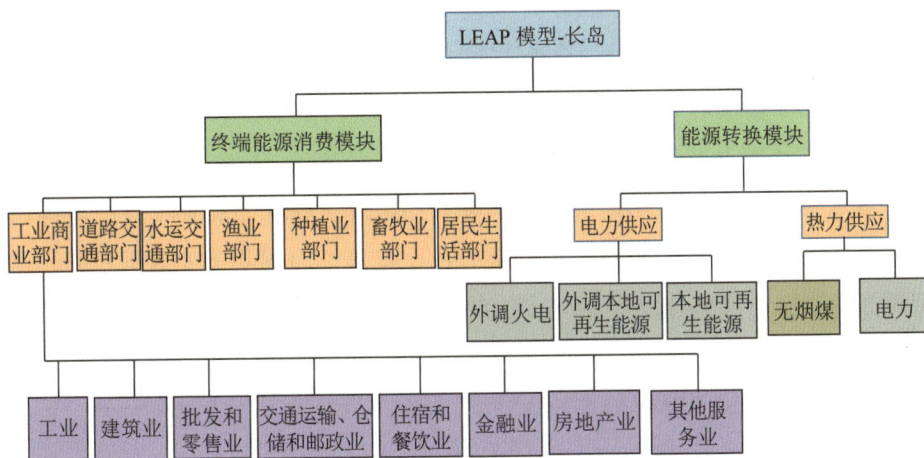

图 6-3　长岛碳排放 LEAP 模型搭建框架

二、碳排放情景设置

本节以情景分析的方式预测了长岛未来的碳排放趋势。情景设置包括基线情景（baseline）和低碳情景。其中，基线情景的设定考虑到社会发展的自然脱碳，对长岛未来的能源利用结构及效率进行了基础设定；低碳情景的设定则建立在基线情景的基础上，表示在"双碳"目标的政策约束下，长岛采取一系列的措施使城市的发展向低碳方向进行，结合长岛的实际情况，考虑到能效提升、能源替代和可再生能源3 类低碳情景，通过分析不同能源发展状况及其组合下长岛未来的碳排放趋势，为长岛碳达峰碳中和规划提供参考。

其中，能效提升（如工业商业、交通、生活的能源利用效率）是能源利用的一般规律，节能的同时也会带来一定的经济收益；能源替代，即大力推动能源消费电气化，主要是"双碳"目标政策要求下的产物，传统化石能源向可再生能源转变的过程中会遇到一定的阻力，需要经历一定的"阵痛"；大力发展可再生能源成为全球能源革命和应对气候变化的主导方向和一致行动，全球能源转型进程明显加快，以风电、光伏发电为代表的新能源呈现性能快速提高、经济性持续提升、应用规模加速扩张的态势，形成了加快替代传统化石能源的世界潮流。3 类低碳情景都是城市实现碳达峰碳中和的重要途径，研究采取层层递进的情景设置以识别 3 类低碳情景及其组合下长岛未来的碳排放趋势，为长岛建设国际零碳生态岛提供参考。

基于上述思路，最终确定了 8 种情景：①基线情景；②能效提升情景；③能源替代情景；④可再生能源情景；⑤能效提升+能源替代情景；⑥能效提升+可再生能源情景；⑦能源替代+可再生能源情景；⑧能效提升+能源替代+可再生能源情景。

本节所采用的基线情景的参数设置情况见图 6-4 至图 6-6。基线情景中综合考虑了城市未来发展的基本情况，其中总人口数、渔业产值及畜牧业产值等城市发展的基本参数在 8 种情景中均保持统一；设定依据为依照历史数据推断、结合区域发展规划、比对相似城市发展轨迹及能源结构水平调整的最大潜力等方法。基线情景同时考虑了社会经济发展的基本规律，如工业商业增加值的提升、能源利用效率的提升等。在基线情景的基础上，3 类低碳情景对这些关键性的参数进行了强化设置。设定依据包括结合区域发展规划、结合可再生能源建设规划及能源结构水平调整的最大潜力等。

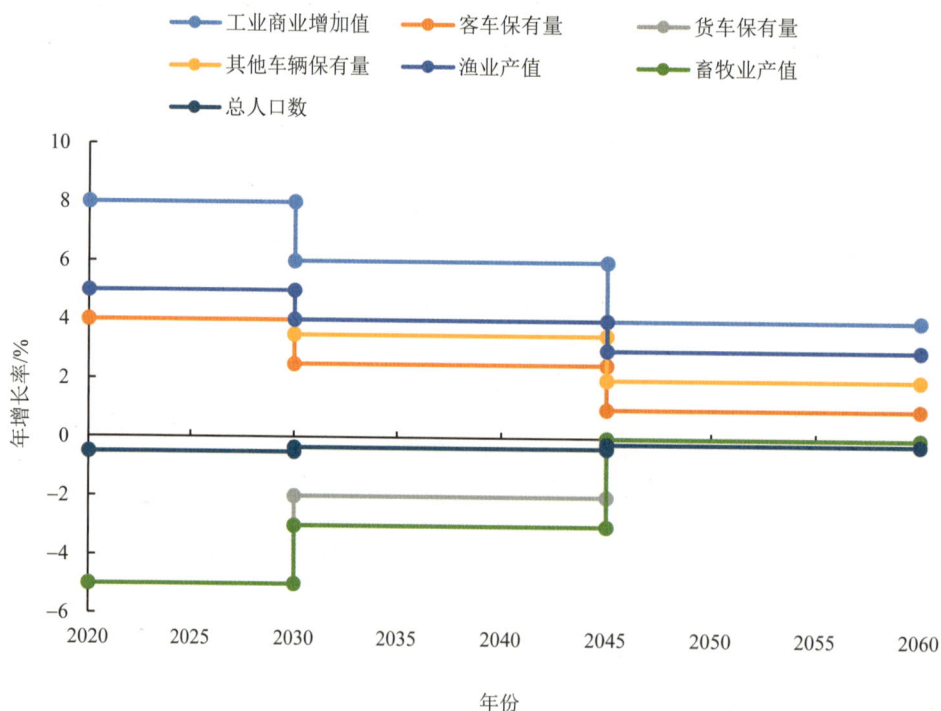

图 6-4 长岛碳排放预测基线情景活动水平参数设置

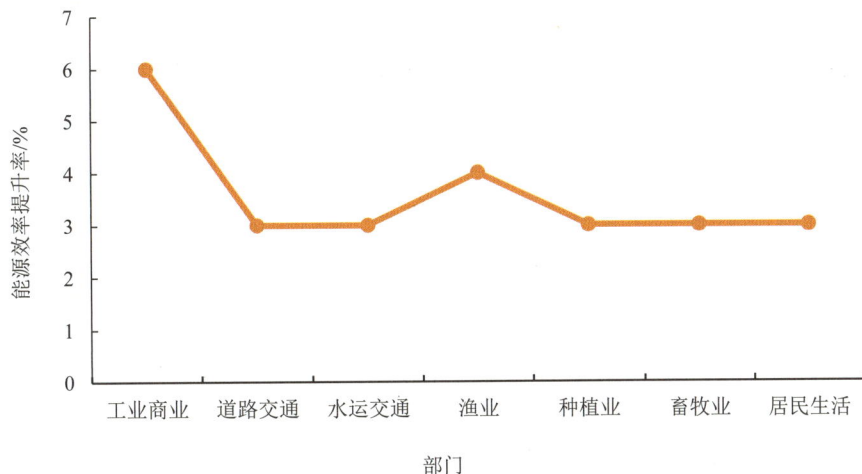

图 6-5　长岛碳排放预测基线情景能源效率参数设置

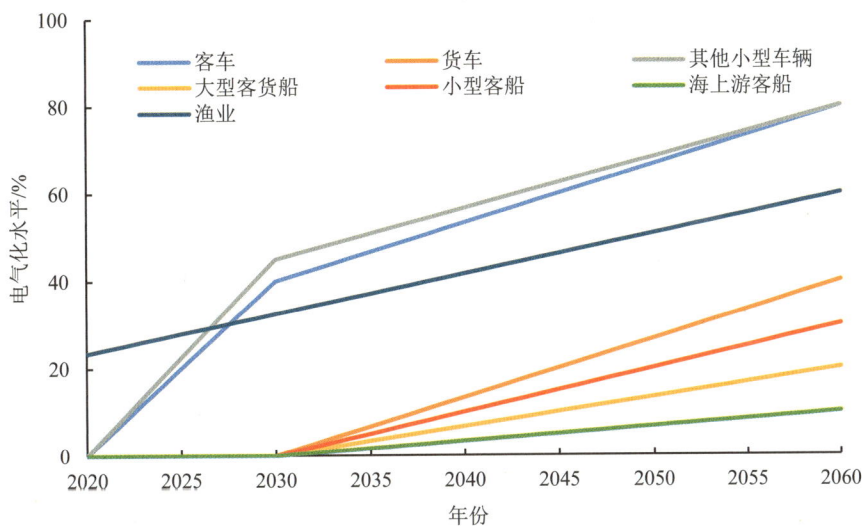

图 6-6　长岛碳排放预测基线情景能源替代参数设置

三、未来碳排放情景预测分析

长岛"范围一"能源消费主要包括道路交通、水运交通、渔业、居民生活 4 个部门，主要燃料为柴油、汽油、液化石油气等。而最终能源消费中，电力属于二次能源，在生产过程中会产生大量碳排放，属于"范围二"排放。本节将针对"范围一""范围二"的排放进行预测。

图 6-7 展示了基线情景、能效提升情景、能源替代情景及能效提升+能源替代情景下长岛"范围一"未来碳排放的变化趋势。由于可再生能源情景与能源终端消费模块不产生联系,因而在能源终端消费的中长期预测中不对可再生能源及其组合情景进行分析。上述 4 种情景下,长岛"范围一"排放量都呈下降趋势。其中,基线情景下,长岛 2060 年的"范围一"碳排放量为 1.13 万 t,相较 2020 年的 2.81 万 t 减排了 1.68 万 t;进一步提升能效后,长岛 2060 年的"范围一"排放量降至 0.75 万 t,相较 2020 年减排了 2.06 万 t;全面提升电气化水平后,长岛 2060 年的"范围一"排放基本实现清零。总体来看,相较基线情景,能效提升情景可以实现 2060 年"范围一"多减排 23%,而能源替代情景可以在稳步全面提升电气化水平的情况下实现 2060 年"范围一"排放量基本清零,对长岛"范围一"的碳减排效果更佳。

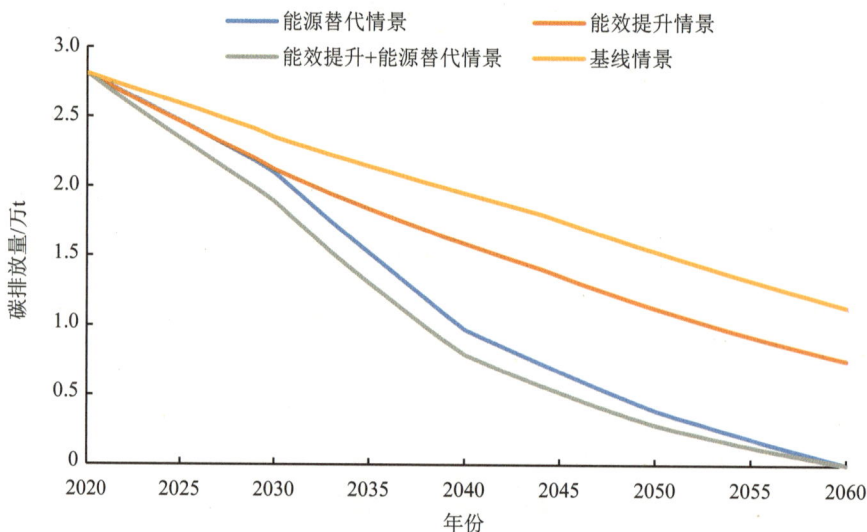

图 6-7 长岛能源终端消费中长期预测

通过对不同情景下长岛地区的用电量需求的预测分析发现,能源替代情景,即大力推动能源消费电气化但缺少推动能源效率的情况下,电力需求增长最快,从 2020 年的 1.7 亿 kW·h 增长到 2060 年的 3.4 亿 kW·h,增长了 1 倍。电力需求最小的情景是能效提升情景,2060 年的电力需求量降到 1.44 亿 kW·h,较 2020 年降低了 0.26 亿 kW·h。积极提升能效措施可将未来的电力需求缩小;采取电气化措施尽管会使电力需求增长,但增长的幅度相对较小。相较直接对化石能源进行去碳(如 CCS 技术),电气化+新能源仍然是目前最为可行的脱碳路线。需要注意的是，无论在何种情景下，长岛地区未来的电力需求量仍较大。考虑到目前发电部门是我国最大的碳排放来源，如何满足日益增长的电力需求将成为长岛地区"双碳"工作需要面临的重大挑战。

通过上述情景分析，长岛在"双碳"工作中有必要采取能效改进、能源替代（主要是电气化）和外调电力的低碳化等方式，以共同助力打造国际零碳岛。本节综合上述对能源消费端、能源供应端和碳汇的分析，对长岛整体碳排放进行中长期的预测。

图 6-8 展示了在同时采取能效提升、电气化和发展可再生能源情景下长岛 2020—2060 年的碳排放情况，其中实心部分表示长岛本地产生的碳排放，蓝色空心部分表示"范围二"（主要是外调电力生产）的碳排放，在横坐标以下的部分表示碳汇的抵消作用，其中分为碳信用（高标准的碳抵消）和其他碳汇。曲线分别从包括所有碳汇和仅包括碳汇信用的角度表示了长岛的碳排放总量。根据定量分析结果，得益于严格的低碳行动，在 2035 年前长岛将迎来一个迅速脱碳的高峰。在计算所有碳汇的情况下，长岛在 2031 年前后即可实现碳中和；在仅计算高标准的碳汇（碳信用）的情况下，长岛在 2045 年前后也可达到净零排放状态，并且在 2035 年碳排放将降低到 1 万 t 以内，达到一个近零排放的状态。因此，长岛的中长期"双碳"战略目标可以以 2035 年为节点，争取在 2035 年建成国内首个、国际知名的零碳示范岛。

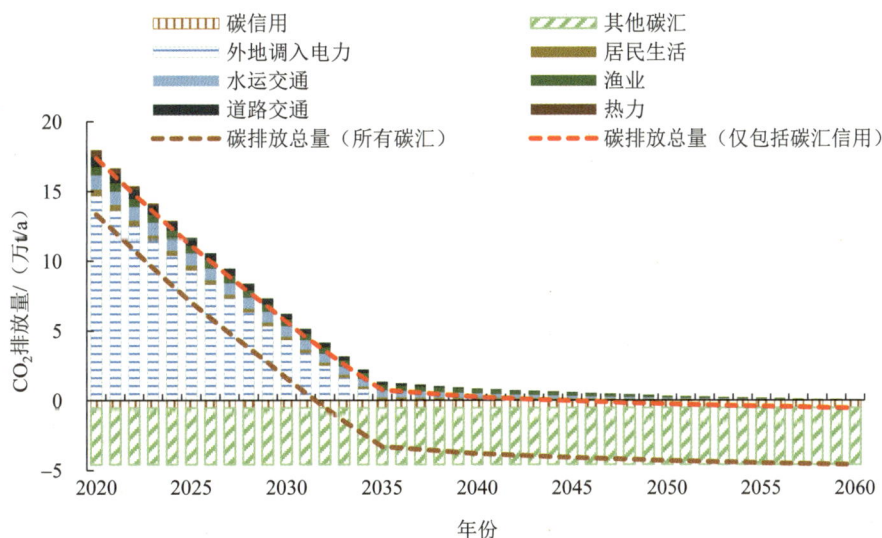

图 6-8　能效提升+能源替代+可再生能源情景下长岛地区碳排放趋势

从各行业的视角来看，外调电力的脱碳对于长岛未来碳排放的降低具有至关重要的作用。尽管该部分排放发生在长岛域外的地区，但从消费的视角来看，这部分排放由长岛本地发展所驱动，因此也需要作为长岛"双碳"工作的重心。如前文分析，发展可再生能源对于降低外调电力碳排放因子具有决定性意义。出于生态保护的需求，长岛无法在本地建设光伏和风电等常规可再生能源项目，但可以通过飞地投资建设新能源项目，以及衔接半岛北风电项目，推动本地分布式光伏的建设，利用本域地热能等清洁能源多能互补优势推动电力端的低碳化。同时，还可以通过能效提升方式，争取从需求端减少电力需求，在近期实现碳排放和经济发展的脱钩。除了电力端的排放外，本地"范围一"的排放也需要重点关注，尤其是在2030年之后本地源排放将在长岛碳排放结构中占据显著的比例，并且仅通过碳信用无法将其完全抵消。尽管当前本地"范围一"排放仅有居民生活、水运交通、道路交通、渔业和热力生产五大来源，但这些来源大部分属于较难减排的领域，需要尽可能通过能效提升或者电气化的方式实现"范围一"的脱碳。

四、重点行业碳排放预测分析

（一）交通部门

从分部门的角度来看，长岛道路交通部门"范围一"的燃料为汽油和柴油。2020年，道路交通部门"范围一"碳排放量为0.7万t，占"范围一"总排放量的24.9%。图6-9呈现了长岛道路交通部门"范围一"汽油和柴油的碳排放趋势。在4种情景下，道路交通部门未来"范围一"碳排放量都呈下降趋势。其中，在基线情景下，2060年长岛道路交通部门"范围一"排放量为1 616.3 t，其中汽油排放量为1 589.9 t、柴油排放量为26.4 t；进一步提升能效后，2060年长岛道路交通部门"范围一"排放量为1 072.4 t，其中汽油排放量为1 054.9 t、柴油排放量为17.5 t；全面提升电气化水平后，长岛道路交通部门"范围一"排放量于2050年实现清零，其中汽油于2040年实现零排放。

长岛水运交通部门"范围一"的燃料为柴油。2020年，水运交通部门"范围一"碳排放量为1.03万t，占"范围一"总排放量的36.7%。图6-10呈现了长岛水运交通部门"范围一"碳排放趋势。在4种情景下，水运交通部门未来"范围一"碳排放量都呈下降趋势。其中，在基线情景下，2060年长岛水运交通部门"范围一"碳排放量为 0.35 万 t，相较 2020 年的 1.03 万 t 降低了 0.68 万 t；进一步提升能效后，2060 年长岛水运交通部门"范围一"碳排放量为 0.23 万 t，相较基线情景可以实现多减排 18%；全面提升电气化水平后，2060 年长岛水运交通部门"范围一"基本实现零排放。

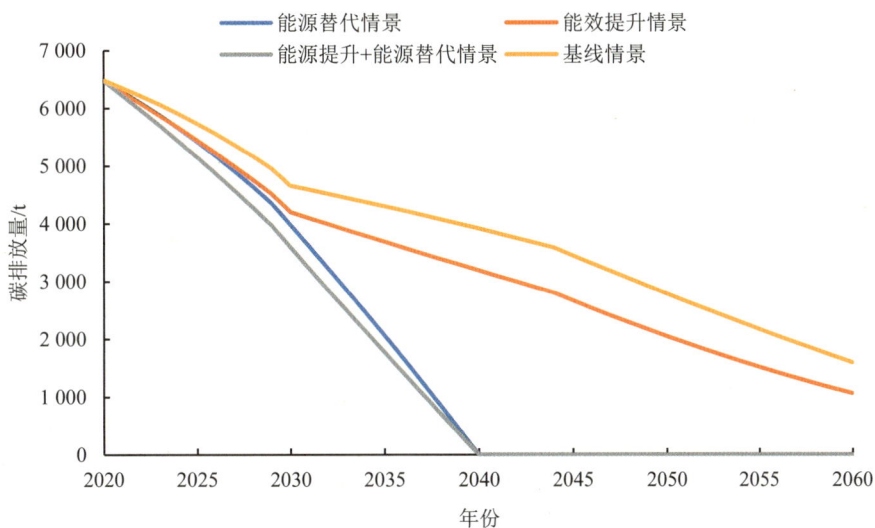

（a）汽油消费

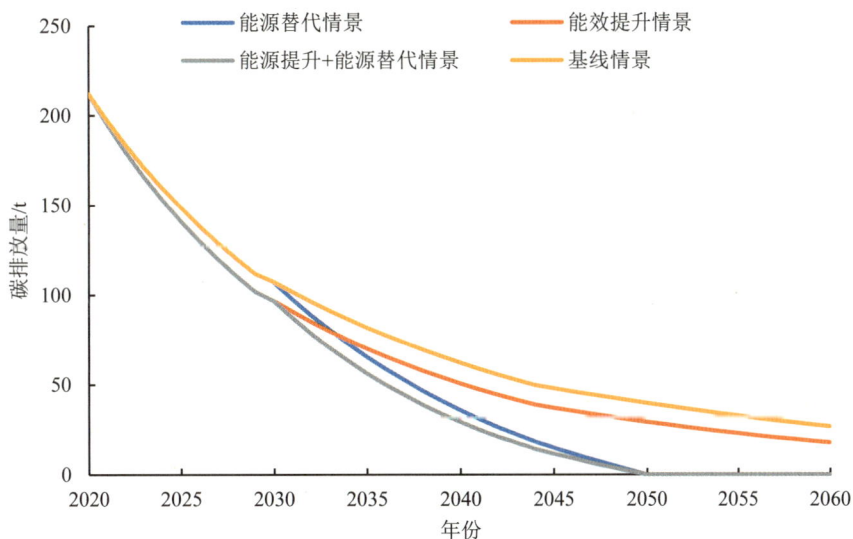

（b）柴油消费

图 6-9　长岛道路交通部门燃油消费碳排放趋势

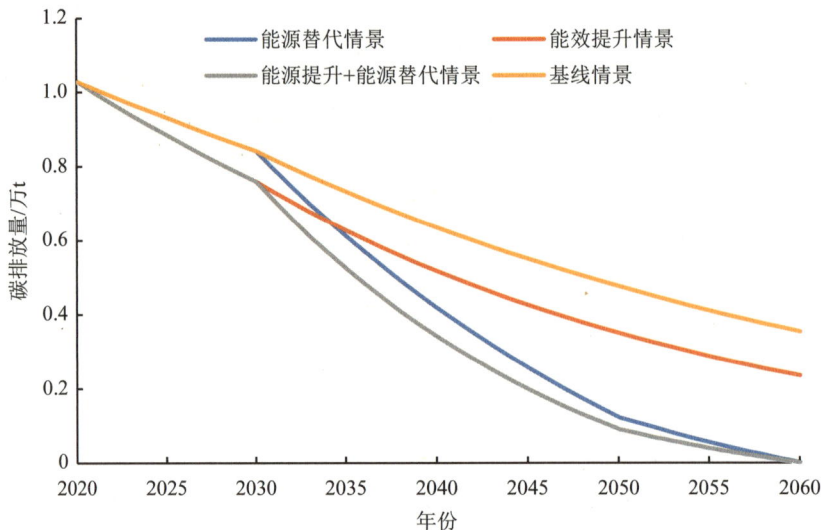

图 6-10 长岛水运交通部门"范围一"碳排放趋势

（二）渔业部门

渔船是长岛主要的岛内柴油消耗源，长岛渔业部门"范围一"的燃料为柴油。2020 年，渔业部门"范围一"的碳排放量约为 6 300 t，占"范围一"总排放量的 22.4%。图 6-11 呈现了长岛渔业部门"范围一"碳排放趋势。在基线情景下，渔业部门未来"范围一"碳排放量呈先增后降趋势，而在能效提升、能源替代及能效提升+能源替代 3 种低碳情景下，渔业部门未来"范围一"碳排放量呈下降趋势。其中，在基线情景下，2060 年长岛渔业部门"范围一"碳排放量为 4 374.5 t，相较 2020 年约减少 1 900 t；进一步提升能效后，2060 年长岛渔业部门"范围一"碳排放量为 2 890.1 t，相较 2020 年降低了 3 400 t；全面提升电气化水平后，2060 年长岛渔业部门"范围一"基本实现清零。

（三）居民生活部门

长岛居民生活部门"范围一"的燃料为液化石油气及液化天然气。2020 年，居民生活部门"范围一"碳排放量约为 4 400 t，占"范围一"总排放量的 15.7%。图 6-12 呈现了长岛居民生活部门"范围一"液化石油气及液化天然气的碳排放趋势。在 4 种情景下，居民生活部门未来"范围一"碳排放量都呈下降趋势。其中，在基线情景下，2060 年长岛居民生活部门"范围一"碳排放量为 1 738.1 t，较 2020 年降低约 2 700 t。其中，液化石油气排放量为 1 620.6 t，液化天然气排放量为 117.5 t；进一步提升能效后，2060 年长岛居民生活部门"范围一"碳排放量为 1 153.2 t，相较基线情景可以实现多减排 22%，其中液化石油气排放量为 1 075.2 t、液化天然气排放量为 77.9 t；全面提升电气化水平后，2060 年长岛居民生活部门"范围一"排放实现基本清零。

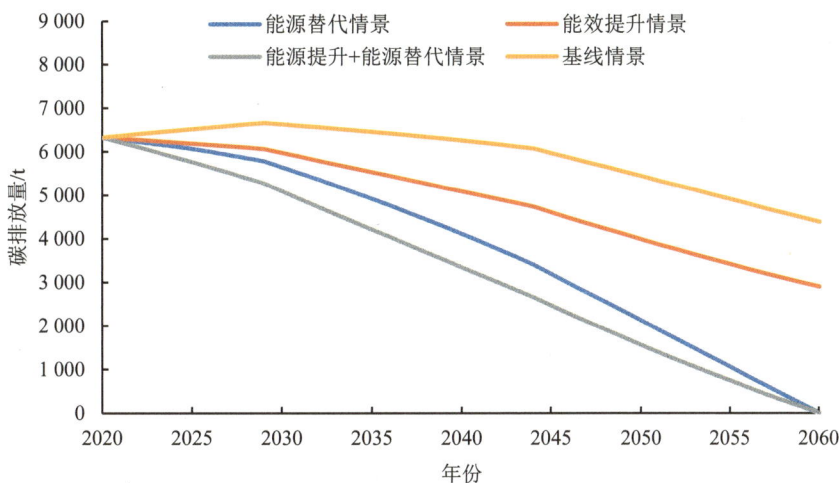

图 6-11 长岛渔业部门"范围一"碳排放趋势

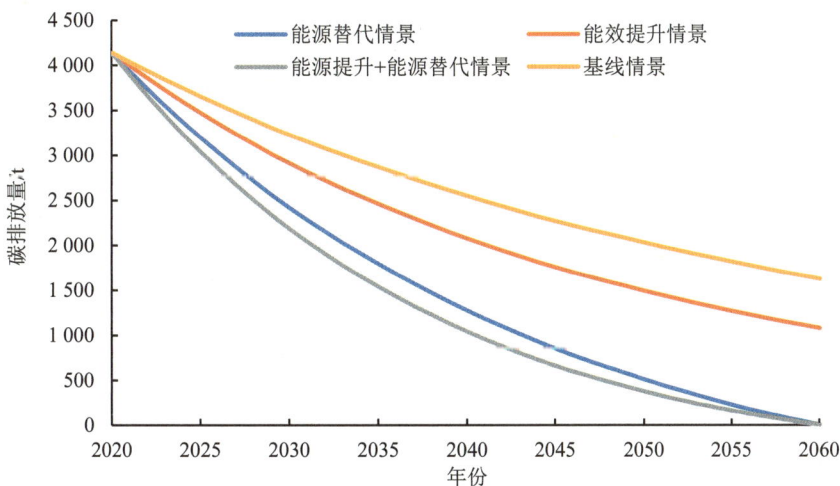

（a）液化石油气

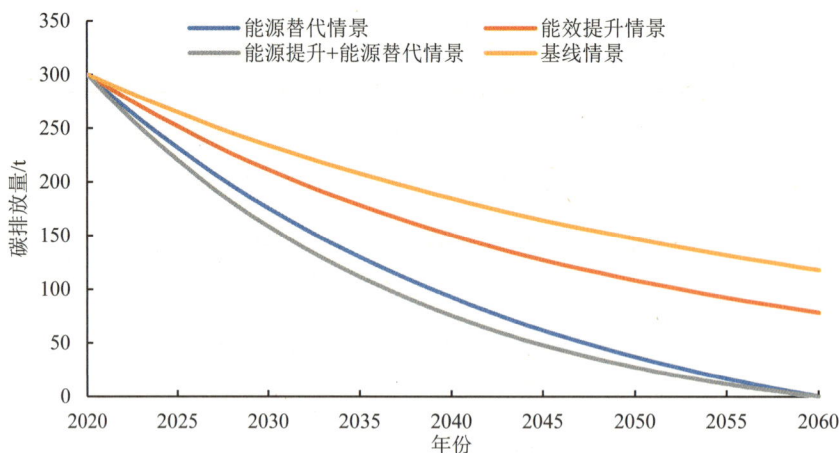

（b）液化天然气

图 6-12　长岛居民生活部门燃料碳排放趋势

长岛居民生活部门"范围二"主要是电力消费。2020 年，用电需求量为 0.42 亿 kW·h，占 2020 年长岛总用电需求量的 25%。图 6-13 呈现了不同情景下长岛地区居民生活部门的用电量需求。在 4 种情景下，长岛居民生活部门电力需求量都呈下降趋势。其中，在能效提升情景下，长岛居民生活部门电力需求下降速度最快，从 2020 年的 0.42 亿 kW·h 降低到 2060 年的 0.11 亿 kW·h；在能源替代情景下，长岛居民生活部门电力需求下降速度最慢，2060 年电力需求量为 0.23 亿 kW·h。

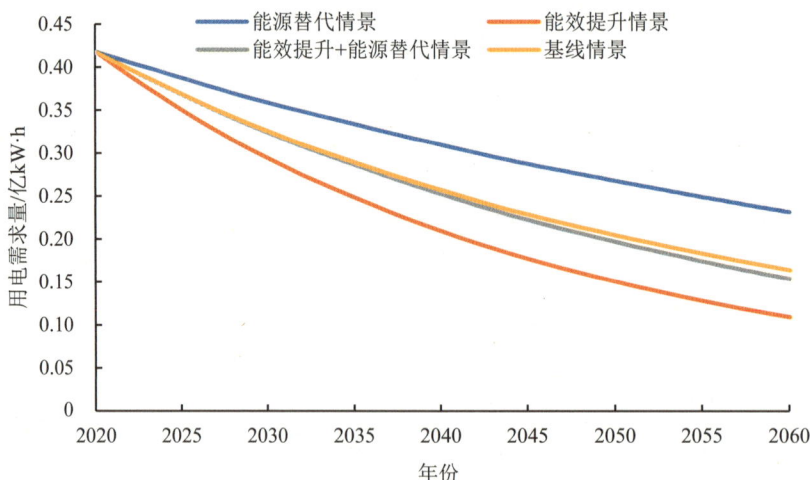

图 6-13　不同情景下长岛地区居民生活部门用电量需求

（四）工业商业部门

长岛工业商业部门能源消费全部依靠电力。2020 年用电需求量为 1.27 亿 kW·h，占 2020 年长岛总用电需求量的 75%。图 6-14 呈现了不同情景下长岛地区工业商业部门的用电量需求。在基线情景下，长岛工业商业部门用电需求量呈先增后降的发展趋势。其中，2020—2044 年为用电需求量增长阶段，2044 年用电需求量为 2.29 亿 kW·h，较 2020 年增长 80%；2044—2060 年为用电需求量下降阶段，2060 年用电需求量为 2.23 亿 kW·h，较 2044 年降低 3%，较 2020 年增长 76%。在能效提升情景下，长岛工业商业部门用电需求量呈先增后降的发展趋势。其中，2020—2029 年为用电需求量增长阶段，2029 年用电需求量为 1.46 亿 kW·h，较 2020 年增长 15%；2029—2060 年为用电需求量下降阶段，2060 年用电需求量为 0.96 亿 kW·h，较 2029 年降低 34%，较 2020 年降低 24%。

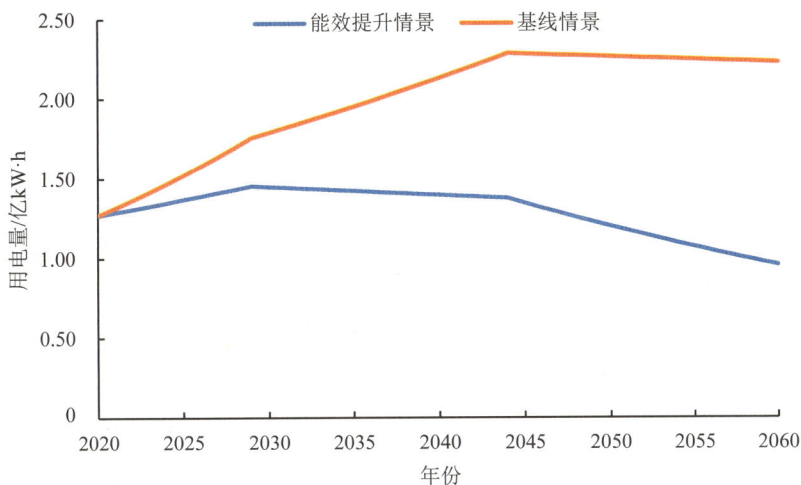

图 6-14　不同情景下长岛地区工业商业部门用电量需求

第四节　沿海小城市"双碳"实施路径

一、建设低碳能源体系

建设低碳能源体系是实现碳达峰的必由之路。需加快能源结构调整，坚持深化能源体制机制改革，着力提升能源绿色低碳发展水平，逐步从强度控制转变为实施碳排放总量和强度"双控"行动。

推动煤炭消费清零，巩固禁煤成果。积极稳妥推进化石能源消费总量下降，实施煤炭消费"双控"制度。大力推进清洁取暖改造，通过高效用能系统实现低排放、低能耗的取暖方式，将太阳能集热与空气源热泵、海水源热泵作为补充供热手段，构建绿色、节约、高效、协调的清洁供暖体系。积极推动煤炭分质梯级利用，提高煤炭资源综合利用率，提高原煤入洗率，做好能源供应兜底保障。促进高品质能源使用，争取将乡镇居民煤炭消费清零，并不断巩固岛内禁煤成果。

加快电力部门能源清洁化。在电力消费方面，长岛电力消费主要依赖外调电力，因此应提高外调清洁电力比例，降低电力部门"范围二"排放。提高外购绿电比例，积极拓展绿电消纳路径与方式，引导重点行业加快电能替代。在电力生产方面，借助沿海丰富的风力资源，依托山东半岛北风电项目，推进海上风电集中连片、深水远岸开发应用示范。优选部分场址开展深远海海上风电平价示范，推进漂浮式风电机组基础、柔性直流输电技术等创新应用，推进"海洋牧场"网箱平台远海微电网项目实施，加强关键核心技术独立创新、联合创新，实现风电装备生产本地化、高端化。

二、加快交通运输低碳转型

大力推广新能源汽车，推动航运货船、客船电气化。以市场导向和政府经济激励型政策相结合的方式完善新能源汽车的发展政策体系。一方面，推动城市环卫、物流、公务车辆更换为新能源汽车；另一方面，采用经济激励型措施鼓励消费者购买新能源汽车，通过补贴等手段鼓励岛上居民使用电动车，提升新能源汽车的私家车占比。推动航运货船、客船电动化，着力降低航运交通产生的 CO_2 排放。打造以慢行为主的绿色交通，采用 "人车分离""各成网络"的交通组织理念，将慢行作为主要交通方式，建立完善的慢行系统。

完善充电桩配套设施建设。同时，通过在居民区、公共停车场、购物中心、工业园区、单位内部停车场、旅游景区等位置加装电动汽车充电桩，加快城市充电桩的配套建设步伐，解决新能源汽车"充电难"的问题，提升新能源汽车的使用便利性，进一步增强市民购买新能源汽车的意愿。

加快推进港口岸电布局。对码头进行"以电代油"的改造，采用岸电技术，用岸基电源替代柴油机发电，直接对各类进港停靠船舶供电，告别船停燃油不停的历史，让更多的船舶用上岸电技术，方便安全、省钱环保。加快电网升级改造和岸电配套电网建设，满足船舶靠港使用岸电需求。完善供售电机制，推动岸电可持续发展。加大支持力度，加强财政引导，推动岸电常态化使用。

基于先进技术，构建智能化低碳交通管理体系。在旅游景点和附近海域开展自动驾驶和智能航运先导应用试点，创新长岛生态旅游新模式。随着 5G 信息技术和北斗卫星导航系统的广泛应用，构建基于机动车行驶、电网交互、油耗监督等功能的交通实时排放管理体系，将有助于提升交通行业运营效率，并进一步助力长岛交通行业"双碳"目标的实现。

三、大力发展节能低碳建筑

实施建筑节能改造，提高能源利用效率。对既有建筑实施节能改造。为城镇住宅尤其是老旧小区更换高效保温墙体材料、节能门窗及暖气片，通过改善供暖设施在一定程度上降低冬季的供暖压力，提升供暖效率并降低能源消耗。同时，城镇新建建筑严格执行建筑节能强制性标准和绿色建筑标准，大力推广应用绿色建材，推行装配式钢结构等新型建造方式。推行建筑工业化，发展装配式建筑，延长建筑寿命。普及一体化和被动式设计，全面推行低能耗、近零能耗建筑。提高建筑用能系统和设备效率，推广超高效系统和设备。推进老旧小区节能节水改造和功能提升。新建公共建筑安装节水器具。在建筑合适位置增加光伏、光热、风能等可再生能源的利用装置，如光伏建筑一体化技术的推广，增加可再生能源的利用率。

推广使用节能电器，提升家用设施能效。在家用电器方面，进一步加大对低能耗家用电器的政策倾斜力度。加大对低能耗空调、炉灶、热水器等设备的补贴，同时加快淘汰白炽灯等高能耗灯具并更换 LED 节能灯具，通过价格信号引导消费者使用高效低能耗的生活用能设备。推广电气化厨房，将厨房内所有用能设备改为清洁高效的电能，在满足各种菜品生产需求的同时为节能低碳发展助力。

合理规划建筑发展，加强建筑能耗管理。合理规划城市建筑面积发展目标，严格管控高耗能公共建筑发展。完善建筑能源消费计量、统计和监测，逐步开展建筑能耗限额管理。推行建筑能耗标识，建立建筑领域低碳发展绩效评估机制。

四、践行生态文明，建设森林、海洋碳汇城市

推动林业碳汇能力提升，扩大生态优势。开展全域绿化保护行动，增加林业碳汇。建立生态系统保护修复和污染防治区域联动机制，抓好森林等重要生态系统的保护修复。研究碳汇交易机制，研究长岛生态系统的增汇路径和潜力，研究林木的固碳机制和增汇模式，加快发展碳汇产业。开展耕地质量提升行动，加强土壤改良、退化防治与修复，提升土壤有机碳储量，研发应用增汇型农业技术，提升生态农业碳汇。

加快发展海洋碳汇，不断增强滨海湿地生态系统的固碳、储碳功能。整体推进生态系统保护和修复，加快海草床规模营造，科学布局藻类、贝类生态养殖，提升固碳能力，开展海洋碳汇基础研究，开展固碳增汇行动，提升海洋牧场增汇能力，探索实施微生物驱动的无机-有机-生命-非生命综合储碳示范工程。依托可持续渔业、生态旅游和沿海基础设施等项目增加长岛地区蓝色碳收入。

推动海洋生态文明建设。建立海洋生态红线制度，将重要、敏感、脆弱的海洋生态系统纳入海洋生态红线区管控范围并实施强制保护和严格管控。深化资源科学配置与管理，对海域海岛资源进行市场化配置、精细化管控，推动涵盖监测评价、污染防治、生态保护、治理修复等内容的管理体系。

五、推进节能减碳全民行动

提倡使用绿色产品，倡导绿色低碳生活。在全岛范围内提倡绿色产品的使用，严格限制一次性用品的生产、销售和使用，推广可降解塑料袋或可重复利用的布袋或纸袋。引导消费者积极主动购买节能环保型家电及有机绿色无公害农产品，加大绿色产品推介力度，扩展绿色低碳环保产品市场。鼓励商场、超市、市场通过突出绿色产品标识、设置绿色产品专区等方式引导消费者优先选购绿色产品。积极提倡厉行节约的生活方式，提倡节能节水，引导人们拒食各类国家保护动植物，引导消费者拒绝购买使用野生动物皮毛制成的服装、物品，优先选择环保面料和环保款式。

引导居民积极参与垃圾分类。强化垃圾分类的制度保障，切实推进落实物业服务企业履行垃圾分类义务，推进智能化信息管理系统建设，对垃圾分类、收运、处理等各个环节进行全方位精细化管理。强化教育引导，提高居民进行垃圾分类的参

与度和准确度，将生活垃圾分类融入工作和生活的每个方面，成为每位居民的思想认同和行为习惯。

倡导绿色出行，减少交通碳排放。倡导公众少用私家车，多用公共交通工具。加强公共自行车宣传力度和租用点建设，建设绿色慢行道路系统，建设覆盖全区的绿道休闲路网，为市民提供绿色低碳的出行保障，提高市民绿色低碳出行率。

探索碳普惠机制，构建人人参与的碳普惠生态圈。借鉴地方碳普惠建设经验，结合长岛实际，探索区域碳普惠机制。有序推动社会活动碳中和，以绿色生活和低碳发展为归宿，以会议、论坛、展览等大型活动为重点，以平台建设、宣传推广、项目示范为抓手，推动各类社会活动实施碳中和，构建起碳中和政策标准和支撑服务体系。推动长岛碳普惠的机制创新，以公众碳减排积分奖励、项目碳减排量开发运营为路径，着力拓展公众低碳场景，构建碳减排量消纳机制，创新运营管理模式，加快构建自生长、可持续的碳普惠生态圈。通过打造多元化、广覆盖的个人绿色生活积分体系，建立起"政府引导、市场运作、社会参与"的绿色生活激励回馈机制，推动绿色生活方式成为公众的主动自觉选择。

第七章 典型工业园区碳排放核算及低碳路径规划

中国工业园区在过去40多年的发展历程中，展现出了顽强的韧性和坚定的决心，成功实现了快速工业化和城市化的重要使命。在推动经济发展、科技创新和产业升级方面取得了显著成效。工业园区通过集聚高端要素、发展高新技术产业、优化产业布局、提升产业层次，推动了区域经济的协调发展。

作为国家经济发展的重要支柱，工业园区在促进产业集聚、提升经济效益方面发挥了举足轻重的作用。同时，随着全球气候变化问题的日益严峻，工业园区也面临着巨大的降碳减污压力。

根据国家发展改革委发布的园区名录，国家级和省级开发区数量众多，达到2 543家。80%的工业企业集中在园区，园区的工业总产值占全国的 50%以上。园区产业涉及制造业、建筑业、服务业、交通运输业等众多领域，种类多样且规模大。壮大的产业集群和生产规模同时也给园区带来了巨大的能源需求，大量的基础设施和公共服务已成为园区碳排放的主要源头。其中，仅工业园区产生的 CO_2 排放量在全国碳排放总量中的占比就超过 30%。与中国的整体用能结构相似，园区以电能作为主要驱动能源。而受我国电能生产现状所限，2020 年采用电网供电的园区有 67.8%的电力供应依然依靠化石能源，园区已经成为重要的碳排放载体。因此，工业园区在实体经济和降碳减污方面肩负着重大使命。

本章以苏州国家高新技术产业开发区（以下简称苏州高新区）作为案例研究对象，根据其产业结构及能源消费特点，对全区温室气体总排放特征进行分析，提出实现苏州高新区低碳发展的重要路径。

第一节 园区产业发展特点

苏州高新区于 1990 年启动开发建设，1992 年获批首批国家高新区，2002 年与虎丘区合并，实行"两块牌子、一套班子"的管理模式。区域面积 333 km²，其中太湖水域 110 km²，常住人口 84 万人（服务人口超 100 万人）。2022 年，完成地区生产总值 1 766 亿元、增速 3%，居苏州市第一，一般公共预算收入 182 亿元，同口径实现正增长，荣获全省高质量发展先进地区，区域发展保持蓬勃向上的良好态势。2023 年上半年实现地区生产总值 859 亿元，增长 5.7%，一般公共预算收入 119.5 亿元，增长 22.2%。

苏州高新区以绿色化、高端化、智能化、服务化为主攻方向，持续推进高新技术的集聚和开发，形成了以电子信息、装备制造为主导产业，新一代信息技术、医疗器械、新能源等为新兴产业的现代产业体系。

高新技术产业发展强劲。2020 年，用于新兴产业投资金额达到 84.20 亿元。其中，软件和集成电路投资达到 24.88 亿元，高端装备制造达到 17.95 亿元，新型平板显示达到 13.30 亿元，新材料投资达到 12.48 亿元。创新驱动日益增强，全社会重视研发活动，启动建设南京大学苏州校区和太湖科学城，为创新发展提供有力支撑。

新兴产业不断壮大。2020 年，高端设备制造业投资达到 17.95 亿元。电子信息、高端装备制造等产业实现快速发展。推动信息化与制造业深度融合，加快苏州智能工业融合发展中心建设，推进制造业服务化和实体经济数字化，更大力度支持企业实施智能化改造，打造长三角地区智能制造示范区。

节能环保和新材料产业持续推进。苏州高新区是国家绿色园区，拥有第一批国家环保产业园。高新区大力推动节能环保和新材料产业的发展，形成了以环保装备制造、环保新材料、再生资源回收、环境治理等为主的环保和新材料产业体系。其中，节能环保装备制造是重点支持的领域，吸引了多家优质的中外资企业及研究院所共同推动环保装备的技术创新及产业发展，环保装备技术达到行业领先水平。另外，苏州高新区成为全国第一批循环经济试点单位。2005 年，苏州循环经济推广中心在苏州高新区成立，标志着苏州高新区的循环经济迈上了新的台阶。

新能源产业快速发展。苏州高新区清洁能源产业自 2006 年起步以来呈快速发展的态势，形成了以太阳能光伏、新能源燃料电池、智能电网为主的新能源产业体系，同时涉及风能、核能及生物质能等多个领域，拥有全球最大的光伏高效硅片制造基地（苏州协鑫总部）。随着《苏州高新区"产业强链"三年行动计划（2021—2023 年）》及《苏州高新区推进新能源产业链高质量发展工作方案（2021—2023 年）》的实施，苏州高新区的新能源产业也将得到快速发展。

医疗器械和生命医药产业实现稳定发展。苏州高新区持续大力发展绿色康养产业，形成了以医疗器械、现代中药、化学制药、健康服务为主，以医药中间体、医用包装等为辅的绿色康养产业集群，建立起以中国科学院苏州医工所和东南大学苏州医疗器械研究院为龙头的创新平台、以省医疗器械检验所苏州分所为核心的检测平台、以医疗器械产业园为主要载体的企业孵化培育和产业化平台。

同时，苏州高新区坚持贯彻落实绿色发展理念，近年来积极推进低碳建设工作，在优化能源和产业结构、绿色基础设施建设、增加碳汇等方面不断探索实践，将节能减排应用到高新区各个生产环节和居民生活中，取得了一定的成效，为建设低碳园区奠定了工作基础。

一是优化能源消费结构，彻底淘汰非电煤炭消费。2016—2019 年苏州高新区地区生产总值能耗持续下降，超额完成苏州市下达的任务目标。苏州高新区持续优化能源消费结构，以天然气为主的清洁能源使用率和可再生能源使用比例持续提高。2020 年消除非电煤炭消费量，完成苏州市下达的 2019 年度非电煤炭削减目标。目前区内以电力、天然气为主要能源，已无非电煤炭消费。2020 年规模以上工业综合能耗为 143.45 万 t 标准煤，区域节能降耗水平较 2019 年有所提升。

二是大力发展清洁能源，着力发展绿色产业。苏州高新区着力构建绿色产业体系，区域内重点聚集了节能环保、清洁能源、新能源汽车、绿色制造、绿色新材料、绿色康养等绿色产业。2020 年，全区绿色产业约 480 家，其中清洁能源和节能环保产业是苏州高新区重点着力发展的"双核"绿色产业。目前苏州高新区清洁能源产业已集聚了协鑫、阿特斯等清洁能源规模以上企业 28 家，现正积极探索可复制、可推广的新能源综合利用新模式，打造具有国际影响力的新能源产业高地。

三是加快推动节能减排，实现低碳发展。突出抓好重点领域、重点行业节能减排，深化"万家企业节能低碳行动"和"能效之星"创建活动。推行合同能源管理，运用生态保护补偿机制等手段推动企业使用清洁能源。实现低碳发展，重点企业全面实施碳排放报告核查制度，建立完善碳管理、碳考核、碳评估体系。苏州高新区积极发展循环经济，大力推进清洁生产和循环经济技术的推广及运用，提高资源的综合利用率。节能减排扎实推进。全年规模以上工业企业能源消费总量为 143.45 万 t，单位地区生产总值能耗下降率完成苏州市下达的任务。全年新增节能建筑面积 317.16 万 m^2，其中公共建筑 103.11 万 m^2。年内获评"国家首批绿色产业示范基地"。

四是开展环境综合治理，提升废弃物处理能力。苏州高新区持续布局建设污水处理、垃圾处理等基础设施，目前设施基本完备，能够满足区内处置需求。持续推进生态文明"十大工程"建设，11 项重点工程全年完成投资 4.62 亿元。完成 136 项大气污染治理重点任务。全年建成区环境空气质量优良天数 304 天，优良率达 83.3%。PM$_{2.5}$ 年均浓度为 34 μg/m³，比上年下降 19%。集中饮用水水源地水质达标率达 100%，城镇污水处理率达 99.6%。苏州高新区持续推进生态城等区域水环境生态建设，完成 14 条黑臭水体治理、70 km 河道清淤，城镇黑臭水体基本消除；完成 48 个雨污分流片区改造，新改建污水管网 80 km。严格水源地管理和保护，集中式饮用水水源地水质达标率保持 100%。同时，狠抓工业废气、建筑扬尘等源头治理，努力降低主要污染物排放总量和浓度。苏州高新区自 2019 年来持续深入开展固体废物、危险废物环境隐患排查整治，固体废物、危险废物环境隐患明查暗访，危险废物储存规范化整治等专项行动，全区危险废物污染防治水平得到有效提升。截至目前，区域危险废物处理能力基本满足处置需求。苏州高新区坚持实行最严格的环境保护制度，持续加强环境综合治理，高新区工业废水和生活污水 100% 集中处理，工业和生活垃圾 100% 集中收集转运。苏州高新区环境质量持续改善，COD、NH$_3$-N、SO$_2$ 和 NO$_x$ 等主要污染物排放削减率完成苏州市下达的任务。

五是推进绿化改造工作，不断增加碳汇。"十三五"期间，苏州高新区生态环境高质量发展，累计投入生态补偿金 1.7 亿元，自然湿地保护率达 60.3%、绿化覆盖率达 46.0%。2020 年，苏州高新区环境空气质量持续改善，全年空气质量（AQI）优良率为 83.3%。苏州高新区持续深入加大造林和绿化力度：完善城镇绿地系统，提高森林覆盖率；实施山体美化行动，高标准改造山体林相，加快宕口生态修复及山体美化工程，开展阳山矿白龙西宕口修复工程；持续实施山体覆绿、重点市政建设项目及沿线绿化美化工程，自然湿地保护率和碳汇能力进一步提高。

第二节　能源消耗特征

苏州高新区属于能源资源匮乏地区，除少量电力本地生产外，煤、油、气、电等能源均以外部调入为主。苏州高新区 2015—2020 年能源消费总体情况如表 7-1 所示，能源消费量与消费强度情况如图 7-1 所示。

表 7-1　苏州高新区 2015—2020 年能源消费情况

年份	2015	2016	2017	2018	2019	2020
能源消费量/万 t 标准煤	222.26	213.16	212.98	234.17	251.29	219.55
能源消费增长率/%	—	−4.09	−0.08	9.94	7.31	−12.63
地区生产总值/亿元	1 033.59	1 113.87	1 211.73	1 312.18	1 377.24	1 446.32
能源消费强度/（万 t 标准煤/亿元）	0.215	0.191	0.176	0.178	0.182	0.152
能源消费强度变化率/%	—	−11.01	−8.15	1.53	2.24	−16.80

图 7-1　苏州高新区 2015—2020 年能源消费量与消费强度情况

　　苏州高新区 2015—2020 年能源消费总量为 210 万～250 万 t 标准煤，年均能源消费总量为 225.57 万 t 标准煤，2015—2017 年能源消费量较为平稳并有一定的下降趋势，2018—2019 年明显上升，在 2020 年出现下降趋势，2015—2020 年整体降幅为 1.22%。

　　在能源消费强度方面，2015—2020年处于波动式下降的趋势，从2015年的0.215万t标准煤/亿元下降到2020年的0.152万t标准煤/亿元，降幅达29.3%。

　　苏州高新区的能源消费结构不断优化，2015—2020 年分种类能源消费量及消费占比分别如表 7-2 和图 7-2 所示。原煤消费在 2015—2020 年整体呈下降趋势，占比从 2015 年的 20.62%下降到 2018 年的 15.60%之后，分别在 2019 年、2022 年略有回升，整体降幅为 14.4%。焦炭消费在 2015—2020 年下降显著，从 2015 年的 10.20%

下降到 2020 年的 0.40%，整体降幅高达 96.1%。由于苏州华能热电有限责任公司增加了燃气机组，苏州高新区天然气的消费量上升趋势明显，从 2015 年的 14.92%上升到 2020 年的 30.40%，汽油的消耗在 2015—2020 年则呈稳步增长趋势。

表 7-2　2015—2020 年苏州高新区分种类能源消费量　　　　　　单位：万 t 标准煤

能源品种	2015 年	2016 年	2017 年	2018 年	2019 年	2020 年
原煤	51.10	49.77	46.92	45.92	50.97	46.93
焦炭	25.27	22.05	21.21	22.44	22.39	1.07
其他焦化产品	32.12	33.93	32.16	30.28	26.68	26.19
天然气	36.99	39.67	42.73	90.93	91.82	80.84
汽油	23.76	19.48	21.41	21.84	37.82	33.86
柴油	14.15	6.19	6.64	7.73	12.52	13.28
热力	5.90	6.08	6.11	7.09	6.54	6.83
电力	58.55	61.98	66.64	68.07	64.80	56.88

图 7-2　2015—2020 年苏州高新区分种类能源消费占比

注：已包含所有能源种类，由于数据四舍五入问题总和不为 100%。余同。

制造业是苏州高新区最主要的能源消费部门，其中化工行业和机械、电子行业构成了苏州高新区制造业的主要能源消费，这两个部门的能源消费整体为35万～

50万 t 标准煤/a。由于苏钢集团的关停，钢铁工业的能源消费在2020年出现较大幅度的下降，而制造业其他部门的消费量都在10万 t 标准煤以下。能源工业也是高新区能源消费重点部门，能源消费逐年增长，在2019年和2020年成为能源消费量最大的三个行业之一。苏州高新区2015—2020年规模以上工业分行业能源消费量如表7-3所示。

表 7-3　2015—2020 年苏州高新区规模以上工业分行业能源消费量

单位：万 t 标准煤

行业	2015 年	2016 年	2017 年	2018 年	2019 年	2020 年
钢铁	33.65	31.59	32.01	33.04	26.44	0.41
有色金属	2.82	3.22	3.50	3.45	2.35	2.31
化工	44.09	48.38	44.61	41.84	38.09	39.77
造纸	6.10	2.71	0.12	0.06	0.02	0.36
机械、电子	42.38	44.32	47.68	47.25	45.33	43.64
纺织	0.46	0.48	0.73	0.77	0.51	0.58
能源工业	20.79	19.96	17.47	38.57	41.91	39.52
其他	10.42	10.96	11.46	11.46	16.86	16.84

　　以 2020 年为例，机械、电子部门是苏州高新区规模以上工业主要的能源消费部门，占比为 30.42%；其次是化工和能源工业部门，占比分别为 27.73%和 27.55%；有色金属、造纸和纺织部门的能源消费量较小（图 7-3）。

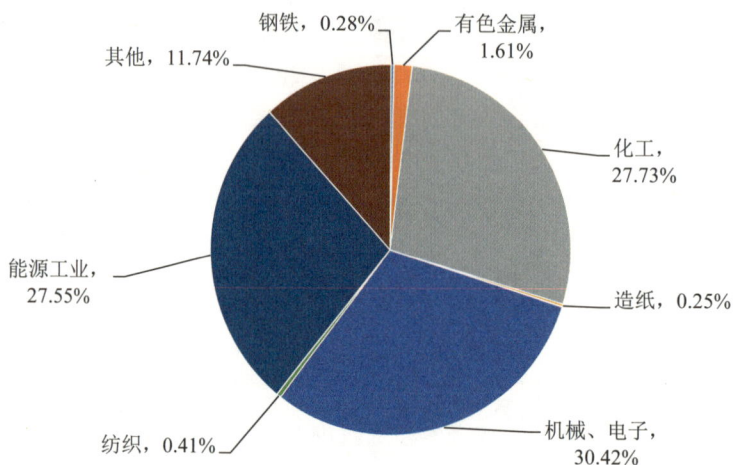

图 7-3　2020 年苏州高新区规模以上工业分行业能源消费占比

第三节　碳排放情况

一、确定核算边界

苏州高新区碳排放核算最主要的特点是跨边界活动及相关排放多。由于一些排放活动的流动性，地理范围越小与边界外的活动交流越多，高新区层面跨边界排放占整体排放的比例肯定大于省级和城市层面。跨边界排放的典型例子是调入或调出的电力和热力、跨边界交通、跨边界废弃物处理、原材料异地生产和产品异地使用等。

苏州高新区碳排放核算的报告范围为高新区全境，包括浒墅关经开区（镇），苏州科技城（东渚街道），西部生态旅游度假区（镇湖街道），综合保税区，通安镇，狮山、横塘街道，枫桥街道7个辖区。

碳排放核算的年限为2015—2020年，以2015为基准年，对苏州高新区2015—2020年碳排放总量、碳排放强度及重点行业的碳排放变化趋势进行深入分析，综合研判高新区低碳发展现状及未来的低碳发展机会。

碳排放核算的温室气体种类包括《省级温室气体清单编制指南（试行）》中规定的6种温室气体，即CO_2、CH_4、N_2O、HFCs、PFCs和SF_6。计算碳排放总量时，以CO_2为基准，把其他温室气体换算成CO_2当量。由于高新区边界内的温室气体排放活动类型有限，本次核算只涉及CO_2、CH_4、N_2O、HFCs这4种温室气体。

二、确定核算的排放源与吸收汇

根据《IPCC国家温室气体清单指南》，碳排放源/吸收汇分为五大部门，分别是能源活动、工业生产过程、农业活动、土地利用变化和林业及废弃物处理。其中，能源活动、工业生产过程、农业活动和废弃物处理是排放源，土地利用变化和林业可能同时存在排放源和吸收汇。鉴于苏州高新区无大规模畜牧业，且近年来虽然存在"有林地"转化为"非林地"的情况，但转化数量小，对本次核算结果不产生影响，故本次核算不包括农业活动中的动物饲养及土地利用变化所产生的碳排放。

苏州高新区碳排放核算最主要的特点是跨边界活动及相关排放种类多。为了更好地区分以上五大碳排放源/吸收汇,避免重复计算,把该区碳排放划分为三个范围:"范围一"排放,指发生在高新区地理边界内的排放,即直接排放,如区域内化石燃料燃烧、工业生产过程排放、垃圾填埋焚烧等;"范围二"排放,指高新区地理边界内与活动消耗的调入电力和热力相关的排放,即间接排放;"范围三"排放,指除"范围二"排放外的所有其他间接排放,包括原材料异地生产的排放、跨边界交通排放,以及购买的异地产品所产生的排放等。鉴于"范围三"排放核算所需数据难以获得且核算边界不明确,相关核算指南中未将"范围三"纳入碳排放核算范围。因此,苏州高新区碳排放核算工作只包括"范围一"和"范围二"排放。

综上所述,苏州高新区碳排放核算工作计划包括能源活动、工业生产过程、废弃物处理和农业活动的"范围一"排放及与调入电力和热力相关的排放,即"范围二"排放。苏州高新区具体涵盖的能源品种、工业生产范围、碳汇面积等信息见表7-4。

表7-4　高新区碳排放源/吸收汇

部门	排放源
能源活动	化石燃料燃烧活动 调入的电力、热力
工业生产过程	半导体的生产活动中四氟化碳（CF_4）的使用
农业活动	水稻、小麦、蔬菜
土地利用变化和林业	乔木林（林分）、灌木林
废弃物处理	垃圾填埋、垃圾焚烧、生活污水处理和工业废水处理

三、核算方法

根据世界资源研究所发布的《城市温室气体核算工具指南》及国家发展改革委发布的《省级温室气体清单编制指南（试行）》,苏州高新区碳排放核算可采用IPCC排放因子法,即通过各排放源活动水平数据及相应的排放因子来计算排放量。

基本原理:温室气体排放量=活动水平数据×排放因子。

其中,活动水平数据量化了造成苏州高新区温室气体排放的活动,如锅炉燃烧消耗的煤的数量、居民生活用电量等。排放因子是指每一单位活动水平（如1t煤或1kW·h电）所对应的温室气体排放量,如"t CO_2/t原煤""t CO_2/（MW·h）电力"。

根据上述碳排放核算范围及边界，苏州高新区碳排放总量计算将包括化石燃料燃烧排放量（含调入电力热力排放量）、工业生产过程排放量、废弃物处理排放量、农业活动排放量（除畜牧业）及土地利用变化和林业。

（一）能源活动

1. 化石燃料燃烧排放（CO_2、CH_4、N_2O）计算

苏州高新区能源活动碳排放清单编制和报告的范围主要包括化石燃料燃烧活动产生的 CO_2、CH_4 和 N_2O 排放，以及电力净调入、调出产生的间接排放。该化石燃料燃烧碳排放量采用排放因子法，基于分部门、分燃料品种的燃料消费量等活动水平数据及相应的排放因子等参数，通过逐层累加综合计算得到总排放量。

2. 调入的电力排放计算

由于电力属于二次能源，区内生产的电力已纳入"范围一"计算过一次，可将调入电力作为"范围二"排放单独核算以避免重复计算。

（二）工业生产过程

结合苏州高新区各工业行业的工业生产流程，在填报江苏省重点温室气体排放数据平台的 39 家重点温室气体排放企业里，仅识别出毅嘉电子和福来盈 2 家企业在工业生产过程中涉及半导体生产，存在少量的 CF_4 使用。

（三）废弃物处理

城市废弃物处理产生的排放包括两大来源：城市固体废物处理及生活污水和工业废水处理。苏州高新区的生活垃圾全部由区外指定企业进行处理，属于"范围三"排放，故不计算在本次核算范围内。另外根据调研，苏州高新区没有填埋，因此无废弃物填埋量。废弃物处理碳排放量的计算主要包括危险废物的焚烧处理及工业废水和生活污水处理过程中产生的碳排放。具体计算方法将根据苏州高新区垃圾管理及处理方式、废水 COD 去除率确定。

（四）农业活动

经调研，识别出苏州高新区农业活动产生的碳排放包括稻田种植产生的 CH_4 排放，以及水稻、小麦和蔬菜在施肥过程中产生的 N_2O 排放。根据区内稻田种植面积、各类化肥施用量，以及清单编制指南中全国各大区稻田 CH_4 平均排放因子与主要农作物 N_2O 平均排放因子，计算农业活动的碳排放量。

（五）土地利用变化和林业

鉴于苏州高新区近年无"有林地"转化为"非林地"的森林破坏行为，本次核算不包括土地利用变化所产生的碳排放，主要考虑"森林和其他木质生物量变化"引起的碳储量变化。

本次核算采用默认排放因子，其中化石燃料燃烧的 CO_2、CH_4 和 N_2O 排放因子来自世界资源研究所《能源消耗引起的温室气体排放计算工具指南（2.1 版）》。排放因子统一采用江苏省电网平均 CO_2 排放因子 0.682 9 kg CO_2/（kW·h），其他能源品种采用全国平均值，其中 CH_4 的排放因子还细分到行业，包括能源行业、制造业、商业、住宅和农林牧渔业。其他部门的默认排放因子来自《省级温室气体清单编制指南（试行）》。其中，工业生产过程因生产原理类似，只需要按照不同工艺区分排放因子，地域性差别不大，而采用全国平均值；农业活动的默认排放因子按照区域进行划分；土地利用变化和林业的排放因子细分到省；废弃物处理的排放因子取全国平均值。

四、碳排放特征

（一）总量分析

苏州高新区温室气体排放涉及能源活动、工业生产过程、农业活动、土地利用变化和林业及废弃物处理 5 个领域（表 7-5）。可以看出，能源活动是苏州高新区温室气体排放的最主要来源，其次是废弃物处理，工业生产过程、农业活动、土地利用变化和林业涉及的温室气体排放较少。以 2020 年为例，不包括土地利用变化和林业，苏州高新区能源活动占整体总排放量的比例为 99%；废弃物处理次之，占整体总排放量的比例为 0.79%；工业生产过程和农业活动温室气体排放占比分别为 0.03% 和 0.14%。

表7-5　2015—2020年苏州高新区分领域温室气体排放情况　　单位：万 tCO₂e

活动分类	计算范围	2015 年	2016 年	2017 年	2018 年	2019 年	2020 年
能源活动	不含电力调入	512.20	484.48	480.83	623.22	617.52	487.24
	含电力调入	895.18	906.06	942.13	955.03	934.85	797.46
工业生产过程	—	0.25	0.25	0.57	0.30	0.33	0.15
农业活动	—	0.50	0.48	0.42	0.49	0.42	0.69
土地利用变化和林业	—	−0.66	−0.66	−0.66	−0.66	−0.66	−0.66
废弃物处理	—	3.82	3.23	3.67	3.64	4.19	3.88
总排放量	不含电力调入	517.61	489.25	486.20	628.43	623.11	492.09
	含电力调入	899.08	909.37	946.13	958.81	939.13	801.52

苏州高新区 2015—2020 年温室气体排放量（含电力调入）及排放强度变化趋势如表 7-6 所示。

表7-6　2015—2020年苏州高新区温室气体排放情况（含电力调入）

年份	2015	2016	2017	2018	2019	2020
温室气体排放量/（万 tCO₂e）	899.08	909.37	946.13	958.81	939.13	801.52
排放量变化/%		1.14	4.04	1.34	−2.05	−14.65
温室气体排放强度/（tCO₂e/万元）	0.87	0.82	0.78	0.73	0.68	0.55
排放强度变化/%		−6.15	−4.36	−6.42	−6.68	−18.73
人均排放量/tCO₂e	15.22	15.31	15.87	16.00	11.36	9.63
人均排放量变化/%		0.60	3.68	0.80	−29.01	−15.24

苏州高新区 2015—2020 年温室气体排放量（不含电力调入）及排放强度变化趋势如表 7-7 所示。

表 7-7　2015—2020 年苏州高新区温室气体排放情况（不含电力调入）

年份	2015	2016	2017	2018	2019	2020
温室气体排放量/（万 tCO₂e）	517.61	489.25	486.20	628.43	623.07	492.09
排放量变化/%		−5.48	−0.62	29.25	−0.85	−21.02
温室气体排放强度/（tCO₂e/万元）	0.50	0.44	0.40	0.48	0.45	0.34
排放强度变化/%		−12.29	−8.65	19.36	−5.54	−24.79
人均排放量/tCO₂e	8.76	8.24	8.16	10.49	7.54	5.91
人均排放量变化/%		−5.99	−0.97	28.56	−28.14	−21.56

由图 7-4 可以看出，苏州高新区 2015—2020 年"范围一"和"范围二"排放总量总体呈先上升后下降的趋势。其中，2015—2018 年上升趋势明显，2019 年和 2020 年排放量有较大幅度下降，从 2015 年的 899.08 万 t CO₂e 下降到 2020 年 801.52 万 t CO₂e，降幅为 10.85%。其下降的原因主要来自苏钢集团及一些化工企业的关停，同时也考虑到受 2020 年新冠疫情的影响，停工停产造成温室气体排放的整体下降。

图 7-4　2015—2020 年苏州高新区温室气体排放情况

在碳排放强度方面，"十三五"期间，苏州高新区碳排放强度整体呈下降趋势，碳排放强度从 2015 年的 0.87 tCO$_2$e/万元下降到 2020 年的 0.55 tCO$_2$e/万元，降幅为 36.78%。考虑到第三产业和居民用电的持续增加，苏州高新区人均碳排放量在 2015—2020 年呈先上升后下降的趋势，并且下降幅度明显，从 2015 年的 15.22 tCO$_2$e 下降到 2020 年的 9.63 tCO$_2$e，降幅为 36.73%。

从"范围一"来看，2020 年的温室气体排放量为 492.09 万 tCO$_2$e；温室气体排放强度从 2015 年的 0.50 tCO$_2$e/万元下降到 2020 年的 0.34 tCO$_2$e/万元，下降幅度达到了 32%；人均排放量逐年下降，从 2015 年的 8.76 tCO$_2$e 下降到 2020 年的 5.91 tCO$_2$e。

（二）温室气体排放种类分析

苏州高新区温室气体排放涉及 CO$_2$、CH$_4$、N$_2$O、PFCs 这 4 种温室气体，不存在 HFCs 和 SF$_6$ 的排放。

如表 7-8 所示，能源活动涉及大量的 CO$_2$ 和少量的 CH$_4$ 与 N$_2$O，工业生产过程有少量的 PFCs 排放，农业活动排放了少量的 CH$_4$ 和 N$_2$O，土地利用变化和林业涉及少量的 CO$_2$ 吸收，废弃物处理排放了较多的 CH$_4$，也有少量的 CO$_2$ 和 N$_2$O 排放。

表 7-8　2015—2020 年苏州高新区分领域不同种类温室气体排放　　　　单位：万 tCO$_2$e

活动分类	计算范围	CO$_2$	CH$_4$	N$_2$O	PFCs
能源活动	含电力调入	5 407.56	4.23	18.92	0
	不含电力调入	3 200.46	0.68	4.35	0
工业生产过程	—	0	0	0	1.85
农业活动		0	2.20	0.80	0
土地利用变化和林业		−3.95	0	0	0
废弃物处理	—	0.21	18.68	3.54	0

2015—2020 年苏州高新区不同种类温室气体排放情况如表 7-9 所示。苏州高新区的温室气体排放涉及 CO$_2$、CH$_4$ 和 N$_2$O，工业生产过程排放中还有极少量的 PFCs 排放。在 4 种主要的温室气体中，CO$_2$ 占比在 99% 以上，CH$_4$ 和 N$_2$O 占比都在 0.5% 以下，PFCs 占比在 0.1% 以下，温室气体结构较为稳定。以 2020 年为例，CO$_2$ 排放量为

793.70 万 t，占总温室气体排放的 99.02%；CH_4 排放量为 4.13 万 tCO_2e，占比 0.52%；N_2O 排放量为 3.54 万 tCO_2e，占比 0.44%，PFCs 排放量为 0.15 万 tCO_2e，占比 0.02%。CH_4 排放主要源于农业活动和废弃物处理，N_2O 排放主要源于能源活动和废弃物处理，PFCs 排放源于工业生产过程。

表 7-9　2015—2020 年苏州高新区不同种类温室气体排放

年份	CO_2 /万 tCO_2e	CO_2 占比/%	CH_4/万 tCO_2e	CH_4 占比/%	N_2O/万 tCO_2e	N_2O 占比/%	PFC/万 tCO_2e	PFC 占比/%	总计
2015	890.47	99.04	4.36	0.49	4.01	0.45	0.25	0.03	899.08
2016	901.29	99.11	3.74	0.41	4.09	0.45	0.25	0.03	909.37
2017	937.26	99.06	4.11	0.43	4.18	0.44	0.57	0.06	946.13
2018	950.63	99.15	4.21	0.44	3.66	0.38	0.30	0.03	958.81
2019	930.46	99.08	4.55	0.48	3.78	0.40	0.33	0.03	939.13
2020	793.70	99.02	4.13	0.52	3.54	0.44	0.15	0.02	801.52

（三）各产业温室气体排放分析

苏州高新区第一产业的温室气体净排放量较少，农业活动排放的温室气体多数被林业碳汇抵消；第二产业是该区温室气体排放的主要来源，2015—2017 年第二产业的温室气体排放占比一直在 80% 左右，但在 2020 年降至 65% 左右，其原因主要是苏钢集团及一些化工产业的关停；由于第三产业用电量的持续增加，其排放占总量的比例也逐年上升，从 2015 年的 21.55% 左右升至 2020 年的 34.41%。2015—2020 年苏州高新区分产业温室气体排放情况见表 7-10 和图 7-5。

表 7-10　2015—2020 年苏州高新区分产业温室气体排放

年份	第一产业		第二产业		第三产业	
	排放量/万 tCO_2e	占比/%	排放量/万 tCO_2e	占比/%	排放量/万 tCO_2e	占比/%
2015	0.022 6	0	654.381 7	78.45	179.769 0	21.55
2016	−0.006 3	0	667.396 8	79.60	171.010 6	20.40
2017	−0.114 0	−0.01	683.151 9	78.28	189.638 9	21.73
2018	−0.031 8	0	682.349 5	76.96	204.339 3	23.05

年份	第一产业		第二产业		第三产业	
	排放量/万 tCO₂e	占比/%	排放量/万 tCO₂e	占比/%	排放量/万 tCO₂e	占比/%
2019	−0.196 4	−0.02	616.331 0	70.93	252.772 8	29.09
2020	0.175 5	0.02	474.077 9	65.56	248.819 7	34.41

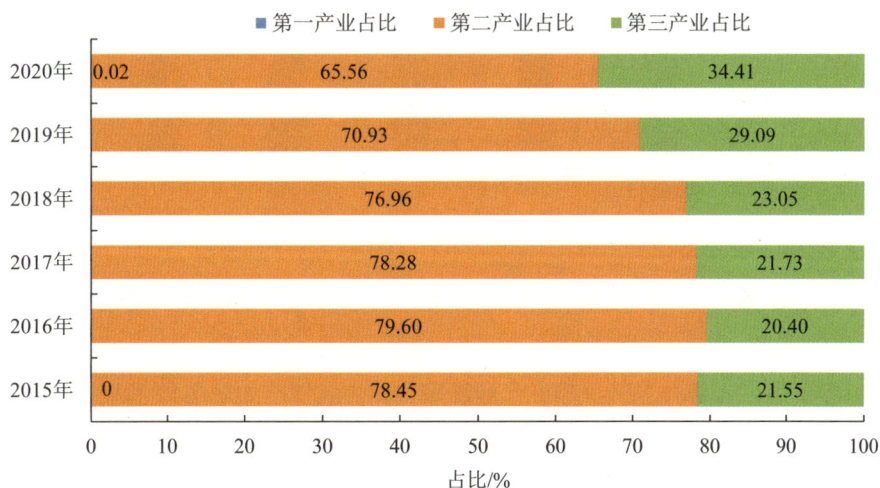

图 7-5　2015—2020 年苏州高新区温室气体排放产业占比

2015—2020 年苏州高新区第一产业温室气体排放情况如表 7-11 和图 7-6 所示。第一产业的排放主要由农业活动、土地利用变化和林业两部分构成。其中，农业活动的碳排放主要源于种植水稻、小麦、蔬菜等施用的氮肥，土地利用变化和林业的数据源于 2010—2020 年高新区林地保护利用规划数据，因此各年份温室气体排放情况相同。第一产业的温室气体排放量整体处于平稳波动的状态，排放量较小，占总体排放的比例也较小。

表 7-11　2015—2020 年苏州高新区第一产业温室气体排放分解

年份	2015	2016	2017	2018	2019	2020
温室气体排放量/万 tCO₂e	0.0226	−0.0063	−0.1140	−0.0318	−0.1964	0.1755
第一产业占比/%	0.00	0.00	−0.01	0.00	−0.02	0.02
农业活动/万 tCO₂e	0.6807	0.6518	0.5441	0.6263	0.4617	0.8336
土地利用变化和林业/万 tCO₂e	−0.6581	−0.6581	−0.6581	−0.6581	−0.6581	−0.6581

图 7-6   2015—2020 年苏州高新区第一产业温室气体排放分解

2015—2020 年苏州高新区第二产业温室气体排放情况如表 7-12 和图 7-7 所示。第二产业是苏州高新区温室气体排放的主要来源，2015—2020 年年均排放 629.61 万 tCO_2e，其中包括能源活动、工业生产过程、废弃物处理 3 个主要部分。能源活动主要有化石燃料燃烧，石油、天然气的运输和消费活动，以及电力、热力的调入 3 个方面，占第二产业温室气体排放的绝大部分，年均排放量为 625.57 万 tCO_2e。工业生产过程是指水泥、石灰、钢铁、电石、己二酸、硝酸、HCFC-22、铝、镁、电力设备、半导体和氢氟烃的生产活动，苏州高新区的企业仅涉及半导体生产，本次核算收集到毅嘉电子和福来盈 2 家企业在工业生产过程中涉及 CF_4 的使用量。工业生产过程的温室气体排放较少，在 0.1 万～0.6 万 tCO_2e 波动。废弃物处理主要包括垃圾焚烧、生活污水处理和工业废水处理等活动，各年份温室气体排放量在 3 万～4 万 tCO_2e，占比也相对较小。

表 7-12   2015—2020 年苏州高新区第二产业温室气体排放情况   万 tCO_2e

年份	2015	2016	2017	2018	2019	2020
温室气体排放量	654.381 7	667.396 8	683.151 9	682.349 5	616.331 0	474.077 9
能源活动	650.317 5	663.915 4	678.913 5	678.405 5	611.811 2	470.045 5
工业生产过程	0.247 0	0.247 0	0.573 2	0.300 2	0.327 3	0.152 0
废弃物处理	3.817 3	3.234 4	3.665 1	3.643 8	4.192 4	3.880 3

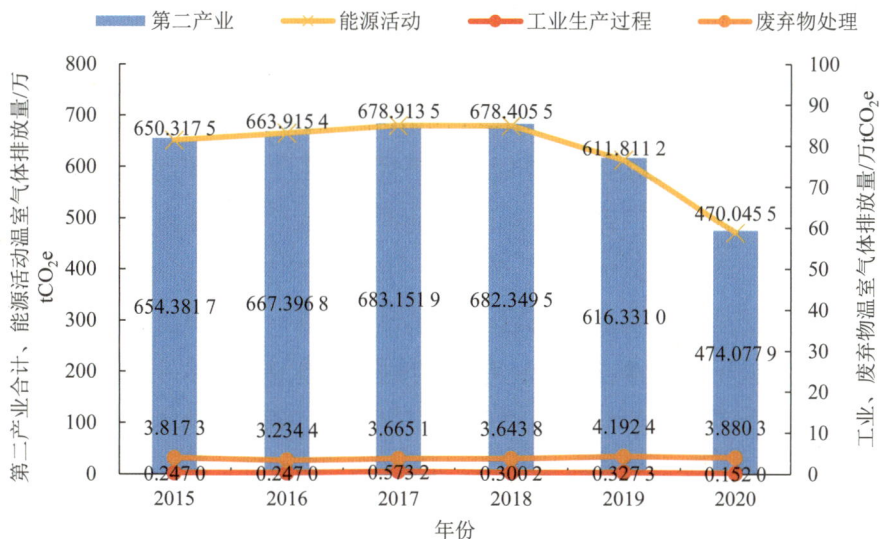

图 7-7　苏州高新区 2015—2020 年第二产业温室气体排放分解

苏州高新区第三产业的温室气体排放主要来源于交通运输及批发零售、住宿餐饮业，2015—2020 年年均排放量在 207.73 万 tCO_2e，平均占比为 25.04%。2015—2020 年第三产业的温室气体排放占比整体呈上升趋势，从 2015 年的 21.55%提高到 2020 年的 34.841%。苏州高新区 2015—2020 年第三产业温室气体排放情况如图 7-8 和表 7-13 所示。

图 7-8　2015—2020 年苏州高新区第三产业温室气体排放

表 7-13　2015—2020 年苏州高新区第三产业温室气体排放情况

年份	2015	2016	2017	2018	2019	2020
温室气体排放量/万 tCO₂e	179.769 0	171.010 6	189.638 9	204.339 3	252.772 8	248.819 7
第三产业占比/%	21.55	20.40	21.73	23.05	29.09	34.41

（四）规模以上工业重点部门温室气体排放分析

1. 能源工业

苏州高新区 2015—2020 年能源工业（不含外调电力热力）温室气体排放情况如表 7-14 和图 7-9 所示。

表 7-14　2015—2020 年苏州高新区能源工业温室气体排放情况

年份	2015	2016	2017	2018	2019	2020
能源工业/万 tCO₂e	167.97	150.86	153.39	240.66	240.08	233.66
电力部门/万 tCO₂e	116.28	97.01	97.49	184.59	181.21	179.08
热力部门/万 tCO₂e	51.69	53.85	55.90	56.07	58.87	54.58
电力部门占比/%	69.23	64.31	63.56	76.70	75.48	76.64
热力部门占比/%	30.77	35.69	36.44	23.30	24.52	23.36

能源工业是苏州高新区规模以上工业碳排放的重要部门，供电、供热过程中能源消耗多、温室气体排放量较大。该区的能源工业温室气体排放量在 2015—2017 年较少且呈现波动式下降的情况，而在 2018 年后有明显的上升，这是因为苏州华能热电有限责任公司增加了燃气机组，使全区天然气消费量明显上升。能源工业包括电力和热力两个部门，热力部门的温室气体排放量稳定在 51 万～59 万 tCO₂e，能源工业的碳排放量变化主要源于电力部门，其排放量变化较大。

图 7-9　2015—2020 年苏州高新区能源工业温室气体排放情况

2．制造业

苏州高新区 2015—2020 年制造业温室气体排放情况如表 7-15 和图 7-10 所示。制造业是苏州高新区规模以上工业第二大温室气体排放重点部门，年均排放量达 208.97 万 tCO_2e。制造业的碳排放在 2015—2020 年一直处于下降趋势，在 2020 年出现明显下降，而下降的主要原因来自苏钢集团的关停及一些化工企业的关停。

表 7-15　2015—2020 年苏州高新区制造业温室气体排放情况　　　单位：万 tCO_2e

年份	2015	2016	2017	2018	2019	2020
制造业	272.53	263.93	233.18	225.21	223.00	35.94
钢铁	121.24	109.93	106.82	107.49	102.34	0.39
有色金属	1.04	1.26	1.27	1.27	0.56	0.50
化工	117.40	125.63	102.18	94.02	97.54	10.02
造纸、纸浆	12.15	5.66	0.07	0.01	0.17	0.27
机械、电子	10.94	10.53	12.18	9.94	10.34	8.87
纺织	0.29	0.36	0.58	0.58	0.44	0.39
其他	9.45	10.55	10.07	11.90	11.63	15.27

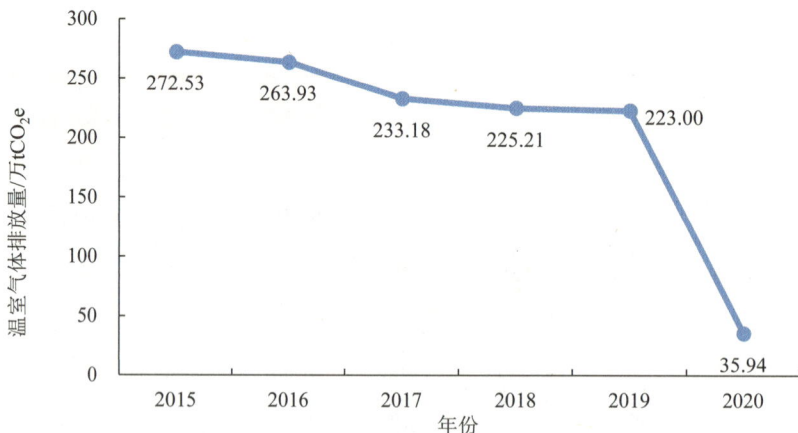

图 7-10   2015—2020 年苏州高新区制造业温室气体排放量变化情况

苏州高新区的制造业主要包括钢铁，有色金属，化工，造纸、纸浆，机械、电子，纺织和其他等部门，食品饮料部门只有 2020 年有统计数据且占比较小，暂不做考虑。高新区 2015—2020 年制造业各部门温室气体排放情况如图 7-11 所示。其中，钢铁，化工，机械、电子部门在 2020 年之前构成了制造业的主要温室气体排放，3 个部门的碳排放占比在 2015—2019 年都在 90%以上，但在 2020 年降至 80%以下。

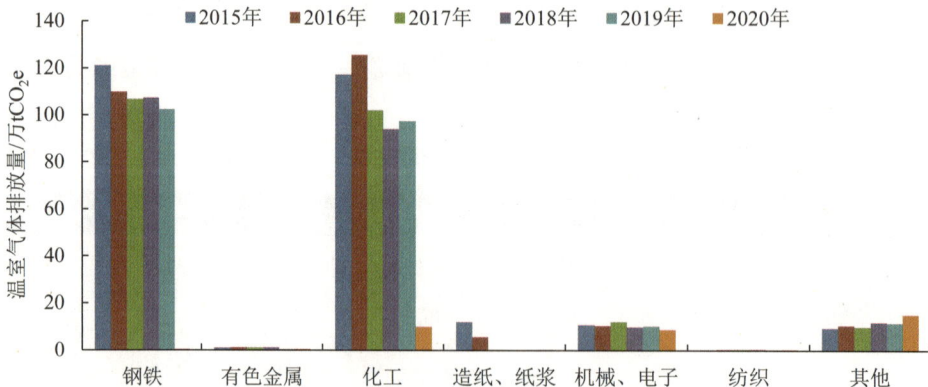

图 7-11   2015—2020 年苏州高新区制造业各部门温室气体排放情况

钢铁工业温室气体排放情况如表 7-16 和图 7-12 所示。钢铁工业温室气体排放在 2015—2020 年年均排放达到了 91.37 万 tCO_2e。由于苏钢集团的关停，钢铁工业的碳排放量在 2020 年出现较大幅度的下降。钢铁工业的碳排放强度也呈波动式下降的状态。

表 7-16　2015—2020 年苏州高新区钢铁工业温室气体排放情况

年份	2015	2016	2017	2018	2019	2020
温室气体排放量/万 tCO_2e	121.24	109.93	106.82	107.49	102.34	0.39
工业总产值/亿元	27.95	29.64	49.46	37.74	28.79	6.47
碳排放强度/（万 tCO_2e/亿元）	4.34	3.71	2.16	2.85	3.55	0.06

图 7-12　2015—2020 年苏州高新区钢铁工业温室气体排放情况

　　钢铁生产过程的实质是将铁从矿石中还原的过程，需要大量能源，燃料燃烧是钢铁行业碳排放量最大的过程。燃料燃烧排放出大量的 CO_2 和少量的 CH_4 及 N_2O，其中 CH_4 和 N_2O 的年总排放量在 100 t 左右，产生的 CO_2 当量不到 1 万 t，占比不足 0.5%。钢铁工业不同种类温室气体排放情况见表 7-17。

表 7-17　2015—2020 年苏州高新区钢铁工业不同种类温室气体排放情况　单位：万 t

年份		2015	2016	2017	2018	2019	2020
CO_2 排放量		120.648 6	109.412 5	106.331 2	106.989 8	101.842 9	0.389 3
CH_4	排放量	0.008 8	0.007 7	0.007 3	0.007 5	0.007 3	0.000 0
	CO_2 当量	0.245 5	0.215 6	0.204 8	0.208 7	0.204 6	0.000 2
N_2O	排放量	0.001 3	0.001 1	0.001 1	0.001 1	0.001 1	0.000 0
	CO_2 当量	0.346 4	0.304 0	0.288 5	0.294 0	0.288 6	0.000 2
总计		121.240 5	109.932 2	106.824 6	107.492 6	102.336 0	0.389 7

化工工业温室气体排放情况如表 7-18 和图 7-13 所示。化工工业温室气体排放在 2015—2020 年年均排放达到了 91.13 万 tCO_2e。化工工业的温室气体排放量在 2015—2019 年较为稳定，略有下降，在 2020 年出现明显的降低，其原因主要来自一些化工企业的关停。碳排放强度一直处于下降的趋势，从 2015 年的 0.62 万 tCO_2e/亿元降至 2019 年的 0.43 万 tCO_2e/亿元，并在 2020 年大幅降至 0.05 万 tCO_2e/亿元。

表 7-18 2015—2020 年苏州高新区化工工业温室气体排放情况

年份	2015	2016	2017	2018	2019	2020
温室气体排放量/万 tCO_2e	117.40	125.63	102.18	94.02	97.54	10.02
工业总产值/亿元	189.64	209.74	238.71	225.98	225.52	214.64
碳排放强度/（万 tCO_2e/亿元）	0.62	0.60	0.43	0.42	0.43	0.05

图 7-13 2015—2020 年苏州高新区化工工业温室气体排放情况

化工工业的温室气体排放主要是化石燃料燃烧排放的大量 CO_2 和少量的 CH_4 及 N_2O，其中 CH_4 和 N_2O 的年总排放量在 $100 \sim 140$ t，产生的 CO_2 当量在 1 万 t 左右，占比不足 1%。化工工业不同种类温室气体排放情况如表 7-19 所示。

表 7-19 2015—2020 年苏州高新区化工工业不同种类温室气体排放情况 万 t

年份		2015	2016	2017	2018	2019	2020
CO_2		116.639 4	124.807 9	101.476 4	93.360 7	96.897 6	9.998 4
CH_4	排放量	0.011 3	0.012 1	0.011 4	0.010 7	0.009 4	0.000 3
	CO_2 当量	0.316 3	0.339 0	0.319 6	0.300 5	0.263 9	0.009 5
N_2O	排放量	0.001 7	0.001 8	0.001 4	0.001 3	0.001 4	0.000 1
	CO_2 当量	0.448 3	0.480 5	0.383 7	0.356 9	0.374 2	0.016 3
总计		117.403 9	125.627 4	102.179 8	94.018 1	97.535 7	10.024 3

机械、电子工业的温室气体排放情况如图 7-14 和表 7-20 所示。机械、电子工业是温室气体排放的重点部门，2015—2020 年年均排放达到了 10.5 万 tCO_2e。机械、电子工业的温室气体排放量在 2015—2017 年有明显的上升，在 2018—2020 年一直处于下降趋势。机械、电子工业不同种类温室气体排放情况见表 7-21。

图 7-14 2015—2020 年苏州高新区机械、电子工业温室气体排放情况

表 7-20　2015—2020 年苏州高新区机械、电子工业温室气体排放情况

年份	2015	2016	2017	2018	2019	2020
温室气体排放量/万 tCO_2e	10.94	10.53	12.18	9.94	10.34	8.87
工业总产值/亿元	2 149.51	2 169.8453	2 310.42	2 575.76	2 508.16	2 448.32
碳排放强度/（万 tCO_2e/亿元）	0.005 1	0.004 9	0.005 3	0.003 9	0.004 1	0.003 6

表 7-21　2015—2020 年苏州高新区机械、电子工业不同种类温室气体排放情况

单位：万 t

年份		2015	2016	2017	2018	2019	2020
CO_2 排放量		10.929 6	10.515 8	12.167 9	9.928 5	10.324 7	8.857 0
CH_4	排放量	0.000 2	0.000 2	0.000 2	0.000 2	0.000 2	0.0002
	CO_2 当量	0.006 2	0.006 0	0.006 9	0.005 7	0.005 7	0.0050
N_2O	排放量	0.000 0	0.000 0	0.000 0	0.000 0	0.000 0	0.0000
	CO_2 当量	0.007 0	0.006 9	0.007 7	0.006 6	0.006 3	0.0054
总计		10.942 9	10.528 7	12.182 4	9.940 8	10.336 8	8.867 4

综上所述，苏州高新区能源消费的对外依赖度较高，消费需求上升潜力较大。高新区重点依赖的电力、煤炭、天然气等资源均以外部调入为主，只有少部分电力依靠本地生产，对煤炭消费的依赖程度仍处于相对较高的水平。虽然苏州高新区近两年的能源消耗有所减缓，但不排除因新冠疫情导致生产停滞、经济低迷等外部因素的影响。其余年份的能源消费均呈增加趋势，因而能源消费需求仍面临较大的上升潜力。能源消费主要分布在石油、化工、机械与电子、钢铁等部门。值得注意的是，苏州高新区能源消费强度有了相对较好的控制，整体呈下降的趋势。

苏州高新区的温室气体排放以 CO_2 为主，碳排放总量整体保持平稳的变化趋势。苏州高新区温室气体种类主要涉及 CO_2、CH_4、N_2O，但 CO_2 的比例高达 99%，是重点防控的温室气体种类。2015—2020 年，苏州高新区碳排放总量呈总体平稳但略有下降的趋势。因此，未来全区的碳减排还将面临较大压力。但针对碳排放强度来说，苏州高新区整体出现相对下降的趋势，无疑是实现碳减排任务的利好局面。

苏州高新区第二产业碳排放较高，主要由能源活动引起。三次产业碳排放占比分布不均衡：第二产业碳排放占比从 2015 年的 80% 降至 2020 年的 65% 左右；第三

产业碳排放占比有增加的趋势，从 2015 年的 21.40%左右升至 2020 年的 34.89%；第一产业基本实现了碳吸收与碳释放持平的发展趋势。能源活动所引起的碳排放是第二产业碳排放的主要来源，废弃物处理与工业生产过程所带来的碳排放所占比重甚小。

能源工业、制造业和交通部门是苏州高新区重点碳排放行业。整体来说，苏州高新区制造业碳排放要高于能源工业，但从 2019 年开始制造业的碳排放出现下降趋势，苏钢集团及一些化工企业的关停直接带来碳排放下降幅度的增加。交通部门的碳排放基本保持稳定的增长趋势，2020 年碳排放略有下降。

第四节　工业园区"双碳"实施路径

建设低碳能源体系是实现碳达峰的必由之路。苏州高新区需加快能源结构调整，坚持深化能源体制机制改革，着力提升能源绿色低碳发展水平，逐步从强度控制转变为实施碳排放总量和强度"双控"行动。

建设清洁能源替代工程。控制煤炭消费总量、油品消费增速，切实在居民生活、工业生产、交通运输等领域积极推进"以电代煤、以电代油、以气代煤、以气代油"清洁能源替代行动。推广先进的工业炉窑余热、余能回收利用技术，实现余热、余能高效回收及梯级利用。发展大规模新能源储能技术、绿色储能技术等，推进清洁能源生产、储存和应用三大环节一体化进程。建设苏州清洁能源创新发展基地，不断创新高新区清洁能源供应方式，优化区内清洁能源利用结构。

全面布局建设新能源基础设施，推进清洁能源利用。充分利用区内公用场馆、学校、医院、产业园区等屋顶公共资源，布局建设分布式光伏和微电网；统筹利用既有屋顶公共资源，开展分布式光伏和微电网的建设改造，进行可再生能源补充。同时，协同国家或省市能源发展战略，对电网进行合理改造，并引入外部光伏、风电、水电、核电等清洁能源，在区内并网使用。建设氢能源基础设施，协调引进中石油、中石化等头部企业，重点在太湖大道、中环西线、湘江路等重要干线与迪浐路东延、何山路西延等道路工程建设加氢站基础设施。

积极打造智慧能源管理平台，通过数字技术提升区域能源管理水平，加快包括能源在内的传统基础设施的数字化改造，发展智慧能源。依托高新区上市企业总部智慧能源大数据项目，打造具有全国影响力的新能源产业高地，使数字化、清洁化、透明化成为苏州高新区发展和努力的方向。

大幅提升外调绿电规模。苏州高新区在实现碳中和目标的过程中，可进一步调整调入电中绿电的比例，甚至专线供应绿电。在数据基础可以改善的条件下，纳入碳市场的企业购买的绿电可以区分和采用不同的碳排放系数，从而影响企业的碳排放核算结果及配额分配结果。

从环境保护制度、环境综合治理、产业结构优化、节能减排、循环利用、绿色生活方式、基础设施、运行管理等各方面进行调整优化，持续推进工业绿色化进程。持续优化以光伏、智能电网、新能源汽车、绿色家电、节能环保、资源回收利用为代表的绿色低碳循环产业。鼓励研究机构对工业绿色发展、节能减排、生态环境建设开展创新研究，提供技术和决策支撑。针对苏州高新区重点耗能企业设备、工艺及流程进行低碳化改造升级、数字化升级行动，对重点项目实施深入筛查、节能诊断和云端监控，有效降低能耗、提升能效，旨在降低全生命周期能耗和碳排放总量。

优化苏州高新区产业结构，合理降低高耗能产业比例，支持绿色低碳产业发展。加大能效水平提升力度，研发应用绿色创新技术降低高耗能产业的碳排放强度。对相关的生产线基础设施进行改造升级，通过对用能设施的节能技改提高控排水平。挖掘苏州高新区减排与产业发展的共生潜力，回收利用工业生产副产物和工业废物，从源头、过程和末端充分减排。加强苏州高新区绿色制造体系建设，从产品的全生命周期综合考虑经济效益、环境效益和社会效益。

大力推广新能源汽车。以市场导向和政府经济激励型政策相结合的方式完善新能源汽车的发展政策体系。一方面，推动城市环卫、物流、公务车辆更换为新能源汽车；另一方面，采用经济激励型措施鼓励消费者购买新能源汽车，通过补贴等手段鼓励居民使用新能源汽车，提升新能源汽车的私家车占比，着力降低交通产生的 CO_2 排放。打造以慢行为主的绿色交通，采用"人车分离"和"各成网络"的交通组织理念，将慢行作为主要交通方式，建立完善的慢行系统。

完善充电桩配套设施建设。通过在居民区、公共停车场、购物中心、工业园区、单位内部停车场等位置加装电动汽车充电桩，加快城市充电桩的配套建设步伐，解决新能源汽车"充电难"的问题，提升新能源汽车的使用便利性，从而进一步增强市民购买新能源汽车的意愿。

应用智能交通技术，推进智能交通设施建设和交通运行监测调度中心（TOCC）第三期建设，提高交通协同管理能力，改善交通运行状况和出行环境。研究智能网联汽车产业发展，聚集智能网联汽车产业要素，开展车路协同基础设施试点，运用"5G+高精定位"系统，完善5G新基建车路协同体系。建设多层次智能公交调度系统，完善交通流量管控，实现高效通行。加快构建停车诱导和静态交通管理平台，实现智能泊车和停车资源共享。

实施建筑节能改造，提高能源利用效率。对既有建筑实施节能改造。在已建成的狮山商务区中，逐步推进既有建筑的低碳化改造，开展以空调、通风、照明、热水等大型公共建筑和公共机构办公建筑用能系统的节能改造，以建筑门窗、墙体保温、建筑屋面等为重点的居住建筑节能改造试点，探索适宜的改造模式和技术路线；在新建项目中大力推行绿色低碳建筑的建设，贯彻落实《江苏省绿色建筑发展条例》《苏州市绿色建筑工作实施方案》，如在太湖科学城、先进制造区的新建项目中推行零碳设计，从建筑的布局、设计开始就充分考虑气候条件，最大化利用自然采光通风。同时，全区新建建筑严格执行建筑节能强制性标准和绿色建筑标准，大力推广应用绿色建材，推行装配式钢结构等新型建造方式。推行建筑工业化，发展装配式建筑，延长建筑寿命。普及一体化和被动式设计，全面推行低能耗、近零能耗建筑。提高建筑用能系统和设备效率，推广超高效系统和设备。推进老旧小区节能节水改造和功能提升。新建公共建筑安装节水器具。在建筑合适位置增加光伏、光热、风能等可再生能源的利用装置，提高可再生能源的利用率。

积极鼓励采取合同能源管理模式进行建筑运行管理。在未来城市发展更新建设中，按照"产城一体"的发展理念，充分考虑城市内功能组团的合理分布，平衡生活、工作、服务、交通各因素，减少交通成本，促进居民养成绿色生活习惯，开展绿色消费制度建设，多维一体构建"产城融合、职住一体"的生活架构，体现低碳环保的现代化生态城市理念。

推广使用节能电器，提升家用设施能效。在家用电器方面，进一步增强对低能耗家用电器的政策倾斜。加大对低能耗空调、炉灶、热水器等设备的补贴力度，同时加快淘汰白炽灯等高能耗灯具并更换LED节能灯具，通过价格信号引导消费者使用高效低能耗的生活用能设备。推广电气化厨房，将厨房内所用用能设备改为清洁高效的电能，在满足各种菜品生产需求的同时为节能低碳发展助力。

合理规划建筑发展，加强建筑能耗管理。合理规划高新区建筑面积发展目标，严格管控高耗能公共建筑发展。完善建筑能源消费计量、统计和监测系统，逐步加强建筑能耗限额管理。推行建筑能耗标识，建立建筑领域低碳发展绩效评估机制。

　　充分利用第一产业的碳汇功能，挖掘碳汇潜力。开展苏州高新区内自然生态资源普查，充分调研区内森林、湖泊、农田、河流等本底情况，对可能发展成为碳汇资产的森林、湖泊等进行统筹管理，逐步开展固碳核算工作。继续保护森林生态系统、湿地生态系统，增加碳汇，提升城乡绿化水平，继续提高建成区绿色化水平。进一步扩大苏州高新区城市绿色植被覆盖面积，提高城市吸收 CO_2 的能力，逐步提升苏州高新区城市建筑屋顶绿化水平，降低城市碳排放。

参考文献

[1] 蔡博峰. 中国城市温室气体清单研究[J]. 中国人口·资源与环境, 2012, 22 (1): 21-27.

[2] 王克. 中国城市温室气体清单编制指南[M]. 北京: 中国环境出版社, 2014.

[3] 中国达峰先锋城市联盟秘书处. 低碳城市建设手册[R]. 2017.

[4] 潘涛, 曹晓静, 耿宇, 等. 城市碳排放达峰路线图及行动计划模块化设计指南[M]. 北京: 中国环境出版集团, 2019.

[5] 国家发展改革委应对气候变化司. 省级温室气体清单编制指南（试行）[R]. 北京: 国家发展改革委应对气候变化司, 2011.

[6] 世界资源研究所. 中国城市温室气体核算工具指南（试行）[R]. 北京: 世界资源研究所, 2013.

[7] WRI, WBCSD. GHG protocol guidance on uncertainty assessment in GHG inventories and calculating statistical parameter uncertainty[R]. Washington, DC: World Resources Institute and World Business Council for Sustainable Development, 2011.

[8] Mohamed Buheji, Katiane da Costa Cunha, Godfred Beka, et al. The extent of COVID-19 pandemic socio-economic impact on global poverty-a global integrative multidisciplinary review[J]. American Journal of Economics, 2020, 10 (4): 213-224.

[9] Mashura Shammi, Md. Bodrud-Doza, Abu Reza Md, et al. Strategic assessment of COVID-19 pandemic in Bangladesh: comparative lockdown scenario analysis, public perception, and management for sustainability[J]. Environment, Development and Sustainability, 2021 (23): 6148-6191.

[10] Ramos-Mejía Mónica, Franco-Garcia Maria-Laura, Jauregui-becker Juan M. Sustainability transitions in the developing world: Challenges of socio-technical transformations unfolding in contexts of poverty[J]. Environmental Science & Policy, 2018, 84: 217-223.

[11] Jamal Tazim, Dredge Dianne. Tourism and community development issues//R. Sharpley and D. Telfer, Tourism and Development. Concepts and Issues, Second Edition. London: Channel View, 2014, 2014: 178-204.

[12] Cox L, Bassi A, Kolling J, et al. Exploring synergies between transit investment and dense redevelopment: A scenario analysis in a rapidly urbanizing landscape[J]. Landscape and Urban Planning, 2017, 167: 429-440.

[13] Cai L, Luo J, Wang M, et al. Pathways for municipalities to achieve carbon emission peak and carbon neutrality: A study based on the LEAP model[J]. Energy, 2023, 262: 125435. DOI:

10.1016/j.energy. 2022.125435.

[14] Hu G，Ma X，Ji J. Scenarios and policies for sustainable urban energy development based on LEAP model – A case study of a postindustrial city：Shenzhen China[J]. Applied Energy，2019，238：876-886. DOI：10.1016/j.apenergy. 2019.01.162.

[15] Wang J，Li Y，Zhang Y. Research on carbon emissions of road traffic in Chengdu city based on a LEAP model[J]. Sustainability，2022，14（9）：5625. DOI：10.3390/su14095625.

[16] Pang K，Zhang Q，Ma C Y，et al. Forecasting of Emission Co-reduction of Greenhouse Gases and Pollutants for the Road Transport Sector in Lanzhou Based on the LEAP Model][J]. Huan jing ke xue，2022，43（7）：3386-3395. DOI：10.13227/j.hjkx.202109119.

[17] Hernández K D，Fajardo O A. Estimation of industrial emissions in a Latin American megacity under power matrix scenarios projected to the year 2050 implementing the LEAP model[J]. Journal of Cleaner Production，2021，303：126921. DOI：10.1016/j.jclepro.2 021.126921.

[18] Liu G，Hu J，Chen C，et al. LEAP-WEAP analysis of urban energy-water dynamic nexus in Beijing（China）[J]. Renewable and Sustainable Energy Reviews，2021，136：110369. DOI：10.1016/j.rser.2 020.110369.

[19] Chen R，Rao Z H，Liao S M. Hybrid LEAP modeling method for long-term energy demand forecasting of regions with limited statistical data[J]. Journal of Central South University，2019，26（8）：2136-2148. DOI：10.1007/s11771-019-4161-0.

[20] WHO. Air pollution and child health：Prescribing clean air[R]. World Health Organization，2018.

[21] Schmalensee R，Stavins R N. The SO₂ allowance trading system：The ironic history of a grand policy experiment[J]. Journal of Economic Perspectives，2013，27（1）：103-121.

[22] Jacobson M Z，Delucchi M A，Cameron M A，et al. Low-cost solution to the grid reliability problem with 100% penetration of intermittent wind，water，and solar for all purposes[J]. Proceedings of the National Academy of Sciences，2015，112（49）：15060-15065.

[23] Metz B，Davidson O，de Coninck H C，et al. IPCC special report on carbon dioxide capture and storage[M]. Cambridge University Press，United Kingdom，2005.

[24] Liu X，Bing Z，Zhou W，et al. CO₂ emissions in calcium carbide industry：An analysis of China's mitigation potential[J]. International Journal of Greenhouse Gas Control，2011，5(5)：1240-1249.

[25] 魏一鸣，余碧莹，唐葆君，等. 中国碳达峰碳中和时间表与路线图研究[J]. 北京理工大学学报（社会科学版），2022，24（4）：13-26.DOI：10.15918/j.jbitss1009-3 370.2022.1165.